海軍技術者の戦後史
復興・高度成長・防衛

沢井 実 [著] SAWAI, Minoru

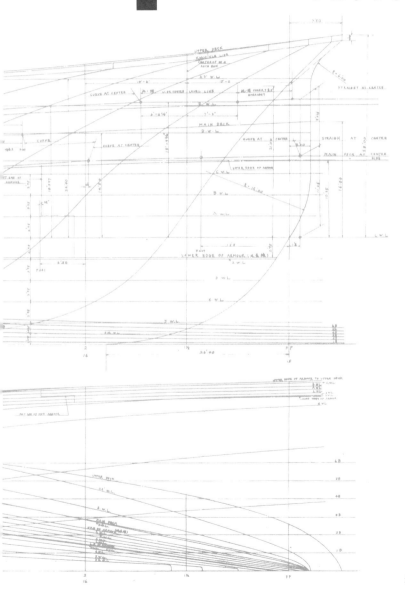

名古屋大学出版会

南山大学学術叢書

海軍技術者の戦後史

目　　次

序　章　海軍技術者とは誰か……………………………………………… 1

第1章　造船王国の担い手へ……………………………………………… 11
　　　　——元海軍造船技術者の戦後

　はじめに　11
　1　戦後日本造船業の技術アドヴァイザーとしての役割　12
　2　民間でのさまざまな試み　17
　3　民間造船所での活動　20
　4　ある造船官の戦後——小野塚一郎の場合　25
　5　艦艇建造での役割　27
　おわりに　32
　付論　元海軍造船技術者の戦後における経歴に関する資料　33

第2章　輸送機械・産業機械・電機へ…………………………………… 69
　　　　——元海軍技術科（造機）士官の戦後

　はじめに　69
　1　造機技術官の構成と教育　70
　2　元技術科（造機）士官が3名以上勤務する民間企業・国家諸機関　71
　3　個別企業の諸事例　72
　4　日本国有鉄道・鉄道技術研究所と防衛庁・自衛隊　80
　5　海軍経験と戦後の研究活動　81
　おわりに——技術開発と共同研究　83

第3章　土木国家の源流…………………………………………………… 91
　　　　——元海軍施設系技術者の戦後

　はじめに　91
　1　運輸省運輸建設本部の役割　92
　2　元海軍施設系技術者の戦後　95
　3　元海軍施設系技術者の活動と発言　105
　おわりに——集団としての軍民転換　106

第4章　流転する海軍将校……………………………………………………123
　　　　　——海軍機関学校卒業生の戦後

　はじめに　123
　1　海軍機関学校の教育と卒業生の進路，留学　125
　2　海軍機関学校卒業生の戦後　127
　おわりに　143

第5章　エリート技術者たちの悔恨と自覚………………………………153
　　　　　——国有鉄道転入技術者・引き揚げ技術者の戦後

　はじめに　153
　1　国有鉄道転入技術者の戦後　159
　2　日本技術士会会員技術者の戦後　167
　おわりに——技術ナショナリズムの共有　174

第6章　戦後防衛政策への展開……………………………………………177
　　　　　——海空技術懇談会の設立とその活動

　はじめに　177
　1　海空技術懇談会と経済団体連合会防衛生産委員会の連携　180
　2　保科善四郎の活動　182
　3　海空技術（懇談会）調査室および海空技術調査会の活動　190
　4　海空技術懇談会会員の構成　193
　おわりに　194

終　章　軍民転換の歴史的特質……………………………………………205

　注　219
　あとがき　239
　図表一覧　243
　索　引　244

序　章

海軍技術者とは誰か

　戦後日本と戦前・戦時日本の「連続と断絶」を問う作業は，依然として大きな意味を持っている。軍事技術はいったん否定され，その担い手たちは陸海軍以外の官庁・民間部門に吸収されていった。総力戦を戦うために陸海軍はあらゆる資源を動員した。それは技術者においても変わりがなかった。敵を圧倒するためには優秀な兵器が開発されなければならず，そのために優秀な技術者が求められた。陸海軍は多くの優秀な技術者を集め，敗戦によって陸海軍が消滅すると彼らは民間部門のさまざまな産業に分散し，戦後の経済成長を支えたという言説がいまでもよく語られる。

　しかし優秀な元陸海軍技術者が戦後の優秀な民生技術を生み出したという言説には，決定的に欠落しているものがある。陸海軍技術者は総力戦という本番において日本を勝利に導くことができなかった。その悔恨が戦後の彼らをどのように規定したのかを問う視点である。その数において陸軍技術者を大きく上回った海軍技術者の戦後史を検証する作業は，戦後日本が戦前・戦時日本から継承したものの大きさを計量し，同時に継承のされ方の歴史的特質を問う作業でもある。

　内田星美の推計によると，1934年時点で大学・高等工業学校卒の技術者は民間部門で2万5331人，官庁部門（学校部門を含む）で1万5749人であり，官庁部門（学校部門を含まない）では鉄道省2240人，海軍省1108人，内務省803人，陸軍省794人，逓信省724人の順であった[1]。また42年9月の繰り上げ卒業者までを対象とした学士会編『会員氏名録』昭和18年用によると，帝国大学卒科学技術者のうち海軍に勤務する者は997人，陸軍勤務者は662人であった[2]。戦後直後に承継・受け皿官庁・機関が存在しないという意味で，

いったんは失業を余儀なくされた元陸海軍技術者、とくに人数において優勢な元海軍技術者の帰趨を検討することは、戦後日本の技術発展を支えた技術者の主体的特質を考察することでもある。

戦前・戦時期に海軍で技術科士官あるいは技師、技手などとして活動した後、終戦によって海軍が消滅するとこうした元海軍技術者は他の公的部門や民間部門への移動を余儀なくされた。さらに文官である技師、技手などと異なり、武官である技術科士官は公職追放令の対象となったため、彼らの就職は大きく制限され、彼らが自由に職業を選択できるようになるのは公職追放解除後であった。

戦後自らの生活を切り開いていった元海軍技術者は、同時に多くの友人、仲間の戦死を見てきた者であった。戦後さまざまな分野で活動した元海軍技術者であるが、彼らは生き残った者としての自覚を胸に、戦後を見ることなく過ぎ去った仲間との対話を繰り返しながら、戦後における自らの生活の基盤を築いていった。

本書の目的は、こうした元海軍技術者の一人ひとりの戦後の歩みを追跡することを通して、戦後復興期、高度成長期の経済と経営、産業技術、国防・防衛体制の特質の一端を明らかにすることである。敗戦という大きな「断絶」を経験した元海軍技術者は、どのような思いで戦後の生活を切り開いていったのか。その際、物言わぬ仲間たちの存在は、生き残った技術者にとってどのような意味を有したのだろうか。そうした彼らの日々の営為が日本の戦後復興、その後の高度成長、さらに防衛生産や国防のあり方とどう関わったのか。こうした問いにできるだけ具体的に、個人史の軌跡に即して答えることが本書の目的である。

帝国海軍という元の職場が消滅し、「軍民転換」であれ「軍官転換」であれ[3]、個人史上の大きな変化を経験しつつ元海軍技術者は戦後に乗り出していかなければならなかった。敗戦という厳しい現実を見据えつつ、生き残った者として何ができるのかを自問自答しながら新しい世界を切り開いていく必要があった。海軍技術者の戦後史を検討することによって、戦後日本に刻印された戦前・戦時、さらには敗戦とその後の占領の重み、規定性を考えてみたい。戦

争を勝利に導くことができなかったという悔恨と生き残ったという自覚を胸にして，与えられた仕事に邁進した元海軍技術者の軌跡をたどる作業は，戦前と戦後の「連続と断絶」とともに戦後の経済発展を支えた技術発展の主体的特質，歴史的個性を検討する作業でもある。

その前に海軍技術者とは誰かという点を明確にしておきたい。1942年11月の制度改正まで，海軍士官は将校と将校相当官に分かれ，将校は海軍兵学校を卒業した兵科士官と海軍機関学校を卒業した機関科士官，将校相当官は軍医科，薬剤科，主計科，造船科，造機科，造兵科，水路科に分かれた。42年11月の制度改正によって兵科と機関科が統合されて兵科一本となり，造船科，造機科，造兵科も技術科に統合された[4]。またそれまで施設関係はすべて文官で技師，技手であったが，土木・建築とも技術科士官として武官に編入された。このように武官は兵科将校，機関科将校，各科の将校相当官，文官は技師（高等文官），技手（判任文官）から構成された[5]。

海軍において技術関係に従事したものは以下の4つに分けることができる。第1は兵科士官と機関科士官のうち，中尉または大尉時代に部外官立大学の学部に派遣されて教育を受けたもの（海軍大学校選科学生）である。また海軍部内の各種術科学校において大尉時代に専門教育を受けたもの（各学校専攻学生）もこれに準じた。第2は部外の官公私立大学または専門学校の卒業者である技術科士官であり，一般には学生期間中に海軍委託学生（専門学校は生徒）の身分となった。卒業と同時に大学出身者は技術中尉，専門学校出身者は技術少尉となった。第3は部外官公私立大学または専門学校卒業者で，卒業と同時に文官として海軍に採用されたものは技手を経て技師に任官した。第4は部外技術者に業務を嘱託する場合であり，他に本務を有するものは兼務嘱託，他に本務を有しないものは専務嘱託となった[6]。

1942年11月以前の兵科士官と機関科士官の養成機関として海軍兵学校と海軍機関学校があり，ここで約3年間（時期によって異なる）の教育を受けると士官候補生として練習艦隊に配属された。機関科現役将校は，海軍機関学校を卒業し，機関科少尉候補生を経て任官された。兵科将校および機関科将校は艦

船・兵器・機関の運用に当たる用兵者であり[7]，厳密には技術者とはいえないが，そのキャリアに鑑み，本書では機関科将校も技術者の一員として取り上げる。また先にみたように海軍兵学校・海軍機関学校卒業の現役中尉・大尉級のなかから適任者を選び，海軍大学校における1年3カ月の準備教程を経て，日本国内の帝国大学において一般学生と同じく専門課程を3年間学ぶ海軍大学校選科学生制度があった[8]。

戦時期の技術者需要の高まりに対応して，1938年から短期現役士官制度（短現制度）が造船科，造機科，造兵科にも適応され，大学・専門学校卒業の志願者から採用されて2年間の現役に服したが，40年採用者以降は，戦局に規定されて服務期間の延長措置がとられた。この短現制度の導入によって海軍技術科士官の数は後述のように急増した[9]。また39年からは海軍技師や技手を武官に任用（転官）することも可能となった[10]。

以上のように海軍兵学校，海軍機関学校，大学，専門学校卒業生が海軍技術者（選科・専攻科出身の兵科・機関科士官，技術科士官，技師，および技手）の供給源であったが，もう一つ重要な組織として1919年に設置された海軍技手養成所があった。同養成所では優秀な現場労働者に3年間の技術教育を行い，海軍技手として採用し，技手から技師，さらに技術科士官への道も開かれていた。戦間期には毎年の卒業生数（造船科と造機科）が20〜30名台と，海軍技手養成所はきわめて狭き門であったが[11]，現場技術の分かる技手の存在は貴重であり，艦艇は海軍機関学校卒業の機関科将校，大学・専門学校卒業の技術科士官，技師，技手，職工などが一体となって建造されたのである。

それでは終戦時における海軍技術者のストックはどの程度であったのだろうか。中佐級以上に限定すると，終戦時には兵科・機関科士官（選科・専攻科出身）210人，技術科士官232人，技師147人，嘱託412人，合計1001人を確認できる[12]。1951年2月，連合国軍最高司令官総司令部（GHQ）参謀第二部（G2）の某課長から，厚生省復員局第二復員局残務処理部に対して口頭で，「旧日本海軍軍人の状況並びにその再動員に関する研究資料」を提出する指示があった。日本独立回復後の新海軍再建を意図した資料請求であった。翌3月には調査結果がG2に提出されるが，そのなかに「旧日本海軍技術者の員数・

表序-1 年度別技術科現役士官数

(人)

年月		1937年12月				1939年12月				1941年12月				1942年12月	1944年7月	1945年9月
	科別	造船	造機	造兵	計	造船	造機	造兵	計	造船	造機	造兵	計	技術	技術	技術
階級	中将	2	1	2	5	2	1	2	5	2	1	1	4	4	7	9
	少将	3	0	3	6	3	1	5	9	5	1	8	14	24	27	39
	大佐	13	6	28	47	13	9	39	61	15	12	49	76	81	94	141
	中佐	14	14	44	72	20	14	42	76	22	13	35	70	81	113	139
	少佐	22	9	39	70	18	10	41	69	19	13	52	84	127	232	521
	大尉	17	11	34	62	33	18	82	133	38	36	170	244	244	2,014	3,407
	中尉	18	9	34	61	42	84	290	416	56	122	288	466	1,606	2,042	2,177
	少尉					3	5	11	19	15	49	244	308	450	1,066	1,297
	少尉候補生見習尉官					9	36	179	224	6	30	101	137	694	30	0
	合計	89	50	184	323	143	178	691	1,012	178	277	948	1,403	3,311	5,625	7,730

出所）谷恵吉郎「海軍技術物語(4)―海軍と電気(後篇)―」（『水交』第366号，1984年8月）28頁。

内容・素質」と題する資料が含まれており，そこでは終戦時の海軍技術者数が技術将校（技術科士官）7900人，技師1620人，合計9520人と推計されていた[13]。ここでは技手が含まれていないから[14]，それを含めると元海軍技術者の数は優に1万人を超えることになる。

表序-1に示されているように技術科士官は1937年12月の323名が，39年12月に1012名，41年12月に1403名，42年12月に3311名，44年7月に5625名，45年9月に7730名と戦時期，とくに太平洋戦争期になって急増していることが分かる。表序-2に明らかなように技術科士官の急増を牽引したのは短期現役士官であった。1938～44年に任官した技術科士官7943名のうち6184名（全体の78％）が短期現役士官であった。

表序-3にあるように海軍技術科士官の専門技術分野は広範であった。とりわけ艦政本部と航空本部に所属する造兵科士官の専門領域は多種多様であった。

表序-2 任官年度別技術科士官数

(人)

任官時期	永久服役	2年現役	計
1886-1912年	188		188
1914-26年	199		199
1927-37年	155		155
1938・39年	53	549	602
1940・41年	153	413	566
1942年1月	100	694	794
1942年9月	195	1,152	1,347
1943年9月	447	2,122	2,569
1944年9月	811	1,254	2,065
1945年2月	341		341
合計	2,642	6,184	8,826

出所）吉村常雄「海軍技術物語(52)―戦後の繁栄を支えた海軍技術②―」（『水交』第421号，1989年7月）17頁。

表序-3 技術科士官の専門技術

科別	造船科	造機科		造兵科	建築局技師
所属部局	艦政本部		軍需局	艦政本部	航空本部	施設本部
専門技術	造船	造機	燃料	砲熕, 火薬 火工, 化兵 製鋼, 魚雷 機雷, 光学 航海, 電機 無線, 音響 電池, 有線	機体, 発動機 プロペラ, 発着装置 射撃, 爆撃 雷撃, 火工 電気, 光学 計器, 材料	土木 建築 機械 電気

出所）表序-1 に同じ。

表序-4 海軍航空廠の職員構成（1935 年 12 月 9 日現在）

(人)

部別	高等官		判任官		計
	武官	技師	技手	その他	
廠長	1				1
総務部	5		1	5	11
科学部	8	4	9	1	22
飛行機部	14	8	14	1	37
発動機部	15	5	12	3	35
兵器部	11	4	7	1	23
飛行実験部	18	3	6	1	28
会計部	6			6	12
医務部	3			1	4
合計	81	24	49	19	173

出所）海軍航空廠『職員住所録』昭和 10 年 12 月 9 日現在
（防衛省防衛研究所図書館所蔵）。
注）(1) 会計部の武官は主計尉佐官, 医務部の武官は軍医尉佐官。
(2)「その他」合計 19 名のうち 14 名は書記。

いま 1935 年 12 月 9 日現在の海軍航空廠の職員構成をみると表序-4 の通りであった。兵科士官, 機関科士官, 造兵科士官, 特務尉佐官から構成される武官 81 名, 技師 24 名, 技手 49 名, その他 19 名（うち 14 名は書記），合計 173 名が大拡張前の海軍航空廠職員の全容であった。

学士会編『会員氏名録』昭和 18 年用によると, 帝国大学卒科学技術者で海軍に勤務する者は 997 人, 陸軍勤務者は 662 人であった。帝国大学全卒業生に対する同『会員氏名録』の捕捉率は 44 % と推定されるため, 帝大卒の海軍勤務科学技術者は 2266 人となる。1943・44 年度の短期現役士官を考慮すると, 終戦時海軍に勤務していた帝大卒科学技術者はこれを大きく超えていただろう。また 40 年度の大学工学部卒業生総数は 1664 人, 工業専門学校卒業生総数は 3204 人であった[15]。海軍に勤務する工業専門学校卒業者の正確な数は分からないが, $2266 \times (3204 / 1664) =$

序　章　海軍技術者とは誰か

4363という数字がひとつのイメージを与えてくれる。また後掲表4-1に示されているように，1894年11月卒の1期生から1945年3月卒の55期生までの海軍機関学校卒業者総数は3224人，うち664人が戦死者であるため，生きて戦後を迎えることができた者は2560人ということになる。

　以上のように海軍内部の海軍機関学校および海軍技手養成所，外部の学校である大学，専門学校といった学校を卒業した1万人をはるかに超える技術者が終戦時の海軍の技術者ストックであった。これらの技術者のうち元の職場に復職できた者（短期現役士官がすべて復職できた訳ではない）以外は海軍の消滅とともに失職し，次の職場に移ることになった。さまざまな戦時経験を抱えつつ，彼らが選んだ戦後の道のりは，戦後復興，高度成長，さらには防衛生産，国防とどう関わったのであろうか。これが本書の主たる問いである。

　兵科士官を養成する海軍兵学校の最後の卒業生である75期生（1945年10月卒業）の83年現在の動向については尾高煌之助氏と橋野知子氏の調査がある。総員3008人の産業分布はサービス業987人，製造業765人，卸・小売・飲食店292人，公務205人の順であり，サービス業の内訳は教育422人，医療198人，専門サービス123人，製造業では化学114人，一般機械器具103人，電気機械器具100人の順であった[16]。教育関係の多さが印象的である。

　一方，当事者の伝記や評伝などを除けば，元海軍技術者の戦後史の検討は歴史研究者よりももっぱら数多くのノンフィクション作品が担ってきた[17]。こうした作品の多くは造船官，造機官，航空技術者を中心に彼らの戦後の歩みに関する貴重な情報を提供してくれる。しかし海軍技術者の範囲はさらに広い。本書では施設系技術者や機関学校卒業者も取り上げるだけでなく，従来のノンフィクション作品ではあまり取り上げられてこなかった海軍技術者と戦後日本の再軍備過程との関わりについても注目する。個々の技術者の歩みを詳細に描いたノンフィクション作品に学びながらも，本書では可能なかぎり広範囲に元海軍技術者の戦後の軌跡を追跡し，彼らが戦前・戦時と戦後の「連続と断絶」をどう生き抜いたのかを明らかにしてみたい。

　本書の構成を示すと，以下の通りである。第1章では元海軍造船技術者（造

船官，技師，技手）のさまざまな軌跡を検討する。艦艇建造を支えてきた造船技術者のなかには，戦後日本が「造船王国」に躍進するうえで大きな貢献をなした人々が多数存在した。用途においても予算面でも大きく異なる艦艇と商船であるが，その違いを乗り越えて建造技術，溶接技術，さらには生産管理などの分野で戦後日本造船業の技術的アドヴァイザーともいうべき役割を果たした元造船官がいた。また元造船官は公職追放の対象となったため，就職活動に大きな制約が加わり，公職追放令が解除されるまで元造船官の不安定な身分は続いた。そうしたなかで多くの元造船官が最終的に民間造船所に勤務することになるが，その経緯とはいかなるものであったのだろうか。また戦後日本の再軍備の進展とともに海上自衛隊，防衛庁が創設され，戦前・戦中とも違って海軍工廠の消滅した戦後日本では自衛艦の建造は民間造船所に委ねられることになった。さらに元造船技術者のなかには米海軍横須賀基地艦船修理廠（Ship Repair Facility：SRF）に勤務する者もいた。元造船技術者の戦後には単純に軍—民転換とはいいきれない，軍—軍移動も含まれているのである。第1章の付論では元造船官および技師約200名の戦後の軌跡を検討する。

　第2章では海軍技術科士官のなかの造機関係の技術者を取り上げる。海軍において主に舶用機関関係を担当した造機技術者は戦後になるとエンジン関係のさまざまな分野に職場を見出した。比較的多数の造機技術者が勤務した企業として，ヤンマーディーゼル，トヨタ自動車工業，造船各社の事例を検討し，さらに国鉄の鉄道技術研究所，防衛庁，大学研究者の動向も取り上げる。造機技術者の多様な活動を通して，彼らが戦後日本に何をもたらし，戦後日本に何を期待したのかが考察される。

　第3章では海軍の施設系技術官の戦後を追跡する。海軍省と運輸省の了解によって，本格的な占領が開始される直前の1945年8月30日に海軍施設本部の受け皿として運輸省運輸建設本部（運建）が設立された。48年7月には運建と建設院（48年1月に内務省国土局などを移管して設置）を統合して建設省が設立され，一方で48年度に入ると運建の土木建築技術者の一部は特別調達庁（47年9月発足）に移り，後に日本国有鉄道（国鉄，49年6月発足）にも移動した。海軍の施設系技術官の場合，運建という受け皿機関が設立されたという意味で

他の技術科士官とは異なった戦後の出発であった。しかしその後の経路は多様であり，建設省，国鉄，防衛庁といった公的部門での元施設系技術官の役割，民間企業での活動の詳細が検討される。

第4章では造船，造機，施設といった個別技術面からではなく，機関科将校を生み出した海軍機関学校に焦点を合わせ，その卒業生の戦後の歩みを概観する。海軍機関学校の理工科教育，卒業後も一部の者には海軍大学校選科学生として帝国大学で学び，さらに海外留学の道も開けていたことを考慮すると，海軍機関学校卒業生を技術者として考察することは十分に可能であろう。海軍機関学校での教育内容，卒業後の多様な進路，留学の実態などを考察した後，期別に卒業生の戦後史を検討する。

第5章では考察の対象を，終戦後に国有鉄道に転入し，その後も国鉄に留まった技術者，ふたたび他に転出していった技術者，さらに「外地」から引き揚げてきた技術者に拡大し，彼らの戦後の歩みを検討する。周知のように終戦直後の国有鉄道は陸海軍技術者や引き揚げ技術者にとって「避難所」の役割を果たし[18]，転入技術者と従来からの国有鉄道技術者の交流のなかから新幹線技術が誕生した。こうした成功例だけでなく，国有鉄道転入技術者の戦時経験や転入・転出後の軌跡を追跡する。また「満洲」や植民地から引き揚げてきた技術者が戦後日本でどのような役割を果たしたのかを考察する。こうしたさまざまな戦時・戦後経験を有する技術者が共有する技術観とは何か。この点の解明も本章の課題である。

従来の警察予備隊（1950年8月設置）と海上保安庁海上警備隊（52年4月設置）を統合して52年8月に保安庁が設置され，警察予備隊および海上警備隊の後身として保安隊および警備隊が置かれた。行政機関である保安庁と実力組織である保安隊・警備隊は防衛2法（防衛庁設置法および自衛隊法）の制定によって，54年7月に防衛庁・自衛隊に改められた[19]。こうした戦後日本の再軍備過程を踏まえつつ，第6章では個別の技術者の戦後の軌跡を考察するのではなく，52年7月に設立された海空技術懇談会の活動を取り上げる。海軍の再建を念頭に旧海軍で指導的地位にあった一部の将校を中心にして，野村吉三郎，保科善四郎を結集軸とした海空技術懇談会は，設立当初より経済団体連合

会防衛生産委員会と密接に連携しながら，戦後日本における国防および防衛生産のあり方について発言し続けた。海空技術懇談会を主導した保科善四郎の活動，同懇談会の具体的な活動内容，同懇談会会員の実態などを取り上げ，戦後日本における技術者を含む旧海軍関係者の多様な活動の一側面を考察する。

　終章ではこれまでの検討結果を整理し，海軍から公的部門，民間部門へと転換していった大量の技術者の存在が戦後日本にもたらした影響の歴史的意義について考察する。戦争に敗れ，仲間の死を経験した，残された者として，戦後日本でいかなる働きができるのか，しなければならないのか。こうした問いを反芻しながら自らの生活を切り開いていった技術者の行動様式，技術観の特質，その問題点などが検討される。

第1章

造船王国の担い手へ
――元海軍造船技術者の戦後――

はじめに

　元海軍造船技術者（武官および文官）の戦後における多様な軌跡を跡づけることは困難な課題であるが，本章では個々の元海軍造船技術者の具体的な活動内容に分け入ることによって，戦後日本経済において彼らが果たした役割について考察してみたい。

　1954年8月に開催された座談会において，牧山幸弥（防衛庁技術研究所第五部長，元海軍技師）の「商船の方はグレードは上がって来てるように思いますね。昔のひどいものばかり見たせいかもしれませんけれども」との発言を受けて，牧野茂（船舶設計協会常務理事，元海軍技術大佐）は「それはやっぱり造船所へ海軍の若い技術者がばらまかれて入ったこと」が大きいと指摘し，福井静夫（史料調査会，元海軍技術少佐）は「海軍の技術がばらまかれたほかに，各社の軍艦専門に従事しておった技術者が商船の方に流れて行ったですからね」と応じた[1]。

　牧野は元海軍造船技術者が戦後民間造船所に就職していったこと，福井はそれに加えて民間造船所において軍艦建造を経験した技術者が商船建造に転換したことが，商船の技術向上の要因になったと想定している。いずれにしても海軍艦艇を建造した高い技術が低いレベルの商船建造の水準を引き上げるうえで大きな効果を発揮したと考える点で両者は共通している。

　しかし一方で商船と艦艇の間には予算制約，納期，使用目的など大きな違いがあることも事実である。元海軍造船技術者の軍民転換の意義をたんにレベル

の高い軍事技術がレベルの低い民需技術に均霑し，その底上げに大きな力を発揮したとだけ把握することは，あまりにも単純化しすぎた理解ではないだろうか。本章では軍民転換の個別ケースをできるだけ多数検討することによって，軍民転換プロセスの多様性を明らかにし，さらに軍民転換という大きな「断絶」を生き抜いた個々の造船技術者がいかなる戦時経験への思いを胸に戦後に乗り出していったのか，その手がかりを得たいと考える。

　技術者は基本的に政治過程とは無縁であり，敗戦という大きな歴史的断絶の前後においても与えられた技術的課題を粛々と解決しようとしただけといった理解もありえるだろう。しかし本章では戦時経験に対する一人ひとりの反省，内省が，戦後における元海軍造船技術者の活動をどのように規定したのかといった視点にも留意したい。戦後における個々の選択を規定した戦時経験を具体的に明らかにすることはきわめて困難な作業であるが，自らが経験した戦時への思いが，戦後の活動にある方向性を与えたと想定することは許されるであろう。この語られることの少なかった戦時への思い，反省を，戦後の活動のなかから逆照射する視点を保持することは，軍民転換プロセスを考察する際にはとくに重要な方法的手続きのように思われる。

1　戦後日本造船業の技術アドヴァイザーとしての役割

　造船官のなかには戦前・戦時期における目覚しい活躍・名声を背景にして，戦後は民間造船業全体の技術的相談役，アドヴァイザーとしての役割を果たす人々がいた。その代表的存在が福田啓二，福田烈，西島亮二らであった。

1) 共同研究の助言者：福田啓二

　1943年中に12回開催された造船協会技術委員会第一研究委員会のテーマは「溶接の造船に対する応用」であり，研究委員会のメンバーは表1-1左の通りであった。正しく軍官学産共同研究の典型であり，22名のメンバーのなかで判明するかぎりで9名が海軍造船官であった。委員会の冒頭，江崎岩吉海軍技

第1章 造船王国の担い手へ　13

表1-1 造船協会技術委員会第一研究委員会委員（1943年）および座談会「船の電気熔接」出席者（1946年7月18日開催）

区分	氏名	所属(1943年)	氏名	所属(1943年)	所属(1951年)
委員長	井口 常雄	東大教授	山縣 昌夫	逓信省船舶試験所長	東大教授
幹事	木原 博	東大航空研究所助教授	榊原 鋮止	東大工学部船舶工学科教室	
〃	堀田 清勝	海軍技術中佐	古武 弥輔	三菱重工業横浜船渠元造船部長	
〃	赤木 六郎	三菱重工業	木原 博	東大航空研究所助教授	運輸技術研究所
委員	赤崎 繁	予備役技術大佐・阪大教授	吉武 嘉一		名村造船所
〃	愛野 種正	三菱重工業	御嶋 要	海軍艦政本部	
〃	江崎 岩吉	海軍技術少将	福田 啓二	海軍技術中将兼東大教授	日本海事協会嘱託
〃	小野 輝雄	帝国海事協会技師	吉識 雅夫	東大助教授	東大教授
〃	愛用 克巳		今井 信男	海軍技師	
〃	沢田 正経	大阪商船工務局長			
〃	榊原 鋮止	東大工学部船舶工学科教室			
〃	島田 英男	三菱重工業			
〃	宍戸 拓也	川崎重工業			
〃	辻 影雄	海軍技師			
〃	遠山 嘉雄	海軍技術研究所			
〃	中村 林次	東京石川島造船所			
〃	福田 啓二	海軍技術中将兼東大教授			
〃	福田 烈	呉海軍工廠造船部長・技術少将			
〃	柳本 武	三菱重工業			
〃	矢ヶ崎 正経	横須賀海軍工廠造船部長・技術少将			
〃	矢野 鎮人	海軍技術少佐			
〃	吉識 雅夫	東大助教授			

出所）学士会編『会員氏名録』昭和18年用, 1943年, 井口常雄ほか「熔接の造船に対する応用」（『造船協会雑纂』第268号, 1947年7月）9頁, 山縣昌夫ほか「船の電気熔接」（同上誌）1頁。
注）(1) 左3列：造船協会技術委員会第一研究委員会委員, 右3列：座談会出席者。
　　(2) 造船協会技術委員会第一研究委員会の研究テーマは電気溶接。

術少将から,「(A) 船の全体を組立てながら熔接する方法と, 『ブロック』組立法との優劣」,「(B)『ブロック』式を採用すべきと考えられるが, ブロック式を採用するとしても, 甲板, 底板等の重要な部分に熔接を採用する際に当然残留する内部応力の問題」など研究事項7項目が提案された。この戦時下の共同研究も海軍側が主導する形で開始された[2]。

太平洋戦争が終結し, 1946年6月には技術委員会の解散が造船協会の定期評議員会で決定された。しかし共同研究の重要性は十分に認識されており, 翌7月の臨時評議員会で電気溶接, 木船, 漁船, 工作法の各研究委員会の設置が決定される[3]。電気溶接研究委員会（委員長：福田烈元海軍技術中将, 創立時は第一〜第四分科会）が11月5日, 鋼船工作法研究委員会（委員長：吉識雅夫）が11月8日にそれぞれ設置された[4]。

終戦直後のこの過渡期にあって, 1946年7月18日に東京大学第一工学部船

舶工学科会議室で座談会「船の電気溶接」が開催された。出席者は表1-1右の通りである。元造船官では御嶋要元海軍技師（23年海軍技手養成所修了[5]），福田啓二元技術中将（14年東大卒，大和の設計主任）および今井信男元海軍技師が出席した。この座談会で福田は戦前・戦中における海軍での溶接船の経験を語り，「船のvital partには熔接を使わず鋲を用いた」として溶接の限界を指摘したうえで，「商船漁船にはどうしても熔接が必要だが，それに必要な（溶接—引用者注）棒を造るには官庁が強く指導しなければならぬと思う。その他熔接に適する様な機械施設の改善を要する。熔接はその外観だけ良くするのではなく信頼性を増すことが絶対必要である。そのために設備に金がかかつてもやると云ふ様な気風をつくることが必要である[6]」と発言した。

2）電気溶接の推進者：福田烈

　福田烈元技術中将（1918年東大工科大学船舶工学科卒）は46年から67年まで22年間に亘って造船協会電気溶接研究委員会委員長を務めた[7]。その間，49年に造船協会鋼船工作法研究委員会委員，日本溶接協会顧問，同協会造船部会長，溶接工技量検定委員会委員長，51年に造船協会船体構造研究委員会委員，55年に造船協会評議員，57年に日本工業経済連盟理事長などの要職に就任した。福田は造船協会を拠点にして造船業における電気溶接の普及に多大な貢献を果たした。

　電気溶接研究委員会では第一分科会が「鋲並に熔接々手の疲労強度」，第二分科会が「既往の研究資料の整理」，第三分科会が「小型船の電気熔接工事設計工作法並検査」，第四分科会が「大型熔接船の強度の検討」の研究項目をそれぞれ担当した[8]。表1-2に明らかなように電気溶接研究委員会委員のなかには多数の元造船官が含まれていた。第三分科会委員，第四分科会幹事の御嶋要は現場たたき上げの海軍技手養成所修了者であった。福田は旧知の元造船官を多数含む共同研究の統括者としての役割を果たしたのである。

　福田の貢献について，吉識雅夫は「当時溶接技術については色々問題の点もあり，それらを解明する前に実用化にふみ切ることについては，福田さんは強く反対であった。そのために出来るだけの研究を行なって，その上で実施する

表1-2　電気溶接研究委員会分科会構成

分科	主査	幹事	委員
第一分科会	○矢ヶ崎正経	○埴田清勝	吉識雅夫，○多田美朝，○福田啓二，赤城六郎，○赤崎繁，木原博
第二分科会	吉識雅夫		○埴田清勝，木原博
第三分科会	会井長次郎	島田英男	○今井信男，○遠山光一，山口重夏，○木下共武，○御鳴要，清水千春
第四分科会	榊原鍼止	○御鳴要	○今井信男，吉識雅夫，○松本喜太郎，増淵与一，○福田啓二，会井長次郎，木原博，島田英男

出所）福田烈「電気熔接研究委員会報告」（『造船協会会報』第80号，1949年3月）69頁。
注）(1) ○印は元造船官。造船官の特定は，後掲付表1-1による。

という慎重さであった。（中略）溶接に伴う残留応力の研究，溶接による変形の船体強度に対する影響など，随分沢山の研究が日本で行なわれたが，これらは福田さんの頑なな迄の説に引張られたもので，（中略）新しい溶接棒の採用についても，メーカーの試作品の成績でなく，製品で安定した成績が出るようになり，初めてお許しが出るという調子であった[9]」と回顧し，海軍における電気溶接の推進者の一人であった福田が戦後の商船建造における溶接採用のハードルを上げたことが，長期的にみて船舶輸出にどれほど貢献したかを指摘した。

　終戦の日の翌日，海軍艦政本部第四部長名の至急電報を受け取った播磨造船所常務取締役六岡周三（東大工科大学船舶工学科卒，福田と同期）は，江崎岩吉第四部（造船担当）長，福田烈技術中将，西島亮二技術大佐首席部員の前で，福田から「『日本海軍はもう無くなったから，呉工廠は播磨造船で引き受けて呉れ。これは艦本の遺言だ』」と伝えられたという[10]。第五次計画造船が1949年春に発表されると，播磨造船所では総トン数1万2000トンの大型タンカー2隻を建造することになり，六岡はそれを80％溶接構造で建造することを計画した[11]。そのためには溶接構造の設計，溶接方法，溶接棒，溶接鋼材，内応力，脆性などさまざまな問題をクリアしなければならず，六岡は全国の専門家を組織して社内に溶接船研究委員会を組織し，委員長には福田を指名して快諾された。福田は東京大学，大阪大学，九州大学の関係者から委員会メンバーを

選定し，毎月委員会を開催して研究の成果は即時実施された。その結果80％溶接構造のタンカーが完成し，これが溶接船建造の先駆けとなった。

先にみたように福田は1946年から造船協会電気溶接研究委員会委員長を務めた。研究委員会は各地の造船所で開催されたが，NBC呉造船部の技術部長であった真藤恒（戦時中は42年9月から西島亮二技術中佐指揮の下で播磨造船所より艦本第四部商船班に出向）は委員会委員の資格ではなく，オブザーバーとして参加した。真藤は「研究会で色々な技術的な結論なりADVICEが出たものを横取りして，NBCの工場で相生や呉（播磨造船所呉船渠）より素早く実際の生産現場に具体化して行ったので，時々福田さんから技術泥棒と言って叱られたが，叱っている福田さんの顔は何時も嬉しそうであったのを，はっきり覚えている[12]」と回顧した。

また福田は1951年から15年間にわたって日本鋼管清水造船所を定期的に指導した。戦時中に急造された清水造船所は三菱，川崎，三井，日立などの大手造船所と比較して技術的に課題が多く，所長の織田沢良一はその解決のために福田の出馬を懇請し，承諾を得たうえで遠山光一本社造船設計課長（元技術中佐）を福田のもとに派遣した[13]。こうして清水造船所を定期的に指導するようになった福田がとくに強調したのが工程計画における「動演習」であった[14]。動演習とは「月を旬に分けてこれを動と呼称し，年度或いは線表の区切りの良い所までこれを継続するわけです。これは大日程に従って船台日数を押え内業加工開始から始まり，組立定盤計画を詳細に案画する手段でありまして，ブロック割図を元にしたボール紙製のブロック模型を製作使用し，船殻のみならず，船機設計，艤装まで全員による縮尺模型演習」であり，清水造船所では福田が来訪する日を選んで動演習を行い，「これにより全員が目から船の建造工程を頭に焼き付ける事になり，非常に大きな効果を生むこと」になった。

清水造船所では福田は「外殻の歪―痩馬のこと」をよく指摘したという。福田は「電流管理の問題，電流値と痩馬量との関連，棒径による影響等々」を取り上げ，さらに「ガス切断の切り口の精度，或いは工作基準の問題等」を指摘し，村田章（元技術少佐）によると福田は「純技術的な事以外は決して他所様の事は話されませんので，我々としても本当に頼り切って，色々と問題点を申

上げてその解決,前進への御指導を受けました」という.

3) 生産管理のメンター：西島亮二

　終戦時に海軍艦政本部第四部首席部員（技術大佐）であった西島亮二は部下の就職に奔走し,設計や研究に携わっていた造船官の就職に尽力した牧野茂（元技術大佐）と同じ役割を果たした[15]。就職斡旋が一段落すると,西島は小さな印刷会社である信和工業を経営した。造船業が復興を始めると,戦時中の西島の活躍を知っている諸造船所幹部から顧問就任の要請が相次ぎ,自らが推進してきた生産管理の合理化に関する諸方策を伝えたいと願う西島の希望もあって,西島は各所の造船所の顧問に就任した[16]。具体的には西島は1950年に播磨造船所呉船渠,西日本重工業広島,日立造船因島,52年に石川島重工業,日本鋼管,56年に飯野重工業,61年にNBC呉造船部,日本鋼管,佐世保船舶工業,石川島播磨重工業の技術指導を行った[17]。

　西島は指導している各造船所のスタッフに真藤恒が技術部長を務めるNBC呉造船部の見学を強く勧め,新しい工作技術や管理方式の普及を側面から支援した。また「指導を受けた造船所でも西島がきて分厚い管理表の頁をめくり始めると担当者をはじめ関係する者もかなりの緊張を強いられた」といわれたように,造船業における生産・能率管理のメンターとしての西島の存在は大きかった[18]。

2　民間でのさまざまな試み

　敗戦によって海軍が消滅し,民間造船所の将来が見通せない終戦直後期に元海軍造船技術者が民間造船所に新たな職場を見出すことは容易ではなかった。生きるために元海軍造船技術者たちはさまざまな職場で格闘を続けた。そのいくつかの事例をみてみよう。

1) 明楽工業

　横須賀海軍工廠で終戦を迎えた藤野宏（元技術大尉，1943年東大卒）は45年10月に石川島重工業に就職するが，明楽工業の役員をしていた父が病没した後，同社専務の依頼もあって46年に明楽工業に入社することになった。同社は八戸の進駐軍基地の建設工事を受注しており，46年半ばの八戸出張所ならびに基地建設現場事務所には前田竜男（28年東大卒，元技術大佐），馬場清一郎（33年九大卒，元技術中佐），菊池一郎（36年横浜高等工業卒，元技術少佐），但馬利夫（40年横浜高等工業卒，元技術大尉），藤野，進藤洋三（42年横浜高等工業卒，元技術中尉）らの元造船官が集まり，東京本社には西島亮二，小野塚一郎（35年東大卒，元技術少佐），白井実（33年横浜高等工業卒，元海軍技師）がいた。47年末までに八戸の基地建設工事を完成させた明楽工業であったが，その後の過剰・不良投資がたたって48年秋に倒産した。それまで同社の発展を支えた海軍造船官集団はここで解散を余儀なくされ，生活の糧を求めてそれぞれの道を歩むことになった[19]。

2) 日本造船富士見工場

　清水竜男（1941年阪大卒，元技術大尉）は46年に日本造船に入社するが，その時の工場長は大薗大輔（27年九大卒，元技術大佐），造船部門には岩下正次郎（35年阪大卒，元技術少佐），古川慎（40年東大卒，元技術少佐），冨岡達夫（41年横浜高等工業卒，元技術大尉），車体部門には浮田基信（41年東大卒，元技術少佐），和田猪一（41年東大卒，元技術大尉），馬場義輔（42年東大卒，元技術大尉）がおり，銀座の本社には吉田隆（36年九大卒，元技術少佐）などがいた。しかし48年末までに吉田，浮田，和田らが同社を去った[20]。

　冨岡達夫に日本造船を推薦したのは主婦の友社にいた山口宗夫（1930年九大卒，元技術中佐）であった。冨岡は先輩の古川と一緒に横浜市中区新山下町の貯木池に面した富士見工場に出向き，工場長の大薗から「この工場はエライ所ですよ。何しろ労働組合が凄くて」との説明を受けた。富士見工場は戦時中に日産の資本で作られた舟艇工場であった。戦時中は魚雷艇，上陸艇，特攻艇などの木造艇を建造したが，戦後は艀や漁船の修理が多く，新造船では鰹鮪漁船，

港内艇，救命艇，曳船などを建造した。目の前の貯木池から原木を引き揚げて製材加工し，船体建造を行った。造船部には清水，古川，冨岡がおり，現図場には艦政本部第四部の水野技手がいた。造船以外に車体部があり，そこには浮田，和田，馬場などがいた。和田は最初本社に配属され，当時管理部長が大薗，設計課長が吉田であった[21]。

富士見工場では労働運動が激しく，こうした動きに反対する清水，冨岡，古川らが中心となって第二組合が結成され，1949年8月に新会社である昭和造船車輌が設立された。新会社では古川が造船部長，清水が造船課長，冨岡が造船係長となり，車体部には日産から新しい人材が入った。しかしその後，清水が旧横須賀海軍工廠の船台を使っていた東造船（太洋漁業の子会社），馬場が海上自衛隊に転じ，古川も義兄（元大本営参謀，元陸軍大佐）が経営する東京のグラビア印刷会社に引き抜かれた。冨岡は造船部門の閉鎖を見届けてから退社し，54年4月から同業の横浜ヨットに入社した[22]。

3）文化興業

終戦後，米海軍横須賀基地艦船修理廠（Ship Repair Facility：SRF）の設立に参加し，さらに横須賀でYM商会を経営して米軍払い下げ業務を行っていた生田実（1938年横浜高等工業卒，元技術少佐）は46年10月に石橋郁三（42年横浜高等工業卒，元技術大尉），山内長司郎（31年海軍技手養成所卒，元海軍技師）らとともに文化興業を設立し，横須賀海軍工廠の元工員を相当数採用した[23]。文化興業設立まで石橋と山内は大島工業で建物補修，暖房，給湯給油，給排水などの諸工事，厚木航空隊諸施設の整備工事などを行っていた。

1947年3月，石橋と生田は吾妻計器製作所および丸中水産を設立した。生田を責任者とする吾妻計器製作所は旧工廠の計器部門の人員40名を集め，田浦所在の海軍施設を借用して設立された。50年に文化興業，吾妻計器，丸中水産の3社は完全に分離し，以後山内が社長，石橋が専務取締役となった文化興業は配管設備工事を主な業務とするようになった。

以上の明楽工業，日本造船富士見工場，文化興業の事例からうかがわれるよ

うに，元造船官たちはさまざまなコネクションを頼って就職先を探し結集したものの，終戦直後の職場の多くは安定したものではなく，ふたたび新たな活動の場を探すことも珍しくなかった。また文化興業の事例が示しているように，造船官らが設立した企業が海軍工廠労働者の受け皿となる場合もあった。

3　民間造船所での活動

表1-3は1951年時点で元海軍造船技術者を3名以上雇用する造船所を示したものである。51年時点の就職先が不明の元海軍造船技術者も多く，表1-3は一応の目安を示すに過ぎない。また企業名は不明であるが，52年末の民間造船所における旧海軍技術将校の雇用状況を見ると表1-4の通りであった。元海軍技術将官・佐官を雇用する企業は比較的限られており，「相当部分が最近集められたものである[24]」とされ，技術科士官の民間造船所への就職が終戦後すぐに実現した訳ではなかったことを示していた。

前間孝則は「最大手の三菱重工や川崎重工のように，海軍の造船技術者をほとんど受け入れない企業もあった。これら財閥系の企業は，遠からずGHQからの財閥解体指令によって分散されることが予想されていた」とし，一方で「海軍の技術者を多く引き受けたのは，関西では播磨造船，関東では日本鋼管鶴見工場と石川島重工業だった。三菱，川崎，日立といった最大手の造船企業と違って，学卒技術者の層が薄かったこともある」と指摘する[25]。

前間が指摘するように，表1-3によると朝鮮戦争勃発後の1951年においても三菱重工業が3分割されて成立した西日本・中日本・東日本重工業各社および川崎重工業に勤務する元海軍造船技術者の人数はそれほど多くない。西日本重工業の元海軍造船技術者数は日本鋼管，日立造船に次ぐ規模であるが，そのほとんどが元短期現役士官であり，彼らは復員と同時に復職した者であった。前間の指摘は基本的に正しいと思われるが，一つだけ異なるのは日立造船である。日立造船は短期現役士官だけでなく，永久服役の元造船官を採用している。しかし，日立造船が播磨造船所，日本鋼管，石川島重工業のように元造船官の

表1-3　元海軍造船技術者が3名以上勤務する民間造船所（1951年）

日本鋼管	西日本重工業	東日本重工業	佐世保船舶工業
遠山　光一	山口　宗夫	○岩崎　正亮	渡辺　英一
埴田　清勝	松下　雄一	垂水　保之	中村　常雄
浮田　基信	○金子　一夫	但馬　利夫	大賀　秀輝
小林　勝二	○坂田　得蔵(62年)	渡辺　亮(62年)	山形　聡
○小谷　淳	○原　紀	仲佐　洋三	木下　共武
養王田　正夫(62年)	○安藤　勇	○鳥居　忍	**SRF**
清水　澄	○米倉　邦彦	○山脇　正輔	村田　益太郎
竹内　晃	○島田　博之	**浦賀船渠**	堀　元美
○小津　勇	○竹下　宗夫	広幡　増弥	河東　克己
沢田　俊光	友田　清(62年)	○加藤　孝一	橋本　啓介
○田代　雄二郎	○土井　大陸	松岡　忠正	**林兼造船**
○中神　一夫(62年)	○橋本　隆年	長谷川　正	○井本　武
中井　孝	○市川　泰	○安井　次郎	村上(山下)元夫
中村　幹雄	○大橋　恵二郎	○山下　昇(62年)	○小林　鉄男
関根　通男	**石川島重工業**	菊地　一郎	中田　富次郎
立川　義治	桜井　清彦	**中日本重工業**	**南国特殊造船**
○久保田　欽也(62年)	○高木　敬太郎	○田中　章	岡田　一喜
村田　章	岩崎　正英	○井上　勝	白井　実
○阿閉　貞之	小沢　雅男	奥村　順郎(62年)	○山下　竜雄
○遠藤　春夫	橋本　敏郎	○中村　貴憲	○丹羽　誠一
日立造船	鈴木　伊智男(62年)	甲斐　敬二	**NBC呉**
小野塚　一郎	戸田　仁志(62年)	藤田　孝彦(62年)	若松　守朋
西田　正典	村上　外雄	**三井造船**	神田　好雄
○岩崎　三郎	米田吉(義)男	吉川　次郎	北村　源三
○本田　脩三	池内　迪彦	滝沢　宗人	○大薗　政幸
木下　昌雄	○黒沢　千利	○高柳　武男	**藤永田造船所**
宮下　義一	○久保　正造	矢吹　宗秋(62年)	遠山　嘉雄
藤野　宏	○恩田　嘉(62年)	○高橋　正郎	片山　信
柴柳　徹郎	**播磨造船所**	冨田　哲治郎	布施　秀三
田中　利夫	田中(山下)輝男	**川崎重工業**	**昭和造船車輛**
馬場　清一郎	横田　健	○大野　民雄	古川　慎
森　健四郎	村上　正孝	下川(川島)栄一	冨岡　達夫
○須藤　彰一	中原　敬介	○小川　久	馬場　義輔
中西　哲一郎	寺尾　貞一	○加藤　豪雄	
○小和田　正巳	和田　寿	川上　寿夫	
太田　三喜男	○椋本　栄太郎	○和田　稔	
○石井　勝海	○根本　広太郎		
○川井　源司	○由利　健一		
○甲佐　泰彦	○金内　忠雄		

出所）学士会編，前掲書，および桜井清彦編『造船官の記録　戦後編』海軍造船会，2000年。

注）(1) ○印は短期現役士官。
　　(2) 人名の後の（62年）は1962年の勤務先。
　　(3) 石川島重工業の（62年）の3名は，石川島播磨重工業勤務者。

表 1-4 民間造船所における旧海軍技術将校数（1952年末）

(人)

社別	将官	佐官	計
A	0	7	7
B	0	7	7
C	1	6	7
D	0	6	6
E	2	4	6
F	0	4	4
G	1	2	3
H	0	3	3
I	0	2	2
J	0	2	2
K	0	2	2
その他	0	8	8
合計	4	53	57

出所）中村義一「艦艇建造と造船業」（『防衛と経済』第 2 巻第 9 号，1953 年 3 月）42 頁。

採用に積極的であったかどうかの判断は難しい。

明楽工業倒産後，1949 年に三井造船への就職を断られた藤野宏は，今度は西島亮二とともに日立造船東京事務所を訪ねるが，副所長の金子喜三郎は戦時中向島工場総務部長として呉海軍工廠造船部長福田烈や造船部作業主任西島亮二と交渉をもった経験を有していた。金子は藤野の入社について本社に連絡して善処するとの好意的な対応をしてくれたものの，本社では人事管掌の松原与三松専務取締役が「造船技術者は充足しているので不採用」との判断を下した[26]。失望した藤野はすでに入社していた小野塚一郎（71 年より取締役副社長）に相談し，金子副所長の意見に従った結果，49 年 5 月に東京事務所船舶課修繕船係（営業担当）として中途採用された。その後藤野は「進駐軍気取りで無理無体を言うギリシャ人監督団と昼夜を分かたず渡り合って一年半，二隻の油槽船を無事引渡した」といった経験を経て営業マンとして成長していった。戦後日本造船業の発展にとってギリシャ系船主からのタンカー発注が決定的役割をはたしたことは周知のことであるが，そうした営業の第一線の一翼を元造船官が担ったのである。

終戦時艦政本部第四部部員であった西田正典（1937 年九大卒，元技術少佐）は終戦後郷里の延岡に帰り 3 年余を経て九大の恩師の紹介で日立造船向島工場に就職した[27]。一方木下昌雄は 37 年に東大船舶工学科を卒業し，40 年造船大尉のときに予備役となり東大工学部助教授となった。この措置は海軍の技術力を担う人材を確保しておくという海軍と大学の判断によるものとされている。戦時中に永久服役の技術科士官であったため木下は公職追放の対象となり，46 年に鉄道技術研究所嘱託となった。しかし国鉄も公職追放の対象となったため，49 年に旧海軍の上司の推薦によって木下は 3 名の若い研究者を伴って日立造船に入社し，技術研究所第二研究室（造船技術）の主任研究員となった。その

後木下は取締役技術研究所長，常務取締役技術本部長，副社長を経て 79 年から 4 年間取締役社長を務めた[28]。

表 1-3 に示されているように短期現役組でない永久服役の元造船官を多数採用したのが，日本鋼管，石川島重工業，播磨造船所であった。

終戦時艦政本部第四部部員であった遠山光一（1932 年東大卒，元技術中佐）は東京大学でも教えており，終戦後間もなく請われて日本鋼管鶴見造船所造船設計部に勤務したが，その際に戦後の混乱のなか就職の道を失った学生を引き連れて入社した。こうした「技術温存」を支援したのが鶴見造船所長の東道生（元造船官の玉垣坦［25 年東大卒］と同期）であった。遠山はその後，59 年に取締役，61 年に鶴見造船所長，62 年に常務取締役，67 年に専務取締役に就任し，68 年に副社長となった[29]。遠山光一の後輩である埴田清勝（35 年東大卒，元技術中佐）は戦後鉄道技術研究所に勤めたが，公職追放の対象となったため，遠山の働きかけもあって日本鋼管に入社した。その後埴田は 50 年代半ば以降のニヤルコス，グーランドリス，オナシスなどのギリシャ系船主との輸出船成約を相次いで実現させ，続いて 60 年代に入ると北欧船主との関係構築の先頭に立った[30]。

吉田忠一元海軍技師は海軍艦政本部の世話で日本鋼管鶴見造船所に電気課長として就職したが，そのときの造船所長は黒田琢磨元中将（海軍機関学校 11 期，元横須賀海軍工廠長）であり，黒田の後任は都築伊七元中将（海軍機関学校 18 期，元横須賀海軍工廠長，元海軍技術研究所長）であった。吉田によると，日本鋼管鶴見造船所に勤務する造船，造機，電気などの元海軍技術者は総数 50 名に達した[31]。

海軍艦政本部第四部設計第三班（駆逐艦等小艦艇所管）での勤務を経て佐世保海軍工廠造船部設計主任として終戦を迎えた村上外雄（1931 年東大卒，元技術中佐）は 45 年 10 月に石川島重工業に入社し，東京第二工場造船部設計課長に就任した[32]。造船部長は渡辺隆吉（元技術少将）であり，高木敬太郎（42 年横浜高等工業卒，元技術大尉），桜井清彦（40 年東大卒，元技術少佐）らがいた。戦時中の石川島重工業は戦時標準船建造に邁進し，設計員の多くが工場に回されたため，設計に残る者は 10 名足らずになっていた。そこで村上は海軍艦政

本部および横須賀海軍工廠の経験ある設計員10数名を採用して設計陣の強化を図った。

村上は1950年に東京第二工場造船設計部長，58年に東京第二工場長，60年に石川島播磨理事船舶事業部副事業部長となるが，その間に造船設計課の能力増強のために第1〜3次増員（48〜51年実施）において約80名を採用し，そのなかには米田義男（41年東大卒，元技術少佐），橋本敏郎（42年東大卒，元技術大尉），池内迪彦（42年東大卒，元技術大尉），久保正造（41年横浜高等工業卒，元技術大尉），小沢雅男（42年横浜高等工業卒，元技術大尉），戸田仁志（42年横浜高等工業卒，元技術大尉），黒沢千利（42年横浜高等工業卒，元技術中尉）の7名の元造船官がいた。

播磨造船所が多くの元海軍造船技術者を採用した一因は，1946年4月から操業を開始した同社呉船渠（旧呉海軍工廠跡地の一部を借用して開所）が受け皿となったためである。呉船渠には若松守朋（39年東大卒，元技術少佐），北村源三（40年九大卒，元技術少佐），米田義男（41年東大卒，元技術少佐），村上正孝（42年東大卒，元技術大尉），中原敬介（42年東大卒，元技術大尉）らがいた。

さらに表1-3にあるように1951年8月に発足するNBC呉造船部に呉船渠から若松，北村，大薗政幸（38年九大卒，元技術大尉），神田好雄（41年東大卒，元技術少佐）らが移った。NBC呉造船部における元海軍造船技術者の担当業務は，大薗政幸が船殻課長（のち技術部長），田中輝男（39年東大卒，元技術少佐）が船殻内業課長（のち船殻課長を経て業務部長），若松守朋が資材課長，北村源三が企画課長，村上正孝が材料企画課長（のち技術部次長），中原敬介が溶接課長（のち技術部次長），金内忠雄（41年横浜高等工業卒，元技術大尉）が搭載担当（のち課長），岡山興隆（43年東大卒，元技術大尉）が船体艤装担当（のち課長）であった。商船建造の経験のほとんどない元造船官たちが大型商船，タンカーの連続建造を推進していったのである[33]。

一方旧海軍工廠のうち佐世保海軍工廠については，1946年2月にGHQから「旧佐世保海軍施設の操業再開に関する指令」が発令され，同年10月に佐世保船舶工業（SSK）が設立された[34]。新会社の最初の業務は残存艦船の解体工事，復員船の修理などであった。50年4月に「旧軍港市転換法」が成立し，横須

賀，呉，佐世保，舞鶴を平和産業港湾都市に転換することとされた。

佐世保船舶工業は朝鮮戦争特需で業績を向上させたものの，1954年には不渡手形を出し，大洋漁業との業務提携で事態の打開をはかることになった。61年には社名を佐世保重工業に変更し，62年には世界一の大型タンカー「日章丸」を進水させた。佐世保船舶工業では設立以来多数の元海軍造船技術者が勤務したが（前掲表1-3参照），78年に来島ドックの坪内寿夫社長が社長に就任すると，在籍していた元海軍造船技術者は全員が退社した。

1946年4月，旧舞鶴海軍工廠を継承した舞鶴地方復員局管業部の民営転換に際して飯野産業（44年に飯野海運産業から分離独立）がこれを引き受け，旧舞鶴海軍工廠は飯野産業舞鶴造船所として発足した[35]。創業時従業員数は3000余人を数えたが，49年には造船所は1000余人となった。53年に社名を飯野重工業と社名変更し，同社に在籍した元造船官は塩山策一（25年東大卒，元技術大佐，常務取締役），籾山正末（33年阪大卒，元海軍技師，造船部長），吉田隆（36年九大卒，元技術少佐，造船部次長），高須敬（41年阪大卒，元技術大尉），小林三郎（44年横浜高等工業卒，元技術少尉）らであった。63年に社名を舞鶴重工業に変更，日立造船が同社に対する経営権を確立し，71年に両社は対等合併した。

以上のように学卒技術者の層が厚かった三菱重工業，川崎重工業が元造船官の採用に消極的であったのに対し，戦後の流動的な市場環境のなかで飛躍を図りたい播磨造船所，日本鋼管，石川島重工業は積極的に元造船官を採用し，日立造船も相当の採用実績を示した。また海軍工廠を承継したNBC呉造船部，佐世保船舶工業，飯野重工業も多数の元造船官を雇用した。

4 ある造船官の戦後──小野塚一郎の場合

アジア太平洋戦争中は海軍艦政本部第四部商船班で計画造船業務を担った造船官の一人に小野塚一郎がいた。小野塚は1947年に「官民造船人の努力にも拘らず海上輸送力の減少は，敗戦の重要な因子の一つとなった[36]」と振り返っ

ている。

　小野塚一郎は1911年に新潟県長岡市の小野塚喜三次の長男として生まれ，35年に東京帝国大学工学部船舶工学科卒業と同時に呉海軍工廠造船部に入り，36年4月に海軍艦政本部第四部に転属された[37]。38年8月に海軍技師（高等官7等）に任じられ，39年4月には転官して海軍造船中尉となり，41年9月には東京帝大元総長小野塚喜平次（伯父，44年11月逝去）家と夫婦養子縁組をした。太平洋戦争中の42年7月からは海軍艦政本部第四部商船班に勤務し，終戦時は商船班長（海軍技術少佐）であった。

　海軍技師から武官に転換した小野塚によると，部内における海軍技師に対する評価は一般的に低く，「端的に言えば管理職になる機会は極めて少ないが，その反面，本人の得意とする専門職を長くやれる」というのが海軍技師であった[38]。また1941年10月に連合艦隊に赴任する直前，小野塚は「東條がいくら馬鹿でも，戦争をする程に馬鹿でなかろう，というのが彼の意見であり，見通しであった。まるで吐き捨てるような口調であった」という養父の言葉を聞いていた[39]。

　小野塚は1945年11月の海軍省廃止とともに海軍省嘱託を解任され，46年10月に日本海事振興会の戦時海運史編纂委員会嘱託となり，47年3月から48年12月まで明楽工業に勤務した。同月日立造船に入社した小野塚は東京事務所船舶課課員となり，49年4月に東京事務所船舶課技術係長となる。その後，東京事務所調査課長（50年3月），同技術課長（51年3月）を経て53年6月には艦艇準備室長兼東京事務所船舶営業部技術課長，同年12月に営業調査部長兼第1船舶営業部技術課長，54年8月に営業調査部長兼艦艇室長となった。

　続いて小野塚は1956年2月に営業調査部長兼船舶輸出部長となり，同年8月から1年間ロンドン駐在員，ロッテルダム駐在員を務めた。帰国後営業調査部長に復帰し，60年1月に調査部長，60年12月に日立造船理事に就任し，62年4月に出向して飯野重工業常務取締役となった。63年5月には舞鶴重工業（同年4月に飯野重工業が改称）専務取締役，64年6月に日本造船工業会艦艇部会長となり，65年4月に日立造船に復帰して社長室長を務めた。同年5月に取締役となり，12月に神奈川工場長となった。さらに67年11月に常務取締

役，71年12月に副社長となり，73年11月に副社長を退任して顧問となり，東洋海洋開発取締役社長となった。こうして22年に及ぶ（約3年間の飯野重工業・舞鶴重工業への出向を除いて）小野塚の日立造船でのキャリアが終了した。

この間小野塚は造船業に関する多くの論文，記事を発表したが，そのなかでも『日本造船業の構造に関するメモ』（海事プレス社，1959年）および『戦時造船史』（日本海事振興会，62年）の二冊の単著はみずからの業務に裏打ちされた貴重な業績であった。

5　艦艇建造での役割

戦後海軍は消滅し，海軍艦艇が建造されることもなかった。その結果朝鮮戦争を機に日本の再軍備計画が浮上した際に艦船の設計業務を担う部署が政府部内には存在しなかった。1957年以降になると防衛庁技術研究所（58年5月技術研究本部に改組）がその役割をはたすようになるが，それまでの間艦艇設計業務を担ったのが株式会社国際船舶工務所（49年設立）および財団法人船舶設計協会（53年設立）であった。

1）国際船舶工務所・船舶設計協会の代表者：牧野茂

海軍艦政本部第四部設計主任として終戦を迎えた牧野茂は，多くの部下の就職斡旋に尽力した[40]。1949年に川南造船所の川南豊作が艦艇設計者を集めて日本初の船舶技術コンサルタント会社である国際船舶工務所を設立すると，牧野は社長に就任し，就職先の確保がとくに困難であった潜水艦担当者を雇用した。51年9月には国際船舶工務所に対して旧第二復員局に集まっていた海軍関係者から駆逐艦や海防艦の概算設計に関する極秘の緊急依頼があり，52年2月には駆潜艦，掃海艇に関する計画概算の依頼があった。52年8月に保安庁が発足すると，国際船舶工務所を同庁の外郭団体とする案が提示された。一方53年6月に国際船舶工務所は経営不振に陥り，閉鎖の話が出たものの，浦賀船渠とアルゼンチンとの造船所援助協定が進展し，国際船舶工務所がその設計

を担うことで経営危機を脱することができた。

一方日本造船工業会は保安庁装備局船舶課長の意を受けて，運輸省所管の財団法人の設立準備を進め，1953年10月1日をもって国際船舶工務所は業務を閉じ，社員は同日に財団法人船舶設計協会に移った。牧野は船舶設計協会の常務理事に就任し，同協会は保安庁が計画した警備艇の基本設計業務を受託し，52年建造計画による「はるかぜ」以降の警備艇，掃海艇，高速魚雷艇などの計画設計を担当した。

船舶設計協会の設立には日本造船工業会とともに経済団体連合会が深く関わった。経団連防衛生産委員会（1952年8月設置）元事務局長の千賀鉄也によると，「船舶設計協会というのを経団連が中心となって，二八年一〇月につくった。保安庁に艦船のわかる人がいないからなんですよ。それで，われわれの船舶設計協会が受け皿になって，（中略）一七〇〇トンとか，一〇〇〇トンクラスの艦艇建造計画をいろいろ研究したわけです。船舶設計協会は旧海軍の関係者を集めていたんで，設計研究も十分できた[41]」。

1957年に艦船の基本設計を防衛庁において行うようになると，船舶設計協会は防衛庁技術研究本部に吸収された。牧野は同本部嘱託となり，続いて三菱造船舶事業本部顧問に就任した。牧野は自衛艦建造に関する功績により，73年4月に勲三等瑞宝章を受章した。また牧野は69〜83年まで財団法人舟艇協会（31年に日本モーターボート協会として設立）会長を務め，79年から5年間造船会会長も務めた。

2) 軍—軍転換の事例：緒明亮乍

戦後防衛庁にあって潜水艇，潜水艦開発を担った緒明亮乍（1937年東大卒，元技術少佐）は，戦時中には海軍艦政本部第四部第五班（潜水艦計画担当）にて特殊潜航艇，甲標的丁型「蛟龍」を担当した後，44年秋に舞鶴海軍工廠に転勤しそこで敗戦を迎えた[42]。46年9月に日本鋼管清水造船所に入り，船舶設計部計画課長に就いた。49年に牧野茂が経営する国際船舶工務所に入社し，51年の完成まで北海道大学の潜水探測機「くろしお」の指導を行った。国際船舶工務所が財団法人船舶設計協会に改組されると，緒明は参事・計画課長に

就任して艦艇基本計画諸作業を担当し，54年には横浜国立大学講師を兼務した。57年以降艦船の基本計画は防衛庁の技術研究所で行うことになったため，緒明は海上自衛官，二等海佐に任官，海上幕僚監部技術部艦船課および防衛庁技術研究本部での勤務となり，60年には技術研究本部副技術開発官となって艦船基本計画取りまとめの主務担当者となった。

3）民間造船所における艦艇建造

戦後海軍工廠が消滅したため，自衛艦をはじめとする艦船建造は民間造船所および旧海軍工廠の施設を継承する一部の民間造船所が担当することになった。旧艦政本部第四部の一部の機能を継承したのが国際船舶工務所，船舶設計協会だったともいえるが，後者は結局防衛庁技術研究本部に吸収されることになる。艦艇建造を行う民間造船所と防衛庁の関係については，「設計を担当する技術研究所（後に技術研究本部）に対する民間造船所の協力も，往年から見ると幅も広く深さも深くなったように思う[43]」と，両者の密接な関係は戦前以上との元造船官の評価もあった。

1950年に海上保安庁は大型巡視船の建造計画を立てるが，担当官である福井静夫（38年東大卒，元技術少佐）からの要請を受けて石川島重工業の村上外雄は基本設計作成業務を受託した[44]。53年に保安庁による警護艦5隻の建造計画が実現し，三菱造船，新三菱重工業，川崎重工業，三井造船とともに石川島重工業が建造5社の一つに選定された[45]。同年に村上は設計組織の強化を図って造船設計部（50年に造船設計課から昇格）を艦艇基本設計課，商船基本設計課，船殻設計課および船体艤装設計課の4課制とし，さらに55年に船体艤装設計課を艦艇艤装と商船艤装の2課に分けた。また54年には造船部に艦艇の武器装備に対応する武器課が新設された。54年には造船5社による艦艇研究会が発足し，第1回会合が石川島重工業で開催された。艦艇研究会はその後護衛艦技術研究会（KR会）として活動を続けた。

最後の海軍艦政本部長であった渋谷隆太郎元海軍中将によると，「防衛庁の職員はもちろんのこと，各造船所各メーカーの職員にも，旧海軍の幹部が多数その要職にあって，それ等の人々の努力によって今日の自衛艦艇が建造整備さ

れつつあるのである。防衛庁の建艦開始以来，民間造船所や機関兵器材料メーカーに在籍する旧海軍技術者の中には功績顕著なものが少なくない。特に余人を以てかえ難き人物もいる[46]」とのことであった。

戦後直後に日本造船富士見工場長を務めた大薗大輔はその後浦賀船渠に入社し，1954年には同社取締役設計部長であった。『浦賀技報』第5号（54年8月）の巻頭言「核心を摑む」のなかで大薗は「我々日本人の欠点でさえあると思われる『乗りかかった船』という観念は，思慮の不足を正当化する理由とはならない。『乗りかかった船』を今一度引き返す勇気と冷静な判断が欲しいものである。（中略）技術の研究向上をめざす諸君は，よく考え問題の核心を摑み，せっかくの努力を効果的に，価値あるものにされん事を望むものである[47]」と呼びかけた。その後大薗は昇進し，59年の役職は常務取締役・艦艇営業部長であった。

1953年にNBC呉造船部から浦賀船渠に移った若松守朋は，着任から約半年間は艦艇設計課長として一般商船とは別の建物で仕事をした[48]。当時艦艇は横須賀米軍の修理が主であった。63年夏若松は「再び昔の艦艇建造に戻りそうな気配を感知し，何となく嫌気を感じ，呉の真藤（部長）にも伝えて何か東京で石播の機構の中に入りたい事を打診し」，結局日本アルゴンクインに入社することになる[49]。

4）米海軍横須賀基地艦船修理廠（SRF）と日本人技術者

終戦後，横須賀海軍工廠は占領軍に接収され，その施設を利用して米海軍横須賀基地艦船修理廠（SRF）が正式に発足するのは1947年4月であった。SRFは事務と工場部門に分かれ，アメリカ人責任者の下に事務部門では日本側幹部として梶原正夫（ゼネラルマネージャー，23年東大卒，元技術大佐）が総括業務を担当し，プラニングでは堀元美（35年東大卒，元技術中佐），橋本啓介（35年東大卒，元技術中佐），デザインでは河東克己（35年東大卒，元技術少佐），後に今井恭（35年阪大卒，元技術少佐），プロダクションでは福井又助（24年東大卒，元技術大佐）が日本側の責任者であった。工事を統括する部門であるプロダクションには多数の米軍士官と数人の日本人技術者が配置された[50]。

表1-5 米海軍横須賀基地艦船修理廠（SRF）勤務の元造船官

氏名	SRF勤務部署	在任期間	出身学校	卒年	最終階級	戦後の経歴
生田 実	SRF発足時に参画	1945-46	横浜高工	1938	技術少佐	1945年 米国海軍 横須賀基地、47年 吾妻計器製作所設立、取締役社長
坂東 彦麿	〃	1945-46	横浜高工	1943	技術少尉	1962年 工務監督
梶原 正夫	総括部門・GM	1946-61	東大	1923	技術大佐	1968年 日本大学講師
堀 元美	企画部門・GM	1948-56	東大	1935	技術中佐	1968年 浦賀重工業艦艇営業部長
橋本 啓介	〃	1948-60	東大	1935	〃	1960年 飯野重工業、62年 関東学院大学工学部教授
村田 益太郎	設計部試験	1949-68	九大	1940	〃	1951年 西日本重工業、60年 三菱造船技術部次長
福井 又助	工場部門・GM	1949-62	東大	1924	技術大佐	
河東 克己	設計部門・GM	1950-52	東大	1935	技術少佐	1945年 川南工業香焼島造船所、49年 国際船舶工務所出向、50年 SRFスペシャル・コンサルタント、52年 佐世保船舶工業本社艦艇課長、55年 函館ドック函館造船所設計部長、同本社技術部長、66年 東海大学海洋学部船舶工学科教授
冨田 範он	設計部船体	1950-69	東大	1931	技術中佐	
野上 秀喜	設計部	1950-59	九大	1941	技術大尉	
向山 政一	企画部見積	1950-71	東大	1944	技術中尉	
堀田 知道	工事部溶接	1952-63	東大	1941	技術大尉	
今井 恭	設計部門・GM	1953-70	阪大	1935	技術少佐	

出所）桜井編、前掲書、453-454頁、および本章付論。
注）(1) 村田益太郎の職歴が民間造船所と重なる理由は不明。

　SRFに勤務した元造船官はアメリカ式の工作法を学ぶだけでなく、最新の艦艇や新兵器に接する機会を得た。国際船舶工務所の牧野茂らは新艦種や新兵器に関して彼らから話を聞き、実艦見学の機会を取り計らってもらった。1952年3月にはSRFに勤務する福井又助および堀元美から牧野、牧山幸弥、福井静夫の3名が招かれ、勉強会を開催した。この集まりは後日FMKと称し、研究成果はFM資料として財団法人船舶設計協会での警備艦等の設計に活用された[51]。

　SRFに勤務した元造船官は表1-5の通りである。彼ら以外に造機、造兵、電気の元技術科士官、および兵科士官約10名も勤務した[52]。SRFのプロダクション部門は厚板、薄板、溶接、機械、外業機関、木工、塗装、船渠、設備の各工場から構成され、各工場にはアメリカ人および日本人のショップ・マスターが配置され、日本人ショップ・マスターは旧横須賀海軍工廠時代の技師、工手、組長クラスのベテランであった。1947年4月の発足時のSRFの従業員は約700人であったが、年末には1000人を超え、朝鮮戦争で急増し、52年には4000名に達した[53]。

おわりに

　元海軍造船技術者という他に転用の難しい専門職からの軍民転換は，造機，電気，施設などの分野の技術官と比較しても相対的に難しかっただろう。その意味で彼らが民間造船所に第二の職場を求めたのは当然の行動であった。しかし受け入れる民間造船所の終戦直後の経営困難も大きかった。三菱重工業，川崎重工業，三井造船などの大学卒技術者を多数抱える民間造船所に元海軍造船技術者が新たな職場を見出すことは難しく，播磨造船所，石川島重工業，日本鋼管といった相対的に学卒エンジニアの少ない，しかも戦後復興期にあって従来の業界秩序を揺るがしつつ飛躍を図りたい野心的な造船所や地方の中小造船所が，より多くの元海軍造船技術者を需要した。民間造船所に移った元海軍造船技術者のなかには市場拡大，船舶輸出の牽引役となる人物もいた。ギリシャ系船主と渡り合い，「造船王国」日本の躍進を支えた海外営業はこうした人々によっても支えられていたのである。

　また福田烈や西島亮二などに代表されるように，特定企業に就職するのではなく，海軍での経験を踏まえて，日本造船業の技術的メンターとして電気溶接やブロック建造法の普及，生産管理の近代化，合理化に重要な役割を果たす元造船官もいた。福田烈によると，「旧海軍が現存していた時には，旧海軍が中心となり必要に応じ各造船所を集めて，工作法なり溶接法なりの研究会とか講習会とかを催していたのだが，海軍なきいまではその音頭をとるものがなくなってしまい，ここに大きな空白ができた[54]」。この共同研究の空白を埋めるものとして造船協会に電気溶接研究委員会や鋼管工作法研究委員会が設置され，こうした共同研究の場において元造船官がリーダーシップを発揮した。日本造船業が全体として軍民転換を行い，「造船王国」への道をたどるための基礎条件を整備するうえで元造船官の役割が大きかったのである。

　一方で日本の再軍備が浮上し，自衛艦建造が具体化するなかで元海軍造船技術者は大きな役割を果たした。防衛庁技術研究本部での艦艇設計体制が整備されるまで，牧野茂らが主導する国際船舶工務所，船舶設計協会に結集した元造

船官が戦後における艦艇設計業務を最初に担った。彼らはSRFに勤務する元造船官とも連絡をとりながら，新技術の吸収に努めた。また海軍工廠が消滅したため，艦艇建造は民間造船所に委ねられることになった。1954年には三菱造船，新三菱重工業，川崎重工業，三井造船，石川島重工業の5社によって艦艇研究会が発足し，同研究会はその後護衛艦技術研究会（KR会）として活動を続けた。戦前とは異なるものの，防衛庁・海上自衛隊・民間造船所が軍官産学連携の要に位置する体制が形成されるうえで，元海軍造船技術者が決定的役割を果たした。

　戦時経験が戦後の元海軍造船技術者の帰趨に与えた影響はもちろん多様である。戦時期の艦艇建造が達成した高い水準の生産・管理技術の普及に邁進した者，艦艇建造の技術ストックを何とか戦後に継承させようと努力した元造船官がいる一方，再軍備，艦艇建造の現場から離れて商船建造を選んだ技術者，さらには第二の職場として造船業界を最初から選択しなかった，あるいはできなかった元海軍造船技術者も多数いた。とくに文官である海軍技師（その多くは海軍技手養成所出身者）の戦後の動きについては不明な点が多く，元海軍造船技術者の戦後における動向の全体像を描く作業は依然として残された課題である。

　艦艇修理については米海軍横須賀基地艦船修理廠（SRF）の存在にも留意する必要がある。横須賀海軍工廠を接収した米軍はSRFを設置し，多数の元海軍造船技術者がそこで勤務した。彼らの複雑な思いを推量することはできないが，ここにも戦中と戦後の「連続と断絶」の具体的なあり方の一つを見出すことができる。

付論　元海軍造船技術者の戦後における経歴に関する資料

　海軍艦艇の建造に当たって海軍造船技術者（造船官，技師，技手）が大きな役割を果たした。武官である造船官は造機官，造兵官，および文官である技師，技手とともに海軍技術官を構成した。1942年11月には戦時編制として，従来

表 1-6　終戦時の現役造船技術者数

(人)

所轄別	武官	文官	嘱託	合計
海軍艦政本部	33	24		57
海軍技術研究所	11	11	1	23
横須賀海軍工廠	60	19		79
呉海軍工廠造船部ほか	62	22		84
呉海軍工廠造船実験部	2	9		11
佐世保海軍工廠	51	15		66
舞鶴海軍工廠	42	12		54
海軍艦政本部造船監督官関係	41	44		85
海軍工作部関係	33	9		42
艦隊・教官等	8			8
海軍航空本部関係	3	3		6
軍需省関係	2			2
海軍省関係	1		1	2
合計	349	168	2	519

出所）（海軍）造船会・会員業績顕彰資料作成委員会編『太平洋戦争終結時における造船官の配置表』1988 年, 2 頁。
注）(1) 予備役 2 名および終戦時に現役を離れていた 1 名を, 同上資料より除いた。

の造船・造兵・造機などの呼称を廃止して,「技術」に統合された。また 38 年には短期現役士官制度が新設されたために武官の採用数が急増し, 以後武官は永久服役士官と短期現役士官に分かれることになった。造船官に関する短期現役制度とは, 大学あるいは高等工業学校で造船工学を学び, 民間造船所などに就職した後, 志願によって海軍に奉職し, 原則として 2 年間の勤務の後, 原勤務先に戻る制度であるが, なかにはその後ふたたび応召して海軍に勤務した者もいた。続いて 39 年からは文官から武官への転官が可能となったため, 海軍技師から武官への転身の道が開けた。

1945 年 8 月 15 日に現役として海軍に在籍し, 艦艇の造修業務に従事していた者は, 表 1-6 に示されているように, 武官 349 名, 文官 168 名, 嘱託 2 名, 合計 519 名であった。終戦前に離任した 9 名を加えた武官 358 名の内訳は永久服役 228 名, 短期現役 130 名であり, 出身校の内訳は東大 186 名, 九大 49 名, 阪大 40 名, 横浜高等工業学校 64 名, 大阪高等工業学校（工業専門学校）15 名, その他 4 名であった[55]。文官 168 名のうち 103 名は海軍技手養成所修了者であ

り，残りは帝大，高等工業学校卒業者などであった。

終戦時現役であった海軍造船技術者519名の所管別内訳の詳細を見たのが，付表1-1（1）〜付表1-1（10）である。同表には基本的に1951年と59年の2時点における元海軍造船技術者の勤務先が示されている。終戦時に現役であった武官349名のうち戦後の詳しい経歴が判明する168名に，終戦時の海軍部内の所属先が不明であった武官10名，終戦前に海軍を離任していた武官20名，さらに技師4名を加えた元造船官202名の戦後の軌跡を示したのが付表1-2（1）〜付表1-2（10）である。

元海軍造船技術者の戦後の帰趨については，元造船官の「大部分が民間の造船業に吸収された[56]」との指摘があるが，付表1-1（1）〜付表1-1（10）および付表1-2（1）〜付表1-2（10）から判断するかぎり，これはやや民間造船業を過大評価しているようにみえる。民間造船所が最大の就職先であったことは明らかであるが，防衛庁海上自衛隊，米海軍横須賀基地艦船修理廠（Ship Repair Facility：SRF），鉄道技術研究所，海上保安庁，大学関係も無視できない。民間造船所勤務の場合も海上自衛隊用の艦艇建造にたずさわる者も例外的存在ではなく，元海軍造船技術者が民間造船企業でいかなる業務を担ったかも検討されるべきであろう。また海軍から民間部門への移動が決して円滑に進んだ訳ではなかったことは，第1章本論ですでにみた通りである。結果的に民間造船所に職場を見つけた者のなかにも戦後のブランク，さまざまな職業経験を経て民間造船所に安定した職場を見出した者が数多くいた。元海軍造船技術者が民間の造船業に吸収されるプロセスはきわめて多様であった。

終戦時に海軍艦政本部部員・技術少佐であり，戦後は日立造船に勤務した小野塚一郎は終戦直後の状況を以下のように回顧している[57]。

> 終戦に伴い当然のこととして，造船官全員が海軍を離れることになった。海軍に在勤中の短期現役の方たちは，直ちに原則として原勤務先に戻ったが，海軍プロパーの方たちは全部失業となった。そして，出来たらその技術力を生かす所に職を求めたかったが，その辺のことは必ずしもうまく（い―引用者補足）かなかったと云うのが，実情であった。

民間造船所側としても大変な事情にあった。極度の繁忙から最低の操業に変った。最低と云うよりゼロと云った方がよかったかも知れない。そして進駐軍の造船に対する態度も判らないし，前途の見透しを立てることも困難であった。従って，造船所のなかには，そこの出身の短現の方の復帰を必ずしも歓迎しない所もあったが，無理もない所でもある。然し若干の造船所では，造船官の人柄と技術を惜しんで，少数或いは小グループを新たに採用されておる。

　その後昭和二十三年頃になると，進駐軍の意向も大体読めるようになったし，また輸出船にその企業の活路を求めうる可能性も出て来たので，若干の造船官が民間の会社などに，造船技術者として職を得る事が出来るようになった。この場合でも前述の造船官としての同窓会的な構造が，それなりに役立っていたように推察される。

　元海軍造船技術者一人ひとりの戦後の歩みを安易に類型化することはできないが，一方で彼らの多くが戦後も深い横の繋がりを維持しつつ困難な戦後を切り開いていったことも事実である。占領下の1951年には「造船技術者近況」と題する名簿が作成され，そこには約400名の元海軍造船技術者の氏名，住所，勤務先が記されていた。55年の「造船会会員名簿」では約600名が収録されていた。しかし，同時に関東地区在住の会員200名に造船会大会への参加を呼びかけたところ，30名しか集まらなかったという現実にも留意しなければならない[58]。

付表 1-1（1） 元海軍

区分	氏名	別	短	転	生年	最終階級	配置および役職
海軍艦政本部関係・武官	福田 啓二				1890	技術中将	艦本技術監兼技術会議議員
	江崎 岩吉				1890	技術中将	艦本第四部長兼技術会議議員
	片山 有樹				1894	技術少将	艦本出仕(基本計画主任)兼技術会議議員兼東大教授
	中村 小四郎				1897	技術大佐	艦本部員兼技術会議議員
	牧野 茂				1902	技術大佐	艦本部員(設計主任、第六班長)兼技術会議議員，参謀本部附
	西島 亮二				1902	技術大佐	艦本部員(首席部員)兼需監理官
	大薗 大輔				1902	技術大佐	艦本部員(第一、二、三、四班長)兼技研所員、第二技術廠部員、技術会議議員
	村田 益太郎				1906	中佐	艦本総務部員兼第四部員
	山口 宗夫	○			1907	技術中佐	艦本部員兼技術会議議員(予算部員)
	遠山 光一	○			1908	技術中佐	艦本部員兼技術会議議員
	小見川 信	○		○	1910	技術中佐	艦本部員(材料班)
	遠山 嘉雄	○			1911	技術中佐	艦本部員(第七班長)
	埴田 清勝	○			1912	技術中佐	艦本部員兼技研所員、第二技術廠部員、技術会議議員
	寺田 明	○			1911	技術少佐	艦本部員(第五班長)、技術会議議員
	杉 一夫				1911	技術少佐	艦本部員、技術会議議員兼海軍需省軍需官
	福井 経彦	○		○	1909	技術少佐	艦本部員(材料班)
	蔵田 雅彦	○			1913	技術少佐	艦本部員
	吉田 隆	○			1912	技術少佐	艦本部員兼技研所員兼第二技術廠
	小野塚 一郎	○		○	1911	技術少佐	艦本部員(商船班長)
	西田 正典	○			1912	技術少佐	艦本部員
	田中(山下)輝男				1913	技術少佐	艦本部員(商船班)兼海軍令部出仕海運総監部附
	小倉 竜朗	○			1916	技術少佐	艦本部員(庶務部員)
	桜井 清彦	○			1918	技術少佐	艦本部員
	渡辺 英一	○			1916	技術少佐	艦本出仕(第六班)
	松下 雄一	○	○		1913	技術大尉	艦本出仕(商船班)
	蛎崎 広蔵		○		1915	技術大尉	艦本出仕、東京監理官
	岩崎 正亮		○		1913	技術大尉	艦本出仕、東京監理官兼艦艇造船監督官
	広瀬 達三		○		1918	技術大尉	艦本出仕、技研所員
	野上 秀喜		○		1918	技術大尉	艦本出仕、技研所員
	田坂 鋭一		○		1920	技術大尉	艦本出仕(材料班)
	中山 嘉彦	○	○		1917	技術大尉	艦本出仕(材料班)
	岩崎 三郎	○	○		1920	技術大尉	艦本出仕(第七班)
	高木 敬太郎	○	○		1923	技術大尉	艦本出仕、技研所員
海軍艦政本部関係・文官	小副川 要作				1891	高等官三等	艦本附総務部員、技術会議議員、施設本部部員
	但馬 平司				1891	高等官三等	艦本部員兼艦本附技研部員
	今井 信男				1890	高等官三等	艦本部員
	小倉 健夫				1902	高等官四等	艦本附第四部兼総務部第五課
	宮井 忠蔵				1898	高等官四等	艦本附
	斎藤 七五郎				1900	高等官四等	艦本附
	高瀬 良次郎				1894	高等官四等	艦本附(第四部兼第七部)
	御嶋 要				1894	高等官四等	艦本附
	小山 捷				1904	高等官四等	艦本部員
	丸石山 三郎				1891	高等官四等	艦本附
	久保 秀次郎				1892	高等官四等	艦本附
	高橋 惣兵衛				1894	高等官四等	艦本附
	山本 五郎				1899	高等官四等	艦本附
	山崎 宗一				1894	高等官五等	艦本部員兼技術会議議員
	大神 匡				1899	高等官五等	艦本附
	井上 長三郎				1909	高等官六等	艦本附
	大野 虎雄				1905	高等官六等	艦本附
	田井 虎一				1902	高等官六等	艦本附
	牧野 義冨				1904	高等官七等	艦本部員
	山下 省三郎				1906	高等官七等	艦本附
	今安 繁夫				1906	高等官七等	艦本附

造船技術者の戦後

出身学校	卒年	1951年勤務先	1957・59・60・62・68年勤務先
東大	1914	日本海事協会嘱託	日本海事協会嘱託
東大	1917		日立造船技術顧問
東大	1919		防衛庁技術研究本部嘱託(68年)
東大	1922		新三菱重工業(57年)
東大	1925	国際船舶工務所常務取締役	三菱造船船舶事業本部顧問(60年)
九大	1926		呉造船所相談役(68年)
九大	1927		浦賀船渠常務・艦艇営業部長
海兵55期, 九大	1940	SRF	横須賀米海軍基地 SRF 顧問
九大	1930	西日本重工業	三菱造船技術部次長(60年)
東大	1932	日本鋼管鶴見造船所	日本鋼管取締役
東大	1933	みさき産業代表取締役社長	みさき産業代表取締役社長
東大	1934	藤永田造船東京事務所	藤永田造船所船舶営業部長(60年)
東大	1935	日本鋼管鶴見造船所	日本鋼管鶴見造船所設計部長
東大	1935	日本復興建材	新三菱重工業神戸造船所所長付(60年)
阪大	1935		
九大	1934	東造船	東造船取締役
阪大	1936	函館ドック(設計課)	
九大	1936	アメリカ船級協会検査員	飯野重工業造船部
東大	1935	日立造船東京事務所	日立造船調査部長(60年)
九大	1937	日立造船向島工場造船課	日立造船向島工場工務部長(60年)
東大	1939	播磨造船所	NBC 呉造船部業務長
九大	1939	熊本造船所大内工場	防衛庁海上幕僚統監部艦船課
東大	1940	石川島重工業第二工場	石川島重工業第二工場造船部長
東大	1940	佐世保船舶工業東京本社技術部	防衛庁技術研究本部
東大	1939	西日本重工業長崎造船所	三菱造船下関造船所設計部造船設計課長
阪大	1939		
阪大	1937	東日本重工業横浜造船所	三菱日本重工業横浜造船所
阪大	1941	大阪大学助教授	大阪大学工学部助教授
九大	1941		
東大	1942	海上保安庁造船課長	海上保安庁船舶技術部技術課
横浜高工	1941	ミナト製作所取締役工場長	京葉商工代表取締役(60年)
阪大	1943	日立造船本社設計部	日立造船造船設計部
横浜高工	1942	石川島重工業造船設計部	石川島重工業造船設計部艦艇基本設計課長
旅順工科学堂	1913		
物理学校	1916		
海軍工手学校	1923		
東大	1928		
技養	1922		
大阪高工	1920		
技養	1922		
技養	1923		
東大	1929	コヤマボート設計社	東造船常務取締役
工手学校	1925		
工手学校	1923		
技養	1923		前川製作所(68年)
技養	1924		没(68年)
技養	1924		長岡組(68年)
技養	1923		
仙台高工	1931		
技養	1930		没(68年)
技養	1926		没(68年)
技養	1930		三菱重工業・本社(68年)
技養	1931		米海軍横須賀基地 SRF(68年)
技養	1931		舞鶴機械工業取締役(生産担当)(68年)

付表 1-1（2） 元海軍

区分	氏名	別	短	転	生年	最終階級	配置および役職
海軍艦政本部関係・文官	岩谷　平七				1889	高等官七等	艦本附
	田部　吉男				1913	高等官七等	艦本附
	村上　久				1910	高等官七等	艦本附（第二班）
海軍技術研究所関係・武官	出淵　巽				1895	技術少将	技研造船研究部長兼技術会議議員，東大教授
	岡本　方行				1899	技術大佐	技研所員兼艦本総務部第六課長兼技術会議議員，大学校教官
	近藤　忠夫	○			1904	技術中佐	技研造船研究部第一科主任，艦本出仕，東大助教授
	大平　正夫	○			1904	技術中佐	技研造船研究部員兼業務主任兼第三科主任
	中島　宣彦				1915	技術少佐	技研造船研究部員
	村中　穣		○	○	1913	技術少佐	技研造船研究部員
	橋本　香一	○		○	1919	技術大尉	技研造船研究部員（第三科）
	篠田　仁吉	○			1921	技術大尉	技研造船研究部員
	羽田野　哲郎		○		1921	技術大尉	技研造船研究部員
	向山　政一				1922	技術中尉	技研造船研究部副部員
	本田　脩三	○			1923	技術中尉	技研造船研究部副部員
海軍技術研究所関係・文官	松山　武秀				1896		海軍省嘱託技研勤務（藤原工大教授）
	池上　作太郎				1887	高等官三等	技研造船研究部員
	佐藤　正彦				1907	高等官四等	技研造船研究部員
	大津　義徳				1909	高等官五等	技研造船研究部員
	有吉　金太				1897	高等官五等	技研造船研究部員
	高橋　高蔵				1902	高等官五等	技研造船研究部員
	鬼頭　史城				1902	高等官六等	技研所員（造船研究部勤務），兼艦本部員（第五部）
	中本　誠				1913	高等官七等	技研附造船研究部
	杉原　喜蔵				1905	高等官七等	技研附造船研究部
	神田　文四郎				1905	高等官七等	技研附造船研究部
	松下　福一				1907	高等官七等	技研附造船研究部
	宇根　繁				1911	高等官七等	技研附兼艦本出仕
横須賀海軍工廠・武官	矢ヶ崎　正経				1895	技術少将	横廠造船部長
	岩崎　正英	○			1899	技術大佐	横廠出仕兼造船部員（川崎分工場）
	玉崎　坦	○			1899	技術大佐	横廠造船部員（作業主任）兼高座工廠飛行機部員（東京，広島監理官）
	武冨　猪一				1902	技術大佐	横廠総務部員兼造船部員
	前田　竜男				1903	技術大佐	横廠造船部員兼高座工廠飛行機部作業主任
	生野　勝郎				1904	技術大佐	横廠造船部員（船殻主任），東京監理官
	溝口　三雄	○		○	1903	技術中佐	横廠造船部員（艤装主任）
	中村　常雄	○			1910	技術中佐	横廠造船部員（広島監理官）兼航海学校教官
	矢野　鎮雄	○		○	1912	技術少佐	横廠造船部員兼高座工廠飛行機部員（東京監理官，広島監理官）
	中川　勝也				1912	技術少佐	横廠造船部員兼高座工廠飛行機部員
	橘　弘毅	○			1914	技術少佐	横廠造船部員兼高座工廠飛行機部員
	内田　勇	○	○		1913	技術少佐	横廠造船部員兼艦本造船監督官（東京監理官）
	生田　実	○		○	1916	技術少佐	横廠造船部員
	近藤　武之助				1914	技術少佐	横廠造船部員
	浮田　基信	○			1917	技術少佐	横廠潜水艦部員兼造船部員
	小林　勝二	○			1916	技術少佐	横廠造船部員
	塩谷　晋				1918	技術大尉	横廠造船部員
	清水　竜男	○			1916	技術大尉	横廠造船部員兼機雷実験部員
	堀田　知道				1918	技術大尉	横廠造船部員
	大賀　秀輝				1919	技術大尉	横廠造船部員
	金子　一夫	○	○		1920	技術大尉	横廠造船部員
	溝間　泰夫		○		1916	技術大尉	横廠造船部員
	長谷川　謙浩		○		1916	技術大尉	横廠造船部員
	誉田　義道				1920	技術大尉	横廠造船部員兼高座工廠飛行機部員
	片山　信	○			1918	技術大尉	横廠造船部員（蛸ヶ浦船殻工場）
	宮下　義一	○	○		1918	技術大尉	横廠造船部員

造船技術者の戦後

出身学校	卒年	1951年勤務先	1957・59・60・62・68年勤務先
工手学校	1925		
東高工芸(木材)	1934		
技養	1935		大倉船舶工業造船部長(68年)
東大	1920		
東大	1925		極洋捕鯨会社監査役
東大	1930		呉造船所取締役(60年)
九大	1928		
東大	1938	弁理士	弁理士
広島文理大	1938		
東大	1941	鉄道技術研究所鋼構造研究室	国鉄広島鉄道管理局船舶部長
東大	1943	鉄道技術研究所防災研究室	鉄道技術研究所連絡船研究室
九大	1943		
東大	1944		
横浜高工	1943	日立造船因島工場	日立造船因島工場
東大	1919		長井江崎特許事務所技術顧問
工手学校	1928		
東大	1932		日本海事協会技術研究所
東大	1934	水産庁船体研究室	水産庁漁船研究室長
技養	1926		日本包装協会顧問(68年)
技養	1926		石川島播磨重工業船殼事業部(68年)
名古屋電気学校	1918		
横浜高工	1935		没(62年)
物理学校	1934		
技養	1931		
技養	1932		林兼造船嘱託(68年)
横浜高工(応化)	1934		
東大	1920		藤永田造船所顧問・艦艇技術部長(60年)
九大	1924	石川島重工業	石川島播磨重工業(60年)
東大	1925	名古屋造船常務取締役	日本鋼管嘱託
九大	1926	武富産業会社社長	
東大	1928		前田熱工業
東大	1928		
九大	1930	日本温湿科学研究所創立	日本温湿科学研究所社長
東大	1934	佐世保船舶工業船舶造修部	佐世保船舶工業取締役
九大	1935		
九大	1937		
東大	1938	American Bureau of Shipping	American Bureau of Shipping
東大	1936	三井船舶	三井船舶海務部造船課長
横浜高工	1938	吾妻計器製作所社長	吾妻計器製作所社長
東大	1940		
東大	1941	日本鋼管鶴見造船所	日本鋼管鶴見造船鉄工工作課長
東大	1941	日本鋼管鶴見造船所	日本鋼管鶴見造船所
九大	1941		
阪大	1941	東造船	大洋漁業船舶部
東大	1941		横須賀米海軍基地SRF顧問
九大	1941	佐世保船舶工業福岡分工場	佐世保船舶工業佐世保造船所外業部艤装課長
東大	1941	西日本重工業神戸造船所	新三菱重工業神戸造船所艦艇艤装課長
東大	1941		
東大	1942		
東大	1942	藤永田造船所	藤永田造船所基本設計課長
東大	1942	日立造船桜島工場修繕課	日立造船神奈川工場造船課長(60年)

付表 1-1（3） 元海軍

区分	氏名	別	短	転	生年	最終階級	配置および役職
横須賀海軍工廠・武官	藤野　宏	○			1922	技術大尉	横廠造船部部員兼高座工廠飛行機部部員
	垂水　保之	○			1920	技術大尉	横廠造船部部員
	平石　敏雄				1919	技術大尉	横廠造船部部員
	山形　聡	○			1922	技術大尉	横廠造船部部員
	田中　章	○	○		1921	技術大尉	横廠造船部部員
	井本　武	○	○		1921	技術大尉	横廠造船部部員
	小沢　雅男	○			1921	技術大尉	横廠造船部部員
	石橋　郁三	○	○		1922	技術大尉	横廠造船部部員
	横田　健	○			1921	技術中尉	横廠造船部副部員
	布施　秀三				1921	技術中尉	横廠造船部副部員
	伊東　弘次				1922	技術中尉	横廠造船部副部員
	山川　新二郎			○	1921	技術中尉	横廠造船部副部員
	白谷(田中)太平				1921	技術中尉	横廠造船部副部員
	山碕　茂				1921	技術中尉	横廠造船部副部員
	柴柳　徹郎				1921	技術中尉	横廠造船部副部員
	井上　勝		○		1923	技術中尉	横廠造船部副部員
	佐伯　広助		○		1921	技術中尉	横廠造船部副部員
	吉川　次郎	○	○		1921	技術中尉	横須賀鎮守府附
	小谷　淳	○	○		1921	技術中尉	横須賀鎮守府附
	岡田　一喜	○			1923	技術中尉	横廠造船部副部員(東京監理官)
	奥村　順郎				1924	技術中尉	横廠造船部副部員
	黒田　良治	○	○		1924	技術中尉	横廠造船部副部員
	佐藤　勝巳		○		1925	技術中尉	横廠造船部副部員兼造兵部副部員
	板東　彦麿				1923	技術中尉	横須賀鎮守府附
	石田　政雄				1924	技術少尉	横廠造船部副部員
	田中　利夫	○			1923	技術少尉	横廠造船部副部員
	三村　英郎				1923	技術少尉	横廠造船部副部員
	吉村　治	○	○		1925	技術少尉	横廠造船部副部員
	坂田　得蔵	○	○		1924	技術少尉	横廠造船部副部員
	甲木(真竹)利男	○			1925	技術少尉	横廠造船部副部員
	養王田　正夫	○			1923	技術少尉	横廠造船部副部員
	木村　弘	○	○		1924	技術少尉	横廠潜水艦部副部員
	髙橋　通雄				1920	見習尉官	横須賀鎮守府附
	葦原　健					見習尉官	横須賀鎮守府附
横須賀海軍工廠・文官	中村　寿				1893	高等官三等	横廠造船部部員(設計主任)
	安田　千代次				1897	高等官四等	横廠附造船部部員
	谷道　広海				1906	高等官四等	横廠出仕(川崎分工場)
	宮川　秀人				1901	高等官四等	横廠附
	今井　芳之助				1883	高等官五等	横廠附
	稲葉　知治				1909	高等官五等	横廠附兼高座工廠附
	藤井　三郎				1906	高等官六等	横廠附
	三浦　正男				1902	高等官六等	横廠附
	中田　泰三				1887	高等官六等	横廠附
	和田　郁松				1900	高等官六等	横廠附
	白井　実		○		1910	高等官六等	横廠附、東京監理官兼高座工廠附
	鈴木　道三				1887	高等官七等	横廠附
	角井　要蔵				1902	高等官七等	横廠附
	石渡　誠次郎				1909	高等官七等	横廠附
	磯崎　文五郎				1908	高等官七等	横廠附
	晴披　久蔵				1904	高等官七等	横廠造船部副部員
	髙橋　義一				1904	高等官七等	横廠附
	寺泉　佐吉				1905	高等官七等	横廠附
	山内　長司郎				1906	高等官七等	横廠附
呉海軍工廠・武官	芳井　一夫				1894	技術少将	呉廠造船部長
	加藤　恭亮		○		1899	技術大佐	呉鎮守府附

造船技術者の戦後

出身学校	卒年	1951年勤務先	1957・59・60・62・68年勤務先
東大	1943	日立造船東京事務所船舶課	日立造船船舶営業部業務課長(60年)
東大	1943	東日本重工業横浜造船所	三菱日本重工業横浜造船所
阪大	1943	日之出木工有限会社	日之出木工役
九大	1943	佐世保船舶工業	佐世保船舶工業艦艇設計部造船課長
阪大	1943	中日本重工業神戸造船所	新三菱重工業神戸造船所設計課
九大	1943	林兼造船下関造船所	林兼造船
横浜高工	1942	石川島重工業造船部設計課	石川島重工業予算第4課長(60年)
横浜高工	1942	文化興業専務取締役	文化興業専務取締役
東大	1944	播磨造船所	播磨造船所
阪大	1944	藤永田造船所	藤永田造船所
九大	1944		
東大	1944		
東大	1944	名古屋造船	名古屋造船造船部船殻課長
東大	1944		
東大	1944	日立造船桜島工場	日立造船桜島工場造船部
阪大	1944	中日本重工業神戸造船所	新三菱重工業神戸造船所
九大	1944	大丸造船鉄工	東海海運局清水支局検査課長
阪大	1944	三井造船玉野造船所	三井造船玉野造船所造船工作課
東大	1944	日本鋼管鶴見造船所	日本鋼管鶴見造船所
横浜高工	1943	南国特殊造船	日立造船神奈川工場造船課
横浜高工	1943		新三菱重工業神戸造船所(62年)
横浜高工	1943	造船木工業自営	運輸省
横浜高工	1943		静岡県富士土木工営事務所吉永工営所(62年)
横浜高工	1943		工務監督(62年)
横浜高工	1944	北越工業	北越工業取締役工場次長
大阪工専	1944	日立造船	日立造船
大阪工専	1944		
大阪工専	1944	近畿日本鉄道	近畿日本鉄道検車課長
横浜高工	1944		三菱造船広島造船所(62年)
横浜高工	1944	県立工業高等学校(長崎市)	県立工業高等学校(長崎市)
横浜高工	1944		日本鋼管鶴見造船所(62年)
大阪工専	1944	三保造船所	三保造船所
東大	1943		
九大	1944		
技養	1922		アジア船舶工業社取締役技師長(68年)
技養	1922		丸大工業(68年)
東大	1932	大島鉄工所	
熊本高工(採冶)	1923		日本温湿科学研究所
高等小学校	1899		
横浜高工(機)	1930		
早大(電)	1932		
技養	1926		三正工業(68年)
高等小学校	1902		
技養	1925		光工業(68年)
横浜高工	1933	南国特殊造船王子工場	日立造船神奈川工場
中学二修	1903		
技養	1928		没(68年)
技養	1933		
技養	1934		光工業(68年)
技養	1930		相模造船鉄工取締役技術部長(68年)
技養	1930		協立鉄工社長(68年)
技養	1930		スタア商会(68年)
技養	1931		文化興業社長(68年)
東大	1933	前畑造船鉄工社長	前畑造船鉄工社長
東大	1923		佐世保船舶工業顧問

付表 1-1（4） 元海軍

区分	氏名	別	短	転	生年	最終階級	配置および役職
呉海軍工廠・武官	広幡 増弥	○			1903	技術大佐	呉廠造船部部員(作業主任)兼11航空廠部員、広島、大阪監理官
	松本 喜太郎				1903	技術大佐	呉廠造船部部員(設計主任)兼陸軍運輸部員
	林 邦雄			○	1903	技術大佐	呉廠造船部出仕兼造船部部員兼第一特別根拠地隊附
	岡村 恒四郎				1904	技術中佐	呉廠総務部部員兼造船部検査官、艦本造船監督官(広島)
	原田 進一郎				1907	技術中佐	呉廠造船部部員(船殻主任)兼広工廠鋳物実験部部員、潜水学校教官
	馬場 清一郎	○			1909	技術中佐	呉廠造船部部員(艤装主任)
	堀 元美				1910	技術中佐	呉廠造船部部員、造船実験部部員、11航空廠部員
	松下 喜代作				1914	技術少佐	呉廠造船部部員兼11航空廠部員
	今井 恭			○	1912	技術少佐	呉廠造船部部員
	若松 守朋	○			1916	技術少佐	呉廠造船部部員(大君分工場長)
	古川 慎				1916	技術少佐	呉廠造船部部員
	清水 澄	○			1919	技術少佐	呉廠造船部部員
	木下 共武	○			1917	技術少佐	呉廠造船部部員、11航空廠部員、軍需監理官
	長 徳重	○			1917	技術少佐	呉廠潜水艦部部員兼潜水学校教官
	大谷 碧				1920	技術大尉	呉廠造船部部員
	竹内 晃	○			1918	技術大尉	呉廠造船部部員兼11航空廠部員
	大野 民雄		○		1919	技術大尉	呉廠造船部部員
	原 紀		○		1918	技術大尉	呉廠造船部部員
	沢原 正則		○		1917	技術大尉	呉廠造船部部員
	出羽 正		○		1918	技術大尉	呉鎮守府附
	但馬 利夫	○			1918	技術大尉	呉廠造船部部員
	桂井 清吉			○	1916	技術大尉	呉廠造船部部員
	橋本 敏郎	○			1920	技術大尉	呉廠造船部部員
	村上 正孝	○			1920	技術大尉	呉廠造船部部員
	中原 敬介	○			1918	技術大尉	呉廠造船部部員
	高幣 哲夫		○		1920	技術大尉	呉廠造船部部員(広島監理官)
	中村 貴憲	○	○		1918	技術大尉	呉廠造船部部員
	鈴木 伊智男				1920	技術大尉	呉廠造船部部員兼造船実験部部員
	安藤 勇	○			1919	技術大尉	呉廠造船部部員
	河合 忠夫				1919	技術大尉	呉廠造船部部員
	村上(山下)元夫				1918	技術大尉	呉廠造船部部員
	小野 栄八郎	○	○		1919	技術大尉	呉廠造船部部員
	古賀 福湊		○		1920	技術大尉	呉廠造船部部員
	甲斐 敬二	○	○		1917	技術大尉	呉廠造船部部員
	吉武 有真	○	○		1921	技術大尉	呉廠造船部部員
	戸田 仁志				1922	技術大尉	呉廠造船部部員
	川島 和茂	○	○		1922	技術大尉	呉廠造船部部員
	滝沢 宗人	○			1922	技術大尉	呉廠造船部部員
	渡辺 亮				1922	技術大尉	呉廠造船部部員
	高橋 一男		○		1921	技術中尉	呉廠造船部副部員
	白石 隆義				1922	技術中尉	呉廠造船部副部員
	井上 英治				1922	技術中尉	呉廠造船部副部員
	八木 和夫				1920	技術中尉	呉廠造船部副部員
	田辺(片岡)謹三				1921	技術中尉	呉廠造船部副部員
	米倉 邦彦	○	○		1923	技術中尉	呉廠造船部副部員(大君分工場)
	中山 康二		○		1916	技術中尉	呉廠造船部副部員
	田村 忠興				1923	技術中尉	呉廠造船部副部員
	佐々木 一郎				1919	技術中尉	呉廠造船部副部員
	細野 末広				1919	技術中尉	呉廠造船部副部員
	島田 博之	○	○		1922	技術中尉	呉廠造船部副部員(大君分工場)
	坂本 良一	○	○		1924	技術中尉	呉廠造船部副部員
	大竹 秀成		○		1924	技術中尉	呉廠造船部副部員
	小津 勇		○		1924	技術中尉	呉廠造船部副部員

第1章　造船王国の担い手へ

造船技術者の戦後

出身学校	卒年	1951年勤務先	1957・59・60・62・68年勤務先
東大	1927	浦賀船渠	浦賀船渠艦艇営業部付
東大	1928	大和産業	大和産業
東大	1925		三井造船(57年)
九大	1929		
東大	1931		
九大	1933	日立造船因島工場造船部	日立造船神奈川工場管理課長(60年)
東大	1935	横須賀米海軍基地艦船修理所(SRF)企画部長	浦賀重工業艦艇営業部長(68年)
東大	1937		
阪大	1935		
東大	1939	NBC呉造船部資材課長	浦賀船渠設計部長
東大	1940	昭和造船車輛	千代田グラビヤ印刷取締役
東大	1941	日本鋼管鶴見造船所	日本鋼管鶴見造船所
九大	1941	佐世保船舶工業	佐世保船舶工業佐世保造船所造船部長
九大	1941	小堀製作所代表取締役社長	小堀製作所代表取締役社長
東大	1941	鉄道技術研究所第七部	大阪大学工学部教授
東大	1941	日本鋼管鶴見造船所	日本鋼管鶴見造船所技術管理課長
阪大	1941	川崎重工業泉州工場造船部	
九大	1941	西日本重工業長崎造船所	三菱造船長崎造船所
東大	1941		大呉興産工場長
阪大	1941		
横浜高工	1940	東日本重工業横浜造船所	三菱日本重工業横浜造船所
横浜高工	1938		防衛庁(62年)
東大	1942	石川島重工業第二工場造船部	石川島重工業東京第二工場検査部長
東大	1942	播磨造船所	NBC呉造船部
東大	1942	播磨造船所呉船渠技術部解体課	NBC呉造船部技術部次長
東大	1942		
東大	1942	中日本重工業神戸造船所	新三菱重工業神戸造船所
横浜高工	1941		石川島播磨重工業(62年)
横浜高工	1941	西日本重工業広島造船所	三菱造船広島造船所
阪大	1943		
九大	1943	林兼造船	林兼造船造船設計課長
阪大	1943	九大医学部入学(46年)	
九大	1943		
東大	1941	中日本重工業神戸造船所	新三菱重工業神戸造船所
阪大	1943	山口県建築部建築課	九州海運局若松支局船舶課長
横浜高工	1942		石川島播磨重工業(62年)
横浜高工	1942	文化興業(株)(横須賀市)	文化興業工事部次長
横浜高工	1942	三井造船玉野工場	三井造船玉野工場
横浜高工	1942		三菱日本重工業(62年)
横浜高工	1942		北海道運局(62年)
東大	1944		
東大	1944		
九大	1944		名古屋造船
九大	1944		阪急バス整備部工場課長
東大	1944	西日本重工業長崎造船所造船部	三菱造船長崎造船所造船設計部
東大	1944	日本海船渠工業	日本海船渠工業
東大	1944		
東大	1944		
東大	1944		浦賀船渠所監理部予算統計課長
九大	1944	西日本重工業長崎造船所	三菱造船長崎造船所
横浜高工	1943	東洋電極工業	八幡溶接棒(株)営業部商務課長(62年)
横浜高工	1943		日綿実業(株)東京支社(62年)
横浜高工	1943	日本鋼管鶴見造船所	日本鋼管鶴見造船所

付表 1-1（5） 元海軍

区分	氏名	別	短	転	生年	最終階級	配置および役職
呉海軍工廠・武官	野村 英男		○		1924	技術中尉	呉廠造船部副部員
	芳野 太郎				1923	技術少尉	呉廠造船部副部員
	中神 凡夫	○			1924	技術少尉	呉廠造船部副部員
	藤田 孝彦				1922	技術少尉	呉廠造船部副部員
	橋本 裕起	○			1924	技術少尉	呉廠造船部副部員
	柴田 善次				1923	技術少尉	呉廠造船部副部員
	谷本 喜一	○	○		1924	技術少尉	呉廠造船部副部員
呉海軍工廠・文官	辻 影雄				1888	高等官三等	呉廠造船部部員
	浜村 雅男				1894	高等官四等	呉廠造船部部員
	山中 三郎				1902	高等官四等	呉廠附兼第一技養教官
	楠 修策				1889	高等官五等	呉廠造船部部員、広工廠工作機械実験部部員
	宇野田 巌				1905	高等官五等	呉廠附
	牧山 幸弥	○			1911	高等官五等	呉廠附
	新納 与一				1898	高等官五等	呉廠附
	古川 忠				1900	高等官六等	呉廠附兼造船実験部部員、製鋼部部員、11 航空廠部員
	津吉 良幸				1912	高等官六等	呉廠造船部部員
	荒谷 勝三郎				1891	高等官六等	呉廠附
	森 照雄				1895	高等官六等	呉廠造船部部員兼第一技養教官
	佐々木 幸正				1901	高等官六等	呉廠造船部部員
	多川 弘				1900	高等官六等	呉廠附
	田中 教人				1912	高等官六等	呉廠附
	苗加 孝一				1884	高等官七等	呉廠附
	和泉 正一				1900	高等官七等	呉廠附
	大田 実				1894	高等官七等	呉廠附
	芦苅 武男				1902	高等官七等	呉廠附
	竹原 静男				1908	高等官七等	呉廠附
	中山 義男				1903	高等官七等	呉廠附
	古川 善男				1907	高等官七等	呉廠附
	板倉 登				1906	高等官七等	呉廠附
呉海軍工廠・造船実験部 武官	小岩 健	○			1899	技術大佐	呉廠造船実験部部員兼製鋼実験部部員
	寺尾 貞一			○	1911	技術少佐	呉廠造船実験部部員
呉海軍工廠・造船実験部 文官	金子 又三郎				1896	高等官三等	呉廠造船実験部部員兼製鋼実験部部員
	江頭 健				1908	高等官四等	呉廠造船実験部部員(第二科主任兼第四科主任)
	古賀 光太郎				1900	高等官五等	呉廠造船実験部部員
	多田 美朝				1911	高等官六等	呉廠附兼第一技養教官(造船実験部)
	山本 康民				1901	高等官六等	呉廠附(造船実験部)
	岡本 勇雄				1897	高等官六等	呉廠造船実験部部員
	為広 重雄				1909	高等官六等	呉廠造船実験部部員
	奥田 貞利				1902	高等官七等	呉廠附(造船実験部)
	氏丸 利夫				1914	高等官七等	呉廠附(造船実験部)
佐世保海軍工廠・武官	森川 信雄				1897	技術大佐	佐廠造船部部員
	福井 又助				1899	技術大佐	佐廠造船部部員(作業主任)長崎監理官兼軍需監理官
	小堀 竜造				1904	技術大佐	佐廠総務部部員兼造船部検査官
	矢田 健二				1907	技術大佐	佐廠造船部部員(船殻主任)
	村上 外雄	○			1908	技術中佐	佐廠造船部部員(設計主任)
	諸岡 篤	○		○	1908	技術中佐	佐廠造船部部員(艤装主任)
	西原 虎夫				1914	技術少佐	佐廠造船部部員
	高橋 利貞			○	1908	技術少佐	佐廠造船部部員兼 21 航空廠部員
	坂野 五郎				1915	技術少佐	佐廠造船部部員
	崎田 高定	○			1916	技術少佐	佐廠造船部部員
	小平 清秀	○			1916	技術少佐	佐廠造船部部員
	穂波 芳夫		○		1916	技術少佐	佐廠造船部部員兼艦本造船監督官(浦崎)
	米田吉(義)男	○			1918	技術少佐	佐廠造船部部員
	神田 好雄	○			1916	技術少佐	佐廠造船部部員
	鈴木 春夫	○			1917	技術大尉	佐廠造船部部員兼 21 航空廠部員

造船技術者の戦後

出身学校	卒年	1951年勤務先	1957・59・60・62・68年勤務先
横浜高工	1943		Royal Interocean Lines 技術部工務監督(62年)
横浜高工	1943		没(62年)
大阪工専	1944	北海道小樽水産高等学校教諭	北海道小樽水産高等学校教諭
横浜高工	1944		新三菱重工業神戸造船所(62年)
大阪工専	1944	日立造船	日立造船桜島工場
大阪工専	1944		
大阪工専	1944	京都大学理学部卒業(49年)	神戸大学工学部助教授
技養	1922		没(68年)
技養	1922		日野工業設計部(68年)
東大	1928	水野造船所	川崎重工業潜水艦部長
甲種職工学校	1906		
阪大	1933		
東大	1935	海上保安庁船舶技術部	防衛庁防衛大学校教授
技養	1925		没(68年)
技養	1926		関西工業社長(68年)
広島(機)	1932		
技養	1924		
技養	1926		
技養	1928		横浜ヨット嘱託(68年)
技養	1926		
横浜高工	1933		三建設備工業(株)(62年)
見習入業	1896		
技養	1927		
技養	1924		大呉興産(68年)
技養	1930		陽光設計(68年)
横浜高工	1930		
技養	1930		没(68年)
技養	1933		
技養	1933		呉船産業
東大	1924	横浜工作所	運輸省第二港湾建設局横浜工場
東大	1935	播磨造船所呉船渠	播磨造船所相生工場研究部長(60年)
技養	1923		没(68年)
東大	1932	運輸省船舶研究所	運輸省船舶研究所
技養	1924		没(68年)
広島文理(物理)	1936		
高等工芸	1928		
技養	1924		
広島(応化)	1930		
技養	1929		興和化成・本社(顧問)(68年)
広島(応化)	1934		
東大	1922		呉酸素取締役(68年)
東大	1924		
東大	1926		
東大	1929		
東大	1931	石川島重工業東京第二工場造船設計部長	石川島重工業取締役第二工場長
東大	1933	伊万里湾重工業取締役	三保造船所取締役(東京事務所長)
東大	1938	名村造船所	
横浜高工	1932		日露漁業(62年)
東大	1939		
九大	1940	山領造船(50年)	海上自衛隊東京監督官
阪大	1940		
東大	1940	川南工業東京事務所営業課長	安川電機製作所中型回転機課長
東大	1941	石川島重工業	石川島重工業
東大	1941	NBC呉造船部	呉造船所造船工作部長兼艦艇部付(60年)
阪大	1941	運輸省船舶局造船課	防衛庁装備局船舶課長

付表 1-1（6） 元海軍

区分	氏名	別	短	転	生年	最終階級	配置および役職
佐世保海軍工廠・武官	高柳　武男	○	○		1919	技術大尉	佐廠造船部部員
	加藤　孝一	○	○		1918	技術大尉	佐廠造船部部員
	小宮山　隆三				1918	技術大尉	佐廠造船部部員
	下川(川島)栄一				1920	技術大尉	佐廠造船部部員
	平岡　靖章				1918	技術大尉	佐廠造船部部員
	池内　迪彦	○			1920	技術大尉	佐廠造船部部員
	小川　久		○		1919	技術大尉	佐廠造船部部員
	加藤　豪雄		○		1921	技術大尉	佐廠造船部部員
	仲佐　洋三	○			1921	技術大尉	佐廠造船部部員
	沢田　俊光	○			1918	技術大尉	佐廠造船部部員
	北村　修	○			1921	技術大尉	佐廠造船部部員
	和田　寿	○			1921	技術大尉	佐廠造船部部員
	田代　雄二郎	○	○		1921	技術大尉	佐廠造船部部員
	福田　淳一	○			1920	技術大尉	佐廠造船部部員
	仲野　武英		○		1917	技術大尉	佐廠造船部部員
	西野　泰祐		○		1919	技術大尉	佐廠造船部部員兼造兵部部員
	辰巳　清泰				1922	技術中尉	佐廠造船部副部員
	松岡　忠正				1921	技術中尉	佐廠造船部副部員
	中野　徳久				1922	技術中尉	佐廠造船部副部員
	川原　隆	○			1922	技術中尉	佐廠造船部副部員
	森　健四郎	○			1920	技術中尉	佐廠造船部副部員
	佐藤　忠三郎				1921	技術中尉	佐廠造船部副部員
	浜崎　周作	○			1921	技術中尉	佐廠造船部副部員
	元良　誠三	○	○		1922	技術中尉	佐廠造船部副部員
	竹下　宗夫	○	○		1923	技術中尉	佐廠造船部副部員
	鵜沢　春生		○		1922	技術中尉	佐廠造船部副部員
	亘理　民郎		○		1921	技術中尉	佐廠造船部副部員
	古川　伸一		○		1923	技術中尉	佐廠造船部副部員
	矢吹　宗秋		○		1923	技術中尉	佐廠造船部副部員
	中神　一夫		○		1924	技術中尉	佐廠造船部副部員
	塩谷　幸兵衛				1924	技術少尉	佐廠造船部副部員
	長谷川　良三				1922	技術少尉	佐廠造船部副部員
	椋本　栄太郎	○			1924	技術少尉	佐廠造船部副部員
	須藤　彰一	○	○		1922	技術少尉	佐廠造船部副部員
	川崎　博				1924	技術少尉	佐廠造船部副部員
	内田　武次				1925	技術少尉	佐廠造船部副部員
佐世保海軍工廠・文官	山本　実三郎				1896	高等官四等	佐廠附
	中光　善人				1898	高等官四等	佐廠造船部部員
	大山　音次郎				1895	高等官五等	佐廠附
	石橋　福次				1897	高等官五等	佐廠造船部部員
	渡辺　梅太郎				1886	高等官六等	佐廠附
	山高　市兵衛				1883	高等官六等	佐廠附
	鶴　次郎				1901	高等官六等	佐廠附
	藤川　仁一				1899	高等官六等	佐廠造船部部員
	山本　茂				1902	高等官六等	佐廠附
	原口　秀夫				1910	高等官七等	佐廠附
	細川　庄吉				1905	高等官七等	佐廠附
	両角　五郎				1911	高等官七等	佐廠附
	糸山　隆				1905	高等官七等	佐廠造船部副部員
	山崎　亀太郎				1908	高等官七等	佐廠附
	藤山　作一				1907	高等官七等	佐廠附
舞鶴海軍工廠・武官	小田　勝治				1897	技術少将	舞廠造船部部長
	塩山　策一	○			1901	技術大佐	舞廠造船部部員(作業主任)(富山監理官)
	船越　卓	○			1908	技術中佐	舞廠造船部部員(艤装主任)兼軍需監理官
	山下　啓三				1909	技術中佐	舞廠造船部部員

造船技術者の戦後

出身学校	卒年	1951年勤務先	1957・59・60・62・68年勤務先
東大	1941	三井造船玉野造船所設計課	三井造船玉野造船所艤装設計課長
東大	1941	浦賀船渠浦賀造船所	浦賀船渠
横浜高工	1940	慶應義塾大学医学部助手	長門町立病院(長野県)産婦人科医長
東大	1942	川崎重工業	川崎重工業造船工場艦艇課長
東大	1942		
東大	1942	石川島重工業	石川島重工業
阪大	1942	川崎重工業	
横浜高工	1941		川崎重工業(62年)
東大	1943	東日本重工業横浜造船所	三菱日本重工業横浜造船所
東大	1943	日本鋼管鶴見造船所	日本鋼管本社プラント部課長
東大	1943	オリオン商会取締役	北村修特許事務所長
九大	1943	播磨造船所呉船渠	呉造船所技術部次長
阪大	1943	日本鋼管	
九大	1943	九州大学助教授・工学部造船教室	九州大学助教授・工学部造船教室
阪大	1943		農業
阪大	1943		
東大	1944	浦賀船渠浦賀造船所	浦賀船渠浦賀造船所溶接課長
東大	1944		
東大	1944	日本郵船	日本郵船
東大	1944	日立造船因島工場	日立造船因島工場
九大	1944	川南工業香焼島造船所	日立造船因島工場
東大	1944	東大工学部助教授	東大工学部助教授
東大	1944	西日本重工業長崎造船所	三菱造船長崎造船所
東大	1944		
東大	1944		
東大	1944		
横浜	1943		三井造船(62年)
横浜	1943		日本鋼管浅野船渠(62年)
大阪高工	1944		
横浜	1944		槙野産業(株)技術部長(62年)
大阪工専	1944	播磨造船所	播磨造船所
横浜	1943	日立造船技術研究所	日立造船技術研究所
大阪工専	1944		
大阪工専	1944		
技養	1922		
技養	1923		没(68年)
技養	1924		大山工業所社長(68年)
技養	1923		没(68年)
中学	1905		
海軍造船工練習所			
技養	1925		没(68年)
技養	1926		前畑造船鉄工(68年)
技養	1927		没(68年)
技養	1927		没(68年)
物理学校	1934		
日大工(電)	1935		
技養	1930		没(68年)
技養	1932		旭洋造船鉄工造船課長(68年)
技養	1932		辻産業検査課嘱託(68年)
東大	1922	飯野産業顧問	パシフィックマリーンコーポレーション
東大	1925	飯野産業	飯野重工業取締役艦艇兵器部長
東大	1932	横浜工作所取締役	設計会社社長
東大	1934	日鐵汽船	日鐵汽船工務監督

付表 1-1（7） 元海軍

区分	氏名	別	短	転	生年	最終階級	配置および役職
舞鶴海軍工廠・武官	河東　克己	○			1911	技術少佐	舞廠造船部部員(設計主任)兼総務部部員兼兵学校教官
	緒明　亮乍	○			1915	技術少佐	舞廠造船部部員
	井上　淳一	○		○	1915	技術少佐	舞廠造船部部員
	北村　源三	○			1917	技術少佐	舞廠造船部部員兼総務部部員兼海軍需監理官
	松島　正義		○		1915	技術少佐	舞廠造船部部員
	安野　竹三				1917	技術少佐	舞廠造船部部員(船具主任)
	三輪(朝永)信雄				1917	技術大尉	舞廠造船部部員
	高須(鈴木)敬		○		1918	技術大尉	舞廠造船部部員(船渠主任)
	横山　信立	○			1918	技術大尉	舞廠造船部部員
	田中　茂之				1920	技術大尉	舞廠造船部部員
	川上　寿夫	○			1920	技術大尉	舞廠造船部部員
	西嶋　輝彦		○		1920	技術大尉	舞廠造船部部員
	片山　保		○		1920	技術大尉	舞廠造船部部員
	池端　賢輔				1919	技術大尉	舞廠造船部部員
	久保　正造	○	○		1921	技術大尉	舞廠造船部部員
	上田　茂		○		1919	技術大尉	舞廠造船部部員
	山内　保文	○			1919	技術大尉	舞廠造船部部員
	中西　哲一郎	○			1921	技術大尉	舞廠造船部部員兼第一造兵部部員
	橋本(細野)寛				1919	技術大尉	舞廠造船部部員
	春永　盛生	○	○		1920	技術大尉	舞廠造船部部員
	山崎　恒雄				1922	技術大尉	舞廠造船部部員
	岡崎　順一				1920	技術中尉	舞廠造船部副部員
	中井　孝	○			1918	技術中尉	舞廠造船部副部員
	長谷川　正	○			1921	技術中尉	舞廠造船部副部員
	中村　幹雄	○			1921	技術中尉	舞廠造船部副部員
	根本　広太郎	○	○		1923	技術中尉	舞廠造船部副部員
	日下部　哲		○		1921	技術中尉	舞廠造船部副部員
	小林　鉄男		○		1921	技術中尉	舞廠造船部副部員
	兼重　信		○		1922	技術中尉	舞廠造船部副部員
	金沢　四郎太				1923	技術中尉	舞廠造船部副部員
	生田目　忠雄		○		1923	技術中尉	舞廠造船部副部員
	松谷　繁次		○		1924	技術中尉	舞廠造船部副部員
	桑木　清				1922	技術少尉	舞廠造船部副部員
	大機　健二				1924	技術少尉	舞廠造船部副部員
	関根　通男	○			1924	技術少尉	舞廠造船部副部員
	蔵野　楠雄				1923	技術少尉	舞廠造船部副部員
	友田　清				1923	技術少尉	舞廠造船部副部員
	小林　三郎	○		○	1924	技術少尉	舞廠造船部副部員
舞鶴海軍工廠・文官	籾山　正末				1907	高等官五等	舞廠附(船殻主任)
	国松　房蔵				1887	高等官五等	舞廠附
	更井　一夫				1907	高等官六等	舞廠附
	田中　潔				1909	高等官六等	舞廠附
	津崎　良二				1908	高等官六等	舞廠附
	大村　繁一				1904	高等官六等	舞廠附
	西村　久次				1891	高等官六等	舞廠附
	矢野　一雄				1895	高等官七等	舞廠附
	武原　利一				1901	高等官七等	舞廠附
	高橋　安太郎				1913	高等官七等	舞廠造船部副部員
	井出　勇雄				1908	高等官七等	舞廠附
	波多野　宗九郎				1906	高等官七等	舞廠附
海軍艦政本部造船監督官東京駐在	西村　弥平				1894	技術大佐	艦本造船監督官, 関東監理官, 監査官(東京)
	稲川　精一				1901	技術大佐	艦本造船監督官(東京)
	斎藤　貫二郎				1903	技術大佐	艦本造船兵監督官軍需監理官(浦賀, 横浜)
	立川　義治	○			1898	高等官四等	艦本造船監督官(東京)
	関　博治				1904	高等官四等	艦本附兼造船監督官(東京)東京監理官

造船技術者の戦後

出身学校	卒年	1951年勤務先	1957・59・60・62・68年勤務先
東大	1935	横須賀米海軍船舶修理廠コンサルタント	函館ドック技術部長
東大	1937	国際船舶工務所設計課長	防衛庁技術部艦船課
横浜高工	1936	光工業(株)社長(横須賀市)	光工業(株)社長(横須賀市)
九大	1940	NBC呉造船部企画課長	協成汽船常務取締役
東大	1939	運輸省海運局	四国海運局船舶部長
東大	1941	東北船渠	海上自衛隊
東大	1941	船舶技術協会	船舶技術協会
阪大	1941	海上保安庁船舶検査官	海上幕僚監部艦船課
東大	1942	国鉄総局船舶課	水産庁生産部漁船研究室
九大	1942		
阪大	1942	川崎重工業艦船工場工作課	川崎重工業艦船工場工作課
東大	1942		
阪大	1941		
横浜高工	1941	ロイド船級協会(55年)	ロイド船級協会
横浜高工	1941	石川島重工業造船部	石川島重工業造船部
九大	1943		
東大	1943	運輸技術研究所船舶性能部	運輸技術研究所船舶性能部研究室長
東大	1943	日立造船東京事務所船舶課	日立造船原子力調査室
東大	1943	橋本織物	橋元織物専務取締役
東大	1943	運輸省北海道海運局登録測度課長	運輸省大臣官房企画課
横浜高工	1942		没(62年)
東大	1944		日本海事協会大阪支部検査員
東大	1944	日本鋼管船舶営業部	日本鋼管船舶営業部外国船課長(61年)
東大	1944	浦賀船渠	浦賀船渠検査部船体検査課長
東大	1944	日本鋼管鶴見造船所	日本鋼管清水造船所
東大	1944	播磨造船所	播磨造船所技術部技術課長
九大	1944		
阪大	1944	林兼造船所	林兼造船所技師
九大	1944		
横浜高工	1943		没(62年)
横浜高工	1943		宝幸水産(株)船舶部(62年)
横浜高工	1943		自営(62年)
大阪工専	1944		
横浜高工	1944		大機建築設計事務所(62年)
横浜高工	1944	日本鋼管鶴見造船所	日本鋼管清水造船所
大阪工専	1944		
横浜高工	1944		三菱造船広島造船所(62年)
横浜高工	1944	飯野産業舞鶴造船所	飯野重工業舞鶴造船所
阪大	1933		飯野重工業舞鶴造船所副所長
工学院	1930		
東大	1929		
徳島高工(機)	1930		
広島高工(機)	1931		
技養	1928		今井造船設計部長(68年)
見習	1911		
技養	1930		
技養	1930		農業(68年)
東高芸(金属工芸)	1932		
技養	1932		医薬品自営(68年)
東大	1921	農業	農業
東大	1924		国際船級協会横浜事務所
東大	1926		
技養	1922	日本鋼管本社	日本エンジニアリング嘱託
九大	1932		

付表 1-1（8） 元海軍

区分	氏名	別	短	転	生年	最終階級	配置および役職
海軍艦政本部造船監督官東京駐在	米元　竹平				1886	高等官四等	艦本附兼造船監督官(東京)軍需監理官
	新倉　岩次郎	○			1903	高等官六等	艦本造船監督官(東京監理官)
	平本　誠一				1905	高等官六等	艦本附兼造船監督官(東京監理官)
	熊倉　直平				1903	高等官七等	艦本附兼造船監督官航本造兵監督官(東京, 仙台)
	石原　伝蔵				1901	高等官七等	艦本附兼造船監督官(東京, 仙台)
	塚田　一男				1907	高等官七等	艦本附兼造船監督官(東京)
	服部　貫一				1901	高等官七等	艦本造船監督官(横浜)
海軍艦政本部造船監督官浦賀駐在	関　甚作				1892	高等官四等	艦本附(第四部)兼造船監督官
	西谷　京一				1895	高等官六等	艦本附兼造船監督官(浦賀)
	黒川　定吉				1893	高等官七等	艦本附兼造兵監督官(東京, 仙台)
	石渡　貞蔵				1899	高等官七等	艦本附兼造船監督官(浦賀)
海軍艦政本部造船監督官大阪駐在	安成　貞一				1903	技術大佐	艦本造船監督官(近畿), 軍需監理官, 海軍省出仕, 呉廠出仕
	秋山　忠良				1902	技術大佐	艦本造船監督官(大阪監理官)
	中川　勉	○	○		1915	技術少佐	艦本造船監督官(大阪)
	深水　正保	○	○		1918	技術大尉	艦本造船監督官(大阪)
	片山　連次郎				1891	高等官三等	艦本附兼造船監督官(大阪)
	有家　信治				1895	高等官五等	艦本附兼造船監督官, 近畿監理官
	草村　政次				1897	高等官六等	艦本附(第四部)艦本造船監督官近畿監理官
	梶原　等				1898	高等官七等	艦本附兼造船監督官(大阪)
	芝崎　留吉				1900	高等官七等	艦本附(第四部)艦本造船監督官(大阪)
	市川　四郎				1904	高等官七等	艦本附兼造船監督官(大阪)
	岩堀　七郎				1911	高等官七等	艦本造船監督官(大阪)
	波多野　清				1909	高等官七等	艦本造船監督官(大阪)
その他の大阪駐在	桝方　檜三郎				1895	技術少将	大阪工作部長兼大阪警備府附
	小和田　正巳		○		1919	技術大尉	大阪警備府附
	上羽　助太郎				1895	高等官四等	大阪警備府附
	田中　吉信				1897	高等官七等	艦本附兼造船監督官
海軍艦政本部造船監督官神戸駐在	松田　良雄	○			1898	技術大佐	艦本出仕兼造船監督官兼軍需監理官(神戸)
	塩沢　岩根	○			1916	技術少佐	艦本造船監督官(神戸)兼経理学校教官
	太田　三喜男	○	○		1918	技術大尉	艦本造船監督官(境)
	高畑　正二				1908	高等官四等	艦本附兼造船監督官(神戸)
	川崎　薫				1907	高等官五等	艦本附兼造船監督官(神戸)
	前野　郁男				1911	高等官六等	艦本附兼造船監督官(神戸)近畿監理官
	原　信次郎				1898	高等官六等	艦本附兼造船監督官
	加藤　祐				1902	高等官七等	艦本附(第四部)兼造船監督官(神戸)
	新井　甚作				1902	高等官七等	艦本附兼造船監督官(神戸)
	福田　喜六				1904	高等官七等	艦本附兼造船監督官(神戸)
	広瀬　秀太郎				1905	高等官七等	艦本附兼造船監督官(神戸)
	高橋　保				1909	高等官七等	艦本附兼造船監督官(神戸)
海軍艦政本部造船監督官室蘭駐在	石井　勝海	○	○		1917	技術大尉	艦本造船監督官兼航本造兵監督官, 軍需監理官(札幌)
	由利　健一	○	○		1919	技術大尉	艦本造船監督官(函館)
	鈴木　克浩			○	1920	技術大尉	艦本造船監督官(小樽)
	吉田　保雄				1905	高等官七等	艦本附造船監督官
岡山駐在	野村　信夫				1912	高等官五等	艦本造船監督官(岡山)
	花田　博太郎				1913	高等官七等	艦本造船監督官兼航本造兵監督官(岡山)
広島駐在	岩下　正次郎				1912	技術少佐	呉廠造船部部員(広島監理官)
	佐立　正明				1915	技術少佐	艦本造船監督官(広島監理官)
	光勢　功		○	○		技術大尉	艦本造船監督官(松山)
	関谷　徹			○	1919	技術大尉	艦本造船監督官(松山)
	冨岡　達夫	○			1921	技術大尉	艦本造船監督官(下関)
	斎藤　一郎				1921	技術大尉	艦本造船監督官(因島)
	田中　房雄				1900	高等官七等	艦本附造船監督官

第1章 造船王国の担い手へ　53

造船技術者の戦後

出身学校	卒年	1951年勤務先	1957・59・60・62・68年勤務先
技養	1922		
技養	1927	新倉工業代表取締役社長	新倉工業代表取締役社長
物理学校	1930		
技養	1927		農業(68年)
技養	1927		大沢工業(68年)
技養	1932		没(68年)
工手学校	1925		
技養	1923		没(68年)
技養	1927		没(68年)
技養	1922		没(68年)
技養	1927		
東人	1926		木下商店機械部
東大	1929		
東大	1939	船用鉄鋼協会	光洋製鎖取締役
阪大	1941	横河橋梁製作所設計課	横河橋梁製作所設計課
技養	1922		日本海重工
技養	1924		
技養	1924		大平工業安芸津造船所(68年)
技養	1924		
技養	1931		アジア船舶工業社(68年)
技養	1932		菱機械工業(68年)
技養	1934		没(68年)
名高(機)	1932		
東大	1934		
阪大	1943	日立造船桜島工場造船課	日立造船桜島工場造船課
技養	1923		没(68年)
技養	1929		大和設計所(68年)
東大	1937	水道工事会社(大阪)	防衛庁神戸駐在官事務所
東大	1940	佐野屋鉄工所専務取締役	佐野屋鉄工所代表取締役社長(60年)
東大	1943	日立造船神奈川工場工務部	日立造船築港工場造船課長
東大	1932		
東大	1935		
広島高工	1932		播磨造船所購買課長(60年)
技養	1927		農業(68年)
技養	1928		没(68年)
技養	1929		没(68年)
技養	1928		没(68年)
技養	1932		横須賀エンジニヤリング(60年)
技養	1933		近畿財務局京都証券取引所監理官(60年)
阪大	1942	日立造船桜島工場造船課	日立造船桜島工場造船課長
東大	1943	播磨造船呉船渠	NBC呉造船部船殻第一課長
横浜高工	1941		没(62年)
技養	1929		大和工業所(68年)
九大	1936		
横浜高工	1934		没(62年)
阪大	1935		
東大	1941	日本水産	日本水産船舶部工務課
京高工芸(図)	1935		
東大	1941	鎌長	
横浜高工	1941	昭和造船車輛	横浜ヨット
横浜高工	1941		鈴木工務所(62年)
技養	1929		没(68年)

付表 1-1 (9)　元海軍

区分	氏名	別	短	転	生年	最終階級	配置および役職
八幡駐在	飯河　晶		○		1899	技術大佐	艦本造船造兵監督官兼航本造船監督官，海軍省出仕(福岡監理官監査官)
	岡田　憲政			○	1911	技術少佐	艦本造船造兵監督官兼航本造兵監督官兼軍需監理官
	上村　英明		○		1918	技術大尉	艦本造船監督官(八幡)
	土井　大陸		○		1917	技術大尉	艦本出仕(八幡)
	和田　稔		○		1919	技術大尉	艦本出仕(八幡)
	新納　虎一				1900	高等官七等	艦本附兼造船監督官(八幡)
	佐藤　太郎				1911	高等官七等	艦本造船監督官(八幡)
長崎駐在	本多　政徳				1899	技術大佐	艦本造船監督官(長崎監理官)
	早瀬　亮		○	○	1914	技術少佐	艦本造船監督官(長崎)
	髙橋　正郎		○	○	1919	技術大尉	艦本造船監督官
	坪川　琢				1899	高等官六等	艦本附兼造船監督官(長崎)
	吉原　敬次				1903	高等官六等	艦本部員兼造船監督官(長崎)
	横倉　曾太郎				1913	高等官七等	艦本造船監督官(長崎)
名古屋駐在	高橋　正徳				1908	技術中佐	艦本造船造兵監督官兼航本造兵監督官兼軍需監理官(名古屋)
	和田　猪一		○		1916	技術大尉	艦本造船造兵監督官兼航本造兵監督官兼軍需監理官
	岡　種比古		○		1919	技術大尉	航本造兵監督官
	起橋　輝男		○		1921	技術大尉	艦本造兵監督官兼軍需監理官
	沢田　真言				1895	高等官四等	艦本造船監督官
	金沢　半次				1902	高等官七等	艦本附兼造船監督官
富山駐在	福井　静夫				1915	技術少佐	舞廠出仕兼艦本造船監督官(富山)
	川井　源司		○		1918	技術大尉	舞廠出仕兼艦本造船監督官(富山)
	安井　次郎		○		1921	技術大尉	艦本出仕造船監督官(新潟)
	久保田　欽也		○		1919	技術大尉	艦本造船監督官(伏木)
	山下　竜雄		○		1920	技術大尉	艦本造船監督官(七尾)
	冨田　哲治郎		○		1921	技術大尉	艦本造船監督官(船川)
	石橋　為三				1899	高等官六等	艦本造船監督官(新潟)
台北駐在	山本　正敏				1902	技術大佐	艦本造船監督官兼高雄警備府附基隆監督官
	甲佐　泰彦		○	○	1918	技術大尉	艦本造船監督官兼馬公工作部部員(台北)
海軍工作部大湊海軍工作部	丹羽　誠一		○	○	1913	技術少佐	大湊工作部部員
	橋本　隆年		○		1919	技術大尉	大湊工作部部員(占守分工場)
	内藤　和明		○		1921	技術中尉	大湊工作部副部員
	飯田　彦太郎				1902	高等官六等	大湊工作部部員
	岡野　一義				1911	高等官七等	大湊工作部附
	蛭田　研造				1901	高等官七等	大湊工作部附
高雄海軍工作部	増山　忠美				1912	技術少佐	高雄工作部部員兼艦本造船監督官台北監理官
	岡本　章		○		1915	技術少佐	高雄工作部部員(馬公分工場)
	島雄　朝矩				1901	高等官七等	高雄工作部部員(馬公分工場)
第一海軍工作部(上海)	中田　富次郎		○		1914	技術少佐	第一工作部造船科長兼艦本造船造兵監督官，上海運輸部部員
	大矢　健郎			○	1917	技術大尉	第一工作部附
	両角　一芳		○		1923	技術大尉	第一工作部部員
	満木　源吾				1902	高等官七等	第一工作部副部員
第二海軍工作部(香港)	梶田　邦夫			○	1909	技術中佐	第二工作部部員(造船科長)兼艦本造船監督官
	鳥居　忍		○		1917	技術大尉	第二工作部部員
	藤本　若松				1904	高等官七等	第二工作部副部員
第三十海軍工作部(パラオ)	鶴田　竜夫	○			1916	技術大尉	第三十工作部先任部員兼造船科長
第四海軍工作部(トラック)	仁瓶　廉三	○			1918	技術大尉	第四工作部部員(造船科長)
第八海軍工作部(ラバウル)	安東　孝光				1914	技術少佐	第八工作部部員

造船技術者の戦後

出身学校	卒年	1951年勤務先	1957・59・60・62・68年勤務先
東大	1924		三井造船顧問
東大	1934		
九大	1941		
阪大	1941	西日本重工業広島造船所	三菱造船広島造船所
東大	1943	川崎重工業神戸工場	川崎重工業神戸工場資材部課長
技養	1928		大和設計(68年)
技養	1934		没(68年)
東大	1925		
物理学校	1936		
東大	1943	三井造船玉野造船所	三井造船玉野造船所
技養	1925		
技養	1929		橋口鉄工造船所(68年)
横浜高工	1934		(株)野沢組横須賀出張所(62年)
九大	1933		
東大	1941	第五管区海上保安本部	横須賀地方総監技術部艦船課長
東大	1942		
横浜高工	1941		市立工業高等学校(名古屋市)(62年)
技養	1922		三久船舶工業・設計部(68年)
技養	1928		
東大	1938	海上保安庁船舶技術部造船課	財団法人史料調査会
阪大	1941	日立造船桜島工場	日立造船桜島工場造船部長(60年)
東大	1942	浦賀船渠浦賀造船所	
横浜高工	1941		日本鋼管(62年)
東大	1943	南国特殊造船	防衛庁海上自衛隊
東大	1943	三井造船	三井造船玉野造船所造船設計部
技養	1924		没(68年)
東大	1926		造船協会事務局長
阪大	1942	日立造船因島工場	日立造船向島工場造船課長
東大	1938	南国特殊造船	防衛庁技術研究所
九大	1942	西日本重工業長崎造船所	三菱造船長崎造船所船殻工作部外業工場長
九大	1944		
技養	1926		没(68年)
横浜高工	1932		没(62年)
技養	1932		没(68年)
東大	1935		
東大	1941	山崎産業	呉造船所船装設計課
技養	1930		
東大	1939	林兼造船	林兼造船
東大	1941		
横浜高工	1942		没(62年)
技養	1929		極東マックグレゴー(68年)
東大	1933		
東大	1941	東日本重工業横浜造船所	
技養	1931		関西工業(68年)
東大	1941	農業	石川島重工業艦艇建造部長付
東大	1941	京浜梱包交通	川崎重工業潜水艦部船体設計課長
東大	1938		川崎製鉄電機部設計課

付表 1-1（10） 元海軍

区分	氏名	別	短	転	生年	最終階級	配置および役職
第百一海軍工作部 （シンガポール）	梶原 正夫				1899	技術大佐	第百一工作部員兼艦本造船監督官
	笠間 正巳	○			1916	技術少佐	第百一工作部員
	村田 章	○			1916	技術少佐	第百一工作部員（造船科作業主任）
	筒井（斎木）為雄	○			1918	技術大尉	第百一工作部員兼艦本造船監督官
	渡辺 修治				1919	技術大尉	第百一工作部員（造船科）
	山下 昇		○		1920	技術大尉	第百一工作部員
	阿閉 貞之	○	○		1920	技術大尉	第百一工作部員
	三原 馨				1902	高等官七等	第百一工作部副部員
	前林 松蔵				1907	高等官七等	第百一工作部副部員
第百二海軍工作部 （スラバヤ）	中島 富士夫				1909	技術中佐	第百二工作部員兼艦本造船監督官
	藤本 正	○			1918	技術少佐	第百二工作部員（サイゴン分工場工務主任）
	大薗 政幸	○	○		1914	技術大尉	第百二工作部員
	吉田 俊夫		○		1916	技術大尉	第百二工作部員
	小島 穀男		○		1915	技術大尉	第百二工作部員
	佐藤 友行				1914	技術大尉	第百二工作部員兼艦本造船監督官兼南西方面艦隊民政府附第百二燃料廠造修部員
	市川 泰				1918	技術大尉	第百二工作部員（工務主任）兼造船監督官、南西方面艦隊民政府附
	遠藤 春夫		○		1921	技術大尉	第百二工作部員（造船科艤装木工場主任）
	恩田 嘉				1918	技術大尉	第百二工作部員兼第百二燃料廠出仕
第百三海軍工作部 （マニラ）	下野 誠児	○			1917	技術少佐	第百三工作部員（造船科）
	菊地 一郎	○			1915	技術大尉	第百三工作部員（セブ分工場主任）
	金内 忠雄				1922	技術大尉	第百三工作部員
鎮海海軍工作部	馬場 義輔	○			1921	技術大尉	艦本造船監督官（釜山）兼鎮海工作部員
	湯浅 周一				1904	高等官七等	鎮海工作部附造船監督官
艦隊	稲垣 輝樹				1916	技術大尉	第一南遣艦隊司令部附兼造船監督官
	交野 四郎		○		1916	技術大尉	南西方面艦隊民政府附（海南島工作部先任部員）
海軍潜水学校教官	山脇 正輔	○			1917	技術大尉	潜水学校教官、呉廠造船部員兼潜水艦部員
	奥野 幸之祐				1919	技術大尉	潜水学校教官、横廠造船部員兼潜水艦部員
海軍兵学校教官	大城 永幸				1918	技術大尉	兵学校附兼教官
	大橋 恵二郎	○	○		1919	技術大尉	兵学校附兼教官（航空機科）
	松林（丸山）八郎				1915	技術大尉	兵学校附兼教官
	馬場 太平		○		1920	技術大尉	兵学校附兼教官
海軍航空本部	福田 烈				1893	技術中将	航本出仕
	三嶋 忠雄	○			1907	技術中佐	第二十一航空廠飛行機部員
	橋本 啓介	○		○	1909	技術少佐	高座工廠飛行機部員（組立整備工場長）
	空井 英三				1888	高等官三等	第二十一航空廠兵器部員
	風間 淳				1910	高等官五等	航空技術廠飛行機部員（山形出張所）
	髙島 彬				1906	高等官五等	航空技術廠推進機部員兼検査官
軍需省	藁谷 英彦				1898	技術大佐	軍需省軍需官
	冨田 範郎				1907	技術大佐	軍需省航空兵器総局東北地方軍需監理官兼航本出仕
海軍省	玉沢 煥				1881	予備役技術中将	海軍省嘱託（造船統制会理事）
	浅野 卯一郎				1903	大佐	軍令部出仕

出所）海軍造船会会員業績顕彰資料作成委員会編『太平洋戦争終結時における造船官の配置表』1988年、10～27頁、名簿」1957年、ダイヤモンド社編『ダイヤモンド会社職員録』1960年、横浜国立大学工学部造船工学科名簿委同会、1966年、652-664頁、技養同窓会編『海軍技手養成所卒業生名簿』第5回、1968年、福田烈追悼集刊行
注）(1)「没（68年）」は1968年時点で亡くなっていることを示す。
　　(2) 1957・59・60・62・68年勤務先で年次表示のないものは59年現在。
　　(3)「別」欄に○印のある者は、別表（付表1-2（1）～付表1-2（10））に経歴の詳細が示されている者。
　　(4)「短」欄に○印のある者は短期現役、「転」欄に○印のある者は文官または短期現役士官から永久服役士官へ

第 1 章　造船王国の担い手へ　57

造船技術者の戦後

出身学校	卒年	1951 年勤務先	1957・59・60・62・68 年勤務先
東大	1923		日本大学講師(68 年)
九大	1940	津久見造船(47 年)	
東大	1940	日本鋼管浅野船渠	日本鋼管清水造船所企画課長
阪大	1941	名村造船	防衛庁調達実施本部神戸駐在官事務所
東大	1941		
横浜高工	1941		浦賀船渠浦賀工場(62 年)
横浜高工	1941	日本鋼管	日本鋼管
技養	1931		深田サルベージ技術室(68 年)
技養	1934		米基地 SRF 設計(68 年)
東大	1934		佐世保船舶工業資材部長(60 年)
東大	1940		米国船級協会
九大	1938	NBC 呉船殻課長	NBC 呉技術部長
阪大	1938		川崎重工業造船工作部長(60 年)
東大	1940	関東海運局船舶部造船課長	運輸省船舶技術管理官
横浜高工	1938		陸上自衛隊(62 年)
東大	1941	西日本重工業長崎造船所	三菱造船長崎造船所
横浜高工	1941	日本鋼管浅野船渠	日本鋼管清水造船所修繕課長(60 年)
横浜高工	1939		石川島播磨重工業(62 年)
東大	1940	旭海運	旭海運工務課長
横浜高工	1936	浦賀船渠浦賀作業部	浦賀船渠横浜工場長
横浜高工	1941	播磨造船所呉船渠	NBC 呉造船部
東大	1942	昭和造船車輛	防衛庁海上自衛隊地方総監部艦船課兼工作所長(58 年)
技養	1932		大平工業・安芸津造船所工務部部長付(68 年)
横浜高工	1937		日本鋼管工事(株)(62 年)
阪大	1941	上野農薬工業	上野農薬企画部
阪大	1942	東日本重工業横浜造船所艤装部係長	三菱日本重工業横浜造船所艤装部課長
阪大	1944	橋立造船造船部技師	自家営業板硝子荒物販売
九大	1941	柿原組	防衛庁海幕技術部艦船課
東大	1941	西日本重工業長崎造船所	三菱造船長崎造船所
東大	1941		
九大	1942		
東大	1918		日本工業経済連盟理事長
東大	1932	長崎農産化工工場長	深堀造船所工務次長
東大	1935	SRF	飯野重工業(60 年)
工学院	1923		
東大	1933		
東大	1931	関東海運局	運輸省捕獲審検再検査委事務局
東大	1922		
東大	1931		
東大	1906		
機関学校出身			

学士会編『会員氏名録』昭和 26・27 年（1951 年），昭和 34・35 年用（1959 年），海空技術懇談会編『海空技術懇談会員会編『横浜国立大学工学部造船（航空）工学科卒業生名簿』第 4 号，1962 年 8 月現在，造船会編『造船官の記録』会編『造船技術は勝てり』1968 年，桜井清彦編『造船官の記録　戦後編』海軍造船会，2000 年．

の転官を示す．

付表 1-2（1） 戦後における元造船官の経歴

氏名	生年	出身学校	卒年	短	転	離	戦後の経歴
○赤崎 繁	1898	東大	1922			○	1942年 大阪大学教授，46年 同退職(公職追放，51年まで)，49年 母溶接(株)取締役社長，50年 東洋電極工業(株)取締役，52年 大阪府立大学教授，57年 同工学部長，60年 同学長，66年 長崎造船大学教授
○青戸 帰一	1915	阪大	1940	○		○	終戦前離現役，1945年 浦賀船渠船殻課長，61年 浦賀重工浦賀造船所副所長，70年 東北造船常務取締役
安藤 勇	1919	横浜高工	1941				1945年 三菱重工業長崎造船所，復員と同時に復職，46年 三菱造船広島造船所，71年 三菱重工業本社，78年 三菱重工工事
阿閇 貞之	1920	横浜高工	1941				1946年 日本鋼管浅野船渠，65年 日本鋼管工事・技術部管理課長，70年 日本鋼管，75年 日本鋼管工事，84年 三和国際特許事務所，86年 木村佐々木国際特許事務所
飯河 晶	1899	東大	1924				三井造船顧問(年次不祥)
岩崎 正英	1899	九大	1924				1947年 延岡造船所，48年 細島造船所，50年 石川島重工業，58年 日本技術協力，60年 石川島播磨重工業，65年 大浜鉄工所顧問
井上 淳一	1915	横浜高工	1936		○		1945年 石川島重工業，47年 光組代表取締役社長，48年 光工業(社名変更)代表取締役社長，66年 日本中型造船工業会理事
生田 実	1916	横浜高工	1938	○	○		1945年 米国海軍 横須賀基地，47年 吾妻計器製作所設立，取締役社長
市川 泰	1918	東大	1941				1946年 三菱重工業長崎造船所，復員と同時に復職，65年 同船殻工作部長，72年 同横浜造船所副所長，74年 同長崎造船所船所長
池内 迪彦	1920	東大	1942				1946年 佐世保船舶工業，50年 石川島重工業，60年 イシブラス造船所，64年 石川島播磨重工業海外事業本部，85年 韓国 三星重工業造船技術顧問，89年 香港 パレス スティームシップ主席監督
石井 勝海	1917	阪大	1942				1945年 日立造船桜島工場，復員と同時に復職，58年 同船渠課長，60年 同修繕課長，66年 同築港工場修繕部長，67年 尾道造船出向，82年 萱場工業 転籍
岩崎 三郎	1920	阪大	1943				1945年 日立造船設計部造船設計課，復員と同時に復職，71年 同取締役堺工場長，78年 同常務取締役海洋事業本部長，81年 日立造船エンジニアリング代表取締役社長
井本 武	1921	九大	1943				1945年 三菱重工業横浜造船所，復員と同時に復職，46年 林兼造船下関造船所，64年 同取締役，68年 同長崎造船所工務部長，77年 関門製作所(下関市)代表取締役
石橋 郁三	1922	横浜高工	1942				1945年 大島工業入社，46年 文化興業専務取締役，86年 同代表取締役社長
石田 政雄	1924	横浜高工	1944				1951年 北越工業入社，55年 同取締役工場次長，63年 同工場長，75年 同代表取締役社長，95年 新潟工科大学理事長
内田 勇	1913	東大	1936				1945年 三井造船，復員と同時に復職，52年 同本店専務部造船部長，61年 三井船舶造船研究室長，63年 明治海運常務取締役，64年 同代表取締役社長，68年 経済同友会幹事，72年 日本海運集会所理事，79年 神戸商工会議所副会頭
浮田 基信	1917	東大	1941				1946年 日本造船富士見工場，49年 日本鋼管鶴見造船所，61年 同清水造船所，64年 同本社船舶部船舶管理部長，70年 同船舶研究部長，72年 日本船舶機器開発協会，78年 海洋科学技術センター
遠藤 春夫	1921	横浜高工	1941				1946年 日本鋼管浅野船渠，60年 同清水造船所修繕課長，65年 同浅野船渠船体部浅野修繕船部船担当副所長，73年 同鶴見造船所浅野船渠担当副所長，77年 東北造船取締役，79年 同常務取締役，81年 日本鋼管本社海外プロジェクト部長
小野塚 一郎	1911	東大	1935			○	1946年 明楽工業，48年 日立造船東京事務所，56年 同船舶輸出部長，57年 同ロンドン事務所，60年 同調査部長，62年 飯野重工業出向(常務取締役)，65年 日立造船取締役(神奈川工場長)，67年 同常務取締役，71年 同関連副社長
緒明 亮乍	1915	東大	1937				1946年 日本鋼管清水造船所，49年 国際船舶工務部設計課長，53年 国際船舶設計協会参事，54年 横浜国立大学工学部講師，57年 防衛庁海上自衛隊技術本部艦船課，60年 同技術研究本部副技術開発官，69年 海将，70年 日本鋼管参与
○岡部 利正	1915	九大	1938	○		○	1945年 三菱重工業長崎造船所造船設計部，53年 同船殻設計課長，61年 同造船設計部長，66年 同長崎造船所技師長，75年 同常顧問(長崎総合科学大学教授)
大薗 政幸	1914	九大	1938	○			1947年 播磨造船所呉船渠(解体主任)，51年 NBC呉造船所(船殻課長，後技術部長)，62年 呉造船所取締役，64年 同陸上副事業部長兼新宮工

付表1-2（2） 戦後における元造船官の経歴

氏名	生年	出身学校	卒年	短	転	離	戦後の経歴
小倉　竜朗	1916	九大	1939				場長，67年　臼杵鉄工所常務取締役
							1945年　熊本造船，51年　RIデルバン（木造船検査監督），54年　海上自衛隊（後海幕，技術船長，74年　日本電池顧問，77年　艦船技術サービス，83年　同代表取締役社長，90年　海軍造船会会長
○岡上　敏雄	1919	横浜高工	1940	○		○	1945年　日立造船因島工場（40年造船課入社），64年　舞鶴重工業出向，65年　日立造船舶舶事業部付，67年　尾道造船出向
岡本　章	1915	東大	1941				呉造船所設計部長，同ロンドン事務所長，エッソ監督役
大賀　秀輝	1919	九大	1941				1948年　佐世保船舶工業（福岡分工場主任），55年　同佐世保船舶外業部艤装課長，62年　同造船所，66年　佐世保重工業取締役，74年　同常務取締役，76年　同佐世保造船所長，79年　大賀事務所代表取締役
大橋　恵二郎	1919	東大	1941				1945年　三菱重工業長崎造船所復職（船殻設計）
○大谷　栄一	1918	九大	1942	○		○	1945年　津山重工業技師長，49年　運輸省船舶検査官，52年　海上保安庁6管区本部船舶技術課，61年　同7管区本部船舶技術部長，70年　藤田鉄工所常務取締役，79年　神戸船用工業会副会長
○岡山　興隆	1922	東大	1943				1946年　播磨造船所呉船渠，復員と同時に復職，52年　NBC呉造船部，61年　呉造船所，66年　同新宮工場長，69年　富士油浦製作所社長，73年　富士機械工業専務取締役，76年　呉港製作所社長
小野　栄八郎	1919	阪大	1943				1946年　九大医学部入学
太田　三喜男	1918	東大	1943	○			1945年　日立造船神奈川工場，復員と同時に復職，58年　同築港工場造船課長，66年　同因島工場修繕部長，68年　同副工場長，72年　同有明工場副工場長，73年　同ドック（有明工業
小沢　雅男	1921	横浜高工	1942				1945年　三保造船所，49年　石川島重工業，56年　同本社管理部船舶予算課長，63年　石川島播磨重工業船舶事業部管理部次長，79年　石川島興業取締役不動産事業部，81年　同常務取締役，85年　日本営繕建設取締役
岡田　一喜	1923	横浜高工	1943				1946年　南国特殊船，53年　日立造船神奈川工場造船課，67年　同新船課長，68年　同因島工場塗装部長，77年　日立造船非破壊検査出向
加藤　恭亮	1899	東大	1923				佐世保船舶工業顧問，同瓦斯化学工業顧問
河東　克己	1911	東大	1935				1945年　川南工業香焼島造船所，49年　国際船舶工務所出向，50年　横須賀米海軍船舶修理廠スペシャル・コンサルタント，52年　佐世保船舶工業本社艦艇課長，55年　函館ドック函館造船所設計部長，同本社技術部長，66年　東海大学海洋学部船舶工学科教授
笠間　正巳	1916	九大	1940				1946年　復員（ペナンより），47年　津久見造船
神田　好雄	1916	東大	1941				1946年　播磨造船所，50年　NBC呉造船部，63年　石川島播磨重工業呉工場長，73年　岩国製作所社長
金子　一夫	1920	東大	1941	○			1945年　三菱重工業神戸造船所，復員と同時に復職，59年　同艦艇艤装課長（初代），74年　同副所長，76年　同下関造船所長
川井　源司	1918	阪大	1941				1945年　日立造船桜島工場，復員と同時に復職，53年　同管理課長，60年　同造船課長，61年　同堺工場建設本部造船建設課長，69年　同開発事業本部海洋開発部長，71年　同向島工場長，75年　同陸機事業本部陸機設計所長
加藤　孝一	1918	東大	1941				1945年　浦賀船渠，復員と同時に復職，艤装工場，管理，営業畑を歩む。68年　住友重機械工業取締役，92年　マレーシヤ造船所設立に参加
川上　寿夫	1920	阪大	1942				1945年　播磨造船所，48年　川崎重工業神戸工場，66年　同ニューヨーク事務所，69年　同船舶営業本部，72年　同開発本部海外事業部，79年　Philippine Shipyard & Engineering，84年　川重商事，87年　重松製作所貿易部
片山　信	1918	東大	1941				1945年　広瀬サルベージ，46年　横浜工作所，48年　藤永田造船所，65年　同基本設計部長，70年　三井造船船舶事業部管理部長，73年　同基本設計本部長，77年　同技監，84年　アジアベンチャー工務部長，87年　ペガサス　インターナショナル社長
金内　忠雄	1922	横浜高工	1941	○			1946年　播磨造船所呉船渠，復員と同時に復職，52年　NBC呉造船部，62年　呉造船所，65年　呉造船所造船工場長，68年　石川島播磨重工業呉第一工場長，74年　同取締役船舶事業本部副本部長，83年　石川島造船化工機代表取締役社長
甲斐　敬二	1917	東大	1941	○			1945年　三菱重工業神戸造船所，復員と同時に復職，83年　同取締役副社長
川島　和茂	1922	横浜高工	1942	○	○		1945年　大島鉄工所，46年　文化興業，55年　同工事部次長，67年　取締役

付表 1-2 (3) 戦後における元造船官の経歴

氏名	生年	出身学校	卒年	短	転	離	戦後の経歴
川原 隆	1922	東大	1944				1945年 川南工業，51年 日本郵船，77年 名村造船
甲木 利男	1925	横浜高工	1944				1945年 川南工業，49年 長崎工業高等学校教諭，85年 同講師
○木下 昌雄	1914	東大	1937			○	1945年 東京大学工学部船舶工学科助教授(40年予備役造船大尉)，46年 鉄道技術研究所，49年 日立造船技術研究所，59年 同取締役研究所長，64年 同取締役，67年 同常務取締役，73年 同取締役副社長，79年 同取締役社長
北村 源三	1917	九大	1940				1945年 播磨造船所相生工場，46年 同県船渠救難解体課救難主任，48年 同造船課作業主任，50年 NBC呉造船部企画課長，54年 協成汽船取締役会長
木下 共武	1917	九大	1941				1945年 鉄道技術研究所，48年 佐世保船舶工業，59年 同佐世保造船所造船部長，64年 同取締役造船所長，66年 同常務取締役，74年 専務取締役，76年 代表取締役・専務取締役
菊池 一郎	1915	横浜高工	1936		○		1945年 播磨造船所，46年 明楽工業，49年 浦賀船渠，50年 同浦賀作業部(横須賀米海軍基地)主任，53年 同溶接課長，58年 同横浜工場長
北村 修	1921	東大	1943				1945年 播磨造船所，47年 オリオン商会設立，56年 北村修国際特許事務所開設，83年 発明振興協会理事
木村 弘	1924	大阪工専	1944	○			1945年 三保造船所，71年 同工作部長，75年 同東京事務所長，79年 同取締役，85年 同常務取締役
蔵田 雅彦	1913	阪大	1936				1945年 東日本造船(北海道江差町)，48年 室蘭造船所，51年 函館ドック(設計課)
○倉敷 肇	1918	横浜高工	1939	○		○	1945年 三井造船玉野造船所造船工作課(42年復職)，59年 同造船工作部検査長，62年 同鉄構部長，65年 同本社橋梁鉄構部長，70年 同鉄構運搬機事業部長
久保 正造	1921	横浜高工	1941	○			1945年 運輸省鉄道総局船舶課復職，50年 石川島重工業造船部，61年 石川島播磨重工業産業機械事業本部
○黒沢 千利	1922	横浜高工	1942			○	1948年 石川島重工業，69年 石川島播磨重工船舶事業部第一生産管理部長，76年 アイ・エイチ・アイ・クラフト代表取締役社長，81年 韓国大宇造船工業技術顧問，83年 リクルート人材センターコンサルタント
○桑山 則男	1920	東大	1944				1946年 高知造船造船課長，49年 海上保安庁，52年 運輸省船舶局舶検査官，62年 九州海運局長崎支局長，64年 科学技術庁航空宇宙課長，66年 住友金属工業大阪本社技術部，74年 同東京技術部長，77年 住友溶接工業専務取締役
黒田 良治	1924	横浜高工	1943	○			1946年 造船木工業勤務，51年 同自営，56年 運輸省，62年 東洋建設船舶機械部
小岩 健	1899	東大	1924				1945年 山田工作場(横浜)，51年 横浜工作所，59年 運輸省第二港湾建設局横浜工場
近藤 忠夫	1904	東大	1930				呉造船所，設計担当役員
小見川 信	1910	東大	1933		○		1949年 みさき産業設立，代表取締役社長
小平 清秀	1916	阪大	1940				不明
小林 勝二	1916	東大	1941				1945年 日本鋼管鶴見造船所，64年 同清水造船所，66年 日本鋼管工事
小宮山 隆三	1918	横浜高工	1940				1946年 長野県警察部嘱託(通訳事務)，新潟医科大学入学，50年 長野赤十字病院，51年 慶應義塾大学医学部助手，54年 日本赤十字社，55年 都立大久保病院産婦人科，57年 長野県小県郡長門町立病院産婦人科医長，60年 狭山市中央病院副院長
甲佐 泰彦	1918	阪大	1942	○			1946年 日立造船因島工場，復員後復職，64年 同向島工場工務部長，65年 舞鶴重工業出向，69年 日立造船理事，72年 同因工場長，73年 取締役(桜島工場長)，77年 同常務取締役，78年 内海造船取締役社長
小谷 淳	1921	東大	1944	○			1945年 日本鋼管鶴見造船所造船部，72年 同重工本部パイプライン部長，76年 取締役，80年 技監
小林 三郎	1924	横浜高工	1944				1946年 舞鶴重工業，66年 同艦艇設計課長，71年 日立造船舞鶴工場艦艇設計課長，同造船部副部長，76年 同船舶事業本部艦艇兵器営業部長
桜井 清彦	1918	東大	1940				1945年 石川島重工業，57年 同造船部長，61年 同船舶事業部管理部長，63年 取締役，69年 同常務取締役，71年 ジュロン・エンジニアリング取締役社長，80年 帰国，石川島造船化工機取締役社長，96年 (海

付表 1-2（4） 戦後における元造船官の経歴

氏名	生年	出身学校	卒年	短	転	離	戦後の経歴
							軍）造船会会長
崎田 高定	1916	九大	1940				1945 年 佐世保海軍工廠残務処理，47 年 山領造船(50 年まで)，55 年 海上自衛隊(三等海佐)，74 年 ムサシノ機器製作所
沢田 俊光	1918	東大	1943				1945 年 日本鋼管鶴見造船所造船部，55 年 同艤装部造船艤装課長，57 年 同本社造船営業部技術調査課長，59 年 同プラント部課長，63 年 同鶴見造船所技術管理部長，66 年 佐世保重工業本社技術部長(出向)，68 年 日本鋼管鶴見造船所副所長，72 年 函館ドック常務取締役(出向)，79 年 函館ドック建設取締役社長
○佐藤 荘次	1922	横浜高工	1942	○	○		1945 年 播磨造船所(42 年入社，44 年短大より復職)，74 年 石川島播磨重工業船舶事業部船舶修理営業室長，81 年 アイ・エイチ・アイ・マリン常務取締役
坂本 良一	1924	横浜高工	1943				1947 年 東洋電極工業，58 年 八幡溶接棒(会社合併)，70 年 日鉄溶接工業(会社合併)販売総括部長，77 年 同取締役販売管理部長，81 年 同常務取締役，87 年 ヨーユー専務取締役
塩山 策一	1901	東大	1925				1946 年 飯野海運産業，62 年 飯野重工業常務取締役退任，70 年 三保造船所退社，その他三菱重工業本社船舶事業本部嘱託，東海大学海洋工学部造船科講師
○篠田 米三郎	1912	東大	1936				1947 年 名機製作所，72 年 篠田国際特許事務所所長
下野 誠児	1917	東大	1940				1947 年 旭海運，64 年 同海務部長，工務部長，70 年 取締役，72 年 常務取締役
塩沢 岩根	1916	東大	1940				1945 年 佐野屋組鉄工部(工場長)，47 年 佐野屋鉄工所専務取締役，60 年 同代表取締役社長
清水 澄	1919	東大	1941				1945 年 日本鋼管，65 年 同鶴見造船所副所長，69 年 同津造船所長，72 年 同取締役造船本部船舶部長，76 年 同常務取締役造船事業部副事業部長，77 年 同鶴見造船所長，80 年 横浜ヨット代表取締役社長
清水 竜男	1916	阪大	1941				1945 年 小柳造船所，46 年 日本造船のち東造船，58 年 大洋漁業船舶部，65 年 同船部長，68 年 佐世保重工業取締役，81 年 谷特許事務所
下川 栄一	1920	東大	1942				1945 年 鉄道技術研究所，48 年 川崎重工業
篠田 仁吉	1921	東大	1943				1945 年 鉄道技術研究所嘱託，56 年 同連絡研究室，72 年 日本大学生産工学部教授
○進藤 洋三	1922	横浜高工	1942	○		○	1945 年 明楽工業，48 年 佐世保船舶工業，同ニューヨーク事務所長，同資材部長
白谷 太平	1921	東大	1944				1945 年 名古屋造船，54 年 同造船部船殻課長，61 年 同船舶部長，63 年 同艤装課長，64 年 石川島播磨重工業名古屋造船所修繕艤装部長，66 年 同運転調整部長，68 年 同名古屋造船所長，79 年 東海ドレッジャー代表取締役
島田 博之	1922	九大	1944	○			1945 年 三菱重工業，復員と同時に復職，61 年 同長崎造船所造船設計部艦艇設計課長，71 年 同第二造船設計部長，72 年 同造船管理部長，75 年 同技師長，78 年 熊本工業大学教授
◎白井 実	1910	横浜高工	1933				1945 年 石川島重工業，46 年 同造船艤装部，48 年 明楽工業札幌出張所資材課長，49 年 南国特殊造船王子工場，53 年 日立造船神奈川工場(舟艇課長)，64 年 白井国際産業
鈴木 春夫	1917	阪大	1941	○	○		1945 年 電波局航空保安部，46 年 海運総局船舶与造船課，57 年 防衛庁装備局船舶課長，61 年 運輸省船舶局原子力船管理官，62 年 同船課長，64 年 海上保安庁第二管区海上保安本部長，67 年 科学技術庁科学審議官，70 年 宇宙開発事業団理事，77 年 同副理事，81 年 三菱電機顧問
須永 彰一	1922	横浜高工	1943	○			1950 年 日立造船技術研究所，67 年 同第二研究室専門課長，71 年 明石船型研究所出向，76 年 転籍
○関 雄次郎	1912	東大	1938	○		○	1947 年 大洋漁業，71 年 同取締役船舶部長，64 年 大洋商船常務取締役，75 年 ローレル社副社長
関根 通男	1924	横浜高工	1944				1945 年 日本鋼管鶴見造船所
玉崎 坦	1899	東大	1925				1947 年 山崎鉄工，48 年 文化興業，50 年 名古屋造船常務取締役，52 年 太平洋開発，53 年 日本鋼管嘱託，62 年 日本技術協力南ベトナム派遣技術顧問団副団長，64 年 東京理科大学講師，65 年 マレーシア国サラワク州海運局
橘 弘毅	1914	東大	1938				1945 年 旭海船，49 年 館山造船，50 年 American Bureau of Shipping, 64 年 同 Senior Surveyor, 66 年 同 Principal Surveyor, 79 年 同 Techni-

付表 1-2 (5)　戦後における元造船官の経歴

氏名	生年	出身学校	卒年	短	転	離	戦後の経歴
							cal Representative
田中　輝男	1913	東大	1939				1946 年　播磨造船所, 52 年　NBC 呉造船部(船殻課長, 業務部長), 62 年　呉造船取締役, 68 年　石川島播磨重工業理事, 72 年　海祥海運代表取締役
竹内　晃	1918	東大	1941				1945 年　日本鋼管鶴見造船所, 46 年　同溶接係長, 59 年　同技術管理課長, 64 年　同管理部長, 67 年　同副所長, 72 年　同津造船所長, 78 年　同専務取締役(造船事業部長), 同代表取締役副社長
高柳　武男	1919	東大	1941	○			1945 年　三菱重工玉野造船所, 復員と同時に復職, 57 年　同造船設計部船殻設計課長, 59 年　同艤装設計課長, 62 年　同造船設計部長, 65 年　同本社船舶基本設計部長, 74 年　同取締役千葉造船所長, 80 年　日本海重工業代表取締役社長, 88 年　船舶技術協会代表取締役
但馬　利夫	1918	横浜高工	1940				1945 年　石川島重工業, 46 年　明楽工業(資材課長), 49 年　東日本重工業, 62 年　三菱日本重工業横浜造船所検査課長, 68 年　三菱重工業横浜造船所船体艤装工場長, 68 年　同本社船舶業務部主務, 75 年　日本高圧力技術協会事務局長
○高田　健	1918	東大	1943				1948 年　海運総局船舶局賠償課, 50 年　海上保安庁第三管区海上保安本部, 52 年　運輸省船舶局船舶検査官室, 62 年　同原子力船管理官, 65 年　海上保安庁船舶技術部技術課長, 70 年　日本造船研究協会常務理事研究部長, 74 年　日本小型船舶検査機構理事
垂水　保之	1920	東大	1943				1946 年　南国特殊造船, 50 年　東日本重工業横浜造船所, 72 年　三菱重工業横浜造船所船舶艤装部長, 74 年　同企画部長, 77 年　三菱重工千代田タンクエンジニアリング代表取締役社長
田代　雄二郎	1921	阪大	1943	○			1946 年　日本鋼管造船部門, 63 年　同英国駐在(70 年まで), 75 年　同英国駐在(79 年まで), 79 年　函館ドック取締役副社長, 82 年　同代表取締役社長
高橋　正郎	1919	東大	1943				1945 年　三井船舶玉野造船所, 67 年　同千葉造船所造船工場長代理, 68 年　日本海重工業船舶事業部取締役工作部長, 74 年　同常務取締役, 81 年　日海システムエンジニアリング取締役副社長, 83 年　同取締役社長
田中　章	1921	阪大	1943				1945 年　三菱重工業神戸造船所, 復員と同時に復職, 71 年　同船舶営業部船舶サービス主査
高木　敬太郎	1923	横浜高工	1942	○	○		1945 年　石川島重工業, 復員と同時に復職, 50 年　同造船設計部基本設計課第一計画主任, 53 年　同造船設計部艦艇基本設計課長, 60 年　石川島播磨重工業技術本部開発部開発 3 課長, 64 年　同技術本部開発部長, 65 年　同船舶事業本部原子力カプロジェクト部長, 81 年　石川島プラント建設取締役原子力プラント室長
○滝沢　宗人	1922	横浜高工	1942	○			1945 年　三井船舶玉野工場, 復員と同時に復職, 72 年　同千葉造船工場長, 74 年　同玉野機構海洋工場長, 79 年　同千葉事業所長, 80 年　同取締役, 82 年　常務取締役
竹下　宗夫	1923	東大	1944	○			1945 年　三菱重工業長崎造船所, 復員と同時に復職, 67 年　三菱造船下関造船所造船部長, 74 年　新山本造船所出向, 79 年　下関菱重エンジニアリング代表取締役, 84 年　長崎総合科学大学非常勤講師
田中　利夫	1923	大阪工専	1944				1946 年　大阪大学工学部機械工学科入学, 49 年　日立造船
谷本　喜一	1924	大阪工専	1944				1949 年　京都大学理学部卒業, 55 年　同工学部土木工学科講師, 57 年　神戸大学工学部助教授
◎立川　義治	1898	技養	1922				1945 年　日本鋼管鶴見造船所, 48 年　同本社, 56 年　同浅野船渠, 59 年　日本エンジニアリング嘱託
長　徳重	1917	九大	1941				1945 年　小堀製作所, 50 年　同代表取締役社長, 77 年　工業連合福岡県鉄構工業会理事長
鶴田　龍夫	1916	東大	1941				1946 年　復員, 農業, 51 年　石川島重工業, 60 年　同艦艇建造部長, 67 年　同第 2 工場副工場長, 69 年　照国海運取締役工務部長, 76 年　中国塗料取締役
筒井　為雄	1918	阪大	1941				1948 年　名村造船, 53 年　保安庁海上警備隊, 55 年　防衛庁技術研究所, 66 年　同技術研究本部技術開発官付船舶第 3 設計班長, 71 年　同調達実施本部神戸駐在官事務所長, 72 年　同技術研究本部副技術開発官(船舶担当)
寺田　明	1911	東大	1935				1945 年　日本土木造船造船課長, 47 年　稲石鉄工所, 51 年　R・J・デルパン, 52 年　保安庁第 2 幕僚監部技術官, 60 年　新三菱重工業神戸造船所長付, 70 年　三菱重工業本社技術部顧問, 79 年　寺田船舶コンサルタント事務所

付表 1-2（6）　戦後における元造船官の経歴

氏名	生年	出身学校	卒年	短	転	離	戦後の経歴
遠山　光一	1908	東大	1932				1945年　日本鋼管鶴見造船所設計部，59年　同取締役，61年　同鶴見造船所長，62年　常務取締役，66年　同造船本部長，67年　同専務取締役，68年　同副社長
遠山　嘉雄	1911	東大	1934				1945年　第2復員省，46年　藤永田造船所企画課長，50年　同東京事務所付，61年　同本社営業部長，67年　三井造船
○富　敦治	1914	阪大	1938	○		○	1945年　三菱重工業神戸造船所（38年入社，第1期短期），53年　新三菱重工業神戸造船所企画課長，61年　同船営業部長，69年　三菱重工業神戸造船所副長，72年　同下関造船所長，74年　笠戸船梁専務取締役，79年　同取締役社長
○徳永　陽一郎	1919	九大	1942	○			1945年　川南工業香焼島造船所造船設計課，48年　同整備工場長代理，50年　海上保安庁船舶技術部造船課基本計画班，68年　同船舶技術課長，71年　同第八管区海上保安本部長，73年　海上保安庁船舶技術部長，76年　日本造船学会事務局長
冨岡　達夫	1921	横浜高工	1941				1946年　日本造船，49年　昭和造船車輌造船部，54年　横浜ヨット，63年　千代田グラビヤ，82年　東部工業設立，代表取締役
冨田　哲治郎	1921	東大	1943	○			1945年　三井造船，復員と同時に復職，船基本設計，ホーバークラフト，高速艇の開発，取締役，81年　四国ドック顧問，86年　ミカド企画代表取締役
中村　常雄	1910	東大	1934				1945年　横須賀駐在米軍 Fleet Activities, Public Works，47年　佐世保船舶工業，57年　同取締役，60年　同常務取締役，66年　同専務取締役，72年　佐世保重工業取締役社長
中島　宜彦	1915	東大	1938				1948年　弁理士登録
中田　富次郎	1914	東大	1939				1946年　林兼造船，77年　同代表取締役副社長
中川　勉	1915	東大	1939	○			1947年　舶用鋳鋼協会専務理事，54年　大洋鋼業設立，取締役社長，55年　光洋製鎖取締役（兼務）
○中瀬　大一	1917	東大	1940	○		○	1945年　三菱重工業長崎造船所（42年短期より復職），51年　西日本重工業下関造船所，54年　三菱船舶長崎造船所，63年　同長崎造船所艦艇設計部長，66年　同造船設計部長，72年　三菱重工業横浜造船所技師長，75年　三保造船所専務取締役
○永井　一夫	1916	東大	1941	○		○	1945年　三井造船（41年短期より復職），66年　取締役千葉造船所所長，69年　同玉野造船所長，74年　同常務取締役，79年　三井造船エンジニアリング取締役社長
中原　敬介	1918	東大	1942				1945年　播磨造船所，46年　同呉船梁救難解体系，52年　NBC呉造船部技術部溶接課長，57年　同技術部次長，68年　石川島播磨重工業船事業部技術開発部長，73年　富士機械工業安浦工場長
中村　貴憲	1920	東大	1942	○			1945年　三菱重工業神戸造船所，復員と同時に復職，67年　新三菱重工業神戸造船所造船設計部長，73年　三菱重工業神戸造船所技師長，77年　横浜国立大学工学部造船工学科教授
中山　嘉彦	1917	横浜高工	1941				1945年　ミナト製作所企画課長，50年　同取締役工場長，55年　ヘルス自動車取締役製造部長，60年　京葉商工設立，代表取締役
仲佐　洋三	1921	東大	1943				1946年　旭造船勝浦造船，48年　東亜舶梁，50年　東日本重工業横浜造船所，70年　三菱重工業広島造船所，78年　海洋鉄工協会
中西　哲一郎	1921	東大	1943				1945年　岩手県軍政部通訳，47年　GHQ天然資源局技術顧問，49年　日立造船，52年　同外国船営業部，54年　同因島工場検査課，56年　同原子力調査室，62年　同原子力部長，80年　インターナショナル・マリーン・コンサルタンツ設立，代表取締役社長
中井　孝	1918	東大	1944				1945年　日本鋼管鶴見造船所，49年　同本社営業第一課，52年　同鶴見造船所溶接係長，61年　同本社船舶営業部外国船課長，66年　船舶部長，73年　昭和海運常務取締役，79年　昭和ライン・エンジニアリング取締役社長（兼任）
中村　幹雄	1921	東大	1944				1946年　日本鋼管鶴見造船所，56年　同清水造船所，62年　日本鋼管工事橋梁部，76年　東北船，82年　日本鋼管プロジェクト部
中神　凡夫	1924	大阪工専	1944				1948年　北海道小樽水産高等学校，66年　北海道高等学校教職員組合中央執行副委員長，72年　同中央執行委員長，85年　北海道高等学校教職員センター付属教育研究所所長
○庭田　尚三	1889	東大	1915				1947年　瀬戸内造船創設，玉野工務所創設
西田　正典	1912	九大	1937				1949年　日立造船向島工場造船課，60年　同工務部長，64年　同向島工場長，67年　同取締役陸機事業本部プラント事業部長，69年　同取締役建設計画室長，76年　近畿造船協議会専務理事

付表 1-2（7） 戦後における元造船官の経歴

氏名	生年	出身学校	卒年	短	転	離	戦後の経歴
丹羽 誠一	1913	東大	1938	○	○		1946年 南国特殊造船，53年 防衛庁海上自衛隊，66年 同技術研究本部技術開発官付主任研究官，70年 舟艇協会常務理事
仁瓶 廉三	1918	東大	1941				1947年 日共組，京浜梱包交通専務取締役，54年 川崎重工業，59年 同潜水艦船船体設計課長，63年 同潜水艦部長，68年 同船舶事業本部副事業部長，71年 同専務取締役，80年 同取締役副社長
◎新倉 岩次郎	1903	技養	1927				1950年 新倉工業創立，代表取締役社長，66年 日本舶用工業会理事，71年 福島新倉工業代表取締役社長
根本 広太郎	1923	東大	1944	○			1945年 播磨造船所，復員と同時に復職(44年入社)，70年 石川島播磨重工業取締役，74年 同常務取締役船舶事業本部長，81年 同取締役副社長
○畑 敏男	1895	東大	1920			○	1946年 ボルネオより帰国，55年 宝工業社設立，57年 海底資源開発
馬場 清一郎	1909	九大	1933				1946年 明楽工業，49年 日立造船因島工場造船部長，53年 同神奈川工場造船課長，60年 同管理課長
埴田 清勝	1912	東大	1935				1948年 日本鋼管，60年 同鶴見造船所副所長，61年 同造船営業部長，64年 船舶部長(取締役)，67年 同常務取締役，70年 同船舶本部長(専務取締役)，73年 同代表取締役副社長(造船事業部長)
橋本 啓介	1909	東大	1935				1948年 SRF(横須賀米海軍基地艦船修理部)，60年 飯野重工業，62年 関東学院大学工学部教授
○浜野 和夫	1916	東大	1938				1946年 鉄道技術研究所嘱託，49年 藤永田造船，63年 同取締役，67年 三井造船取締役藤永田造船所長
橋本 香一	1919	東大	1941	○			1945年 鉄道技術研究所，55年 国鉄宇高船舶管理部次長，62年 同青函船舶管理部長，66年 鉄道技術研究所鉄構造研究室長，68年 日本構造物設計事務所常務取締役技師長，72年 住友重機械工業技師長，77年 大同工業大学建設工学科教授
原 紀	1918	九大	1941	○			1945年 三菱重工業長崎造船所，復員と同時に復職，70年 同修繕部長，72年 同企画部長，73年 同下関造船所副所長，75年 九州菱重冷機代表取締役社長
橋本 敏郎	1920	東大	1942				1945年 鉄道技術研究所嘱託，48年 石川島重工業，53年 同造船部船殻第一工場課長，57年 同造船部船殻第二工場課長，61年 石川島播磨重工業東京第二工場船殻工作部長，66年 同海外事業本部副本部長，76年 同取締役
馬場 義輔	1921	東大	1942				1946年 日本造船，49年 昭和造船車輛課長，51年 富士造船車輛取締役，55年 防衛庁海上幕僚監部技術部，58年 同技術研究本部技術開発官付，63年 同海上幕僚監部技術部艦船課，75年 日本鋼管調査役，83年 防衛技術協会参与
橋本 隆年	1919	九大	1942	○			1945年 三菱重工業長崎造船所，復員と同時に復職，59年 三菱造船長崎造船所船殻工作部外業工場長，68年 三菱重工業長崎造船所船殻工作部長，72年 同長崎造船所副所長，77年 同取締役船舶事業本部副事業本部長，82年 常務取締役船鉄構事業本部長
春永 盛生	1920	東大	1943	○			1945年 三菱重工業，復員と同時に復職，46年 九州造船，47年 運輸省，69年 日本船舶輸出組合常務理事，72年 船舶整備公団理事，78年 日本小型船舶相互保険組合理事
長谷川 正	1921	東大	1944				1945年 浦賀船渠，55年 同外業部新船課船体係長，57年 同艦船部艦艇課長，62年 同鉄構部鉄構課長，68年 石川島播磨重工業呉造船所修理部副部長，70年 同呉新宮工場検査部長，79年 石川島検査計測技術部長
浜崎 周作	1921	九大	1944				1945年 川南工業香焼島造船所，52年 日立造船因島工場，64年 同神奈川工場造船課長，72年 同向島工場修繕部長，75年 兼松江商出向(瀬戸内造船工場長)
橋本 裕起	1924	大阪工専	1944				1949年 日立造船設計部造船設計課，52年 同桜島工場，82年 ニチゾウ陸機設計
広幡 増弥	1903	東大	1927				1945年 ブラッシュ・ブラザーズ・ガレージ共同経営(51年まで)，51年 浦賀船渠，57年 同第一営業部長，63年 同船舶事業部艦艇営業部長，66年 船舶整備公団参与
船越 卓	1908	東大	1932				1945年 復員官，大蔵省監理官，48年 横浜工作所取締役，58年 設計会社社長，61年 IHIクラフト監査役，取締役工場長，68年 舟艇協会理事
福井 経彦	1909	九大	1934			○	1945年 中央水産業会理事，47年 東京化工常務取締役，49年 東造船造船部長，65年 林兼造船取締役

付表 1-2（8） 戦後における元造船官の経歴

氏名	生年	出身学校	卒年	短	転	離	戦後の経歴
藤本　正	1918	東大	1940				1955年 米国船級協会(84年退社)
深水　正保	1918	阪大	1941	○			1945年 横河橋梁製作所，61年 橋梁設計事務所
藤野　宏	1922	東大	1943				1945年 石川島重工業，46年 明楽工業，47年 同品川工場長，48年 池上製作所工務課長，49年 日立造船，60年 同船舶営業部業務課長，62年 同船舶営業部新造船課長，66年 同船舶事業本部第一国内船営業部長，73年 日造船シー・ビーアイ取締役副社長(出向，76年より専任)，83年 山和商船取締役副社長，89年 ジェイ・アイ・シー・エス代表取締役社長
福田　淳一	1920	九大	1943	○			1946年 九大工学部講師(造船学科)，47年 同助教授，67年 同教授，84年 三菱重工長崎造船所常務顧問
布施　秀三	1921	阪大	1944				1945年 旭造船，49年 藤永田造船所，68年 三井造船千葉鉄構工場長，72年 同玉野鉄構運搬機工場長，77年 同鉄構土木事業部副事業部長，80年 三井鉄構工事専務取締役，83年 同取締役社長
本田　脩三	1923	横浜高工	1943	○			1945年 日立造船因島工場，復員と同時に復職，68年 同船設計課長，77年 内海造船取締役副社長，83年 同常勤監査役
松田　良雄	1898	東大	1937				1945年 宇品造船，50年 水道工事会社，55年 防衛庁嘱託，65年 某社(神戸)，69年 松田工業
松下　雄一	1913	東大	1939				1945年 三菱重工業長崎造船所，復員と同時に復職，52年 三菱造船長崎造船所造船設計部船殻設計課長，56年 同造船設計部生産設計課長，57年 同船殻工作部内業工場長，59年 同下関造船所設計部造船設計課長，61年 同舟艇部工作課長，65年 三菱重工本社船舶技術部調査役，70年 山丸本社参与
○松村　晃	1923	横浜高工	1944	○			1945年 三菱重工業長崎造船所，復員と同時に復職，46年 第二復員省，半田金属工業，48年 中央ゴム，57年 栗田工業取締役設計本部長，74年 栗田整備常務取締役，85年 松村技術士事務所開設
◎牧山　幸弥	1911	東大	1935				1945年 中央水産会資材部漁船課，48年 運輸省関東海運局船舶部造船課，49年 海上保安庁長官官房技術課，53年 保安庁技術研究所第五部，57年 防衛大学校教授
溝口　三雄	1903	九大	1930			○	1946年 大島産業，51年 日本温湿科学研究所創立，56年 日本温湿科学研究所代表取締役社長，86年 同取締役
三嶋　忠雄	1907	東大	1932				1945年 天野興業，50年 長崎農産化工工場長，53年 西重機械加工組合フランジ工場長，56年 造船協会，65年 大洋造船所所長，67年 大長崎建設専務取締役
○南　一枝	1913	東大	1938			○	1945年 日立造船桜島工場(38年造船工作課入社)，57年 同造船部長，64年 同因島工場長，67年 同取締役(堺工場長)，69年 同船舶事業本部副本部長
宮下　義一	1918	東大	1942				1948年 日立造船桜島工場造船課，56年 同修繕課長，60年 同神奈川工場造船課長，64年 同理事，71年 同常務取締役，72年 同神奈川工場長，77年 富岡機械製作所取締役社長
村上　外雄	1908	東大	1931				1945年 石川島重工業東京第二工場造船部設計課長，50年 同東京第二工場設計部長，56年 同取締役技術本部技術副社長，58年 同東京第二工場，60年 石川島播磨重工業理事船舶事業部副事業部長，65年 日本舟艇振興会理事長，70年 石川島播磨重工業理事船舶営業本部副本部長，74年 アイエイアイクラフト取締役社長，84年 造船会会長
村田　章	1916	東大	1940				1947年 日本鋼管，69年 同清水造船所所長，72年 佐世保工業造船所長，76年 同代表取締役社長
村上　正孝	1920	東大	1942				1945年 播磨造船所，52年 NBC呉造船部，62年 呉造船所，73年 波止浜造船，78年 西日本設計
村上　元夫	1918	九大	1943				1946年 林兼造船，57年 同船設計課長，64年 同取締役造船設計部長，71年 取締役下関造船所副所長，74年 同常務取締役下関造船所長，79年 同常勤顧問
椋本　栄太郎	1924	大阪工専	1944	○			1945年 播磨造船所，復員と同時に復職，73年 石川島播磨重工業知多工場長，77年 同船舶事業部副事業部長，78年 同相生事業所長，80年 同知多事業所長，82年 播磨生活協同組合組合長
諸岡　篤	1908	東大	1933				1946年 佐世保船舶工業，47年 川南工業作業部長，伊万里湾重工業取締役，55年 三保造船所東京事務所，58年 同取締役
森　健四郎	1920	東大	1944				1949年 日立造船因島工場，66年 同船殻内業課長，69年 田熊造船出向，72年 内海造船出向，73年 日立造船技術開発本部技監，75年 今井造船転籍

付表 1-2（9） 戦後における元造船官の経歴

氏名	生年	出身学校	卒年	短	転	離	戦後の経歴
元良 誠三	1922	東大	1944	○			1945年 東京帝国大学，復員と同時に復職，47年 東京大学助教授，63年 東京大学教授（船舶工学第5講座担当），81年 日本造船学会会長，82年 長崎総合科学大学長，85年 日本造船振興財団理事
○森山 悦郎	1922	阪大	1944	○			1946年 海事協会，49年 日立造船桜島工場造船課，64年 同検査課長，66年 同堺工場船舶部作業課長，68年 舞鶴重工業出向，71年 日立造船舞鶴工場技監部長，75年 同技術開発本部技術部長，77年 同理事，80年 日立造船非破壊検査顧問
山口 宗夫	1907	九大	1930				1952年 三菱造船，62年 同技術部長，65年 三菱重工業取締役船舶事業部副事業部長
矢野 鎮雄	1912	九大	1935			○	1945年 函館ドック，64年 呉造船所，68年 石川島播磨重工業，のち代表取締役副社長，77年 臼杵鉄工代表取締役社長，78年 石川島建材代表取締役社長
安野 竹三	1917	東大	1941				1945年 東北船渠，53年 海上自衛隊，67年 ロイド船級協会，85年 東洋工学専門学校
山脇 正輔	1917	阪大	1942	○			1945年 三菱重工業横浜造船所造船部，復員と同時に復職，51年 東日本重工業横浜造船所艤装部係員，56年 三菱日本重工業横浜造船所修繕部課長，58年 同艤装部課長，66年 三菱重工業横浜造船所造船部次長，72年 同鉄構部長，75年 三菱重工工事横浜支社長
山内 保文	1919	東大	1943				1945年 播磨造船所，46年 鉄道技術研究所第7部，48年 運輸省運輸技官，49年 鉄道技術研究所連絡船研究室，50年 同運輸技術研究所船舶性能部運輸技官，62年 運輸技術研究所船舶性能部長，63年 船舶技術研究所運動性能部長，72年 同所長，73年 三井造船理事技術本部副本部長，81年 日本大学理工学部講師
山形 聡	1922	九大	1943				1945年 小樽造船所，51年 佐世保船舶工業，55年 同造修部船渠課長，57年 同造船部作業課長，59年 同艦艇設計部造船課長，63年 佐世保重工業艦艇部次長，66年 同艦艇部長兼造船課長兼造機課長，78年 艦艇技術サービス
山下 竜雄	1920	東大	1943	○			1947年 南国特殊造船，52年 海上自衛隊，72年 日立造船嘱託，80年 大機ゴム工業顧問
由利 健一	1919	東大	1943				1945年 播磨造船所相生工場，復員と同時に復職，46年 同呉船渠，52年 NBC 呉造船部溶接係長，内業課長，62年 呉造船所技術開発室長，68年 石川島播磨重工業船舶事業本部工作技術開発室
吉田 隆	1912	九大	1936				1945年 日本造船設計課長，50年 アメリカ船級協会検査員，52年 飯野産業技術課長，56年 飯野重工業造船部次長，62年 舞鶴重工業艦艇兵器部長，67年 同艦艇兵器部長代理，70年 日立造船常勤嘱託
○吉橋 保治	1914	東大	1938	○		○	1948年 三菱重工業横浜造船所工作部艤装工場長，58年 三菱日本重工業横浜造船所工務課長，61年 同艤装工作部長，62年 三菱造船部長，65年 三菱重工業広島造船所工作部長，72年 同横浜造船所所長，73年 同取締役，77年 三菱重工業環境エンジニアリング取締役社長
○吉田 兎四郎	1915	東大	1940	○		○	1942年 三菱重工業江南造船所（短現より復帰），46年 同横浜造船所造船工作部，64年 同鉄構部長，71年 石井鉄工所常務取締役技術部長，90年 日本エンジニアリング取締役
米田 義男	1918	東大	1941				1946年 播磨造船所，48年 石川島重工業，64年 石川島播磨重工業東京第二工場艦船建造部長，71年 同マリンコンサルタント事業部管理部長，77年 山西造船鉄工所
○吉成 正	1916	東大	1939	○		○	1945年 日本郵船工務部復社員，船舶運営会出向（49年まで），69年 太平洋汽船常務取締役
○横山 春樹	1918	東大	1941			○	1945年 出雲造船，47年 中村造船鉄工所，50年 郵田印刷紙器，83年 同取締役社長
横山 信立	1918	東大	1942				1945年 舞鶴工廠監理部，46年 運輸省鉄道総局船舶課，52年 水産庁生産部漁船研究所，61年 同漁船研究室長，69年 東海大学海洋学部教授，85年 同学部長
吉武 有真	1921	阪大	1943				1945年 大阪商船，復員と同時に復職，47年 山口県庁建築課，58年 運輸省運輸技官（九州海運局船舶部），69年 日本海事協会
横田 健	1921	東大	1944				1945年 播磨造船所，64年 石川島播磨重工業相生造船第一工場長，67年 同横浜造船所第二工場長，69年 同船舶事業本部副本部長，70年 同陸上担当に転身
米倉 邦彦	1923	東大	1944	○			1945年 三菱重工業長崎造船所，復員と同時に復職，64年 同本社（船舶

付表 1-2（10）　戦後における元造船官の経歴

氏名	生年	出身学校	卒年	短	転	離	戦後の経歴
吉川　次郎	1921	阪大	1944	○			設計），72 年　同長崎造船所(船舶設計)，78 年　同下関造船所長，82 年　同常取締役造船事業本部本部長，85 年　同常務取締役化学プラント事業本部長
							1945 年　三井造船玉野造船所，復員と同時に復職，46 年　佐世保船舶工業出向，47 年　三井造船玉野造船所復職，66 年　同造船工場検査部長，68 年　同艤装部長，70 年　同船殻工作部長，72 年　四国ドック常務取締役
養王田　正夫	1923	横浜高工	1944				1945 年　日本鋼管鶴見造船所，69 年　同津造船所，72 年　函館ドック出向，75 年　日本鋼管，78 年　東京シャーリング
吉村　治	1925	大阪工専	1944	○			1945 年　近畿日本鉄道，57 年　同検車課長，60 年　同車輌工場課長，66 年　同工機部長，72 年　労務部長，82 年　新・都ホテル専務取締役・総支配人
若松　守朋	1916	東大	1939				1945 年　復員局復員官，46 年　播磨造船所呉船渠，51 年　NBC 呉造船部資材課長，53 年　浦賀船渠設計部副部長，58 年　同設計部長，63 年　日本アルゴンクイン取締役社長，86 年　日本ハイヒート取締役会長
渡辺　英一	1916	東大	1940				1950 年　佐世保船舶工業東京本社技術部，55 年　防衛庁海上自衛隊，技術研究本部，70 年　佐世保重工業佐世保造船所顧問
和田　猪一	1916	東大	1941				1945 年　日本造船，49 年　海上保安庁海上保安官，52 年　防衛庁海上警備官，69 年　住友商事
和田　寿	1921	九大	1943				1945 年　播磨造船所，同呉船渠，54 年　呉造船所，68 年　石川島播磨重工業船舶事業本部外国船営業部長，69 年　同ニューヨーク事務所長，72 年　同船舶営業本部副本部長，79 年　臼杵鉄工所管財人，81 年　東京セールス代表取締役社長
和田　稔	1919	東大	1943	○			1945 年　川崎重工業泉州工場，復員と同時に復職，49 年　同神戸工場，52 年　同造船設計部資材掛長，58 年　同資材部課長，62 年　伊藤忠商事出向，68 年　川崎重工業神戸工場アフターサービス部長，70 年　同艦艇営業部長兼海洋機器営業部長

出所）桜井清彦編『造船官の記録　戦後編』海軍造船会，2000 年，483-554 頁。

注）(1) 氏名の順番は，五十音順，武官文官順，先任順。
　　(2) 「短」は短期現役，「転」は文官または短期現役士官から永久服役士官への転官，「離」は終戦前離任。
　　(3) 氏名の前の○印は付表 1-1（1）～付表 1-1（10）に表掲されていないことを示す。このうち「離」に○印がない者は，終戦時に現役であったが，海軍部内の所属先が不明の者。
　　(4) 氏名の前の◎は海軍技師を表す。

第 2 章

輸送機械・産業機械・電機へ
──元海軍技術科（造機）士官の戦後──

はじめに

　前章において元海軍造船技術者の戦後における軌跡を追跡した。本章では元海軍技術者の軍民転換のプロセスを探る作業の一環として，技術科（造機）士官の戦後の帰趨について検討してみたい。

　造船技術者が船殻の専門家であったのに対し，「熱力学，機械力学，流体力学を柱として，電気，化学，エレクトロニクスその他の周辺技術を活用して，効率的に動力を発生せしめ，軍艦を航走させる技術[1]」，あるいは「ボイラー・タービン・ディーゼル，空気・水・油の各種補助機械，軸系推進器，機関装置等の技術のほか，鋳造・鍛造・熔接・製缶・切削加工・生産技術等にまたがる広い技術[2]」の担い手が技術科（造機）士官であり，両者が協力して海軍艦艇の建造に当たった。本章はそのうちの舶用機関の技術開発を担った技術科士官について考察する。本章が依拠する基本資料は，学士会編『会員氏名録』昭和26・27年版（1951年刊行）および生産技術協会編『海軍技術科（造機）士官名簿』（昭和35年12月末現在）である。前者は戦後再開された『会員氏名録』の最初の版であり，基本的に学士会会員の1951年時点での状況を把握している。

　『海軍技術科（造機）士官名簿』には1899年に東京帝国大学工科大学機械工学科を卒業後造船中技士に任官した伊藤安吉以降，1944年卒業の技術科（造機）士官までが収録されているが，そのうち60年末現在で存命であり，かつ勤務先を有している者の総数は533名であった。533名のうち38年度から開始された短期現役（短現）士官制度による技術科士官は350名に及び，戦時期

の技術科士官の供給において短期現役制度が決定的重要性を有したことが分かる。

1 造機技術官の構成と教育

　造機関係の技術者は武官，高等文官である技師，判任官である技手から構成された。武官は大学卒業の造機官が中心であったが，本来は用兵者として訓練された海軍機関学校出身者のなかには造機関係の専門家もおり，選抜されてイギリス，アメリカ，日本の大学で学んだ者もいた[3]。造機官は先の伊藤安吉以降毎年1，2名採用され，大艦隊建造計画が進められた大正期になると機械工学科卒業者を含めて毎年3～5名が採用された。文官である技師としては大学出身者および専門学校（高等工業学校など）出身者が毎年数名採用され，技手については海軍技手養成所が設計や現場の最優秀労働者を入所させて専門学校相当の教育を行い，さらに技手から技師に昇進する者も少なくなかった[4]。

　1920年に東京帝国大学工学部機械工学科卒業後海軍技術中尉に任官した近藤市郎によると，造機官はまず横須賀砲術学校に入隊して約3カ月間，海軍士官としての軍事知識と教養を授けられ，続いて海軍工廠での工場実習を6カ月間受け，次に実地研究のため艦隊訓練中の軍艦に乗艦した。以上約1年半の教育訓練の後，実務に就いた。最初は雑役船の修理担当であり，次に旧式小艦艇の大修理を担当し，並行して新造艦担当者の補佐として設計，各工場の役割と内容の理解を深め，海軍技術科士官としての自覚がついたころ，2年間の海外留学を命じられ，学習と主要工場視察を終えて帰国すると，大学卒業後約7年が経過していた。少佐級になると艦隊司令部付として約1年間戦技訓練中の艦隊に乗艦し，艦政本部（艦本）側の設計製造の責任者としての立場から艦上の研究会に参加し，その結論を艦本に報告した。この1カ年の乗艦が，技術科士官としての最終仕上げの教育訓練であった。これ以外にももちろん先輩からの個人的な教育指導，工廠で毎週開かれる部員会議なども生きた教育の場であった。以上の教育訓練を経て造機官が一人前となるのは30歳前後であったという[5]。

2　元技術科（造機）士官が3名以上勤務する民間企業・国家諸機関

　付表2-1（1）～付表2-1（5）によれば，1960年末現在において元技術科（造機）士官が3名以上勤務する民間企業・国家諸機関に勤務する元技術科士官は198名に達した。最大の受け入れ先は防衛庁・自衛隊であり，28名の元技術科士官が勤務していた。次に日立製作所17名，石川島播磨重工業15名，三菱日本重工業12名，日本国有鉄道12名，日本鋼管10名，三菱造船10名，飯野重工業8名，新三菱重工業8名，小松製作所6名，佐世保船舶工業6名，日立造船6名，ヤンマーディーゼル6名，東京大学5名，トヨタ自動車工業5名，荏原製作所4名，日本セメント4名，不二越鋼材工業4名，三井造船4名，米海軍横須賀艦船修理廠4名が続いた。

　元海軍造船技術者に関する調査では，戦後彼らを積極的に受け入れたのは播磨造船所，石川島重工業，日本鋼管，日立造船などであり，西日本重工業（三菱造船）・中日本重工業（新三菱重工業）・東日本重工業（三菱日本重工業）の3重工や川崎重工業がそれほど多くの元造船官を収容した訳ではなかったことが判明している[6]。一方造機関係の技術科士官の場合は，石川島播磨重工業，日本鋼管，日立造船が積極的に受け入れていることが確認できるが，3重工も合計で30名と防衛庁・自衛隊を上回る規模であった。川崎重工業が3名とあまり目立たないが，これは戦後の潜水艦建造の動向に規定される面があったのかもしれない。なお米海軍横須賀基地艦船修理廠（Ship Repair Facility : SRF）に4名の元技術科士官がいた点にも留意しておきたい。

　造船所以外では日立製作所，日本国有鉄道，小松製作所，ヤンマーディーゼル，東京大学，トヨタ自動車工業，荏原製作所，日本セメント，不二越鋼材工業などが積極的に造機関係の技術科士官を受け入れた。

　以上のように元造機官の戦後の就職先は造船所関係に限定されず，機械工業全般から大学関係にまで及んだ。造機技術という汎用性の高い技術の担い手として元造機官に対する需要は大きかったのである。

3　個別企業の諸事例

1）ヤンマーディーゼルの事例

　ヤンマーディーゼルの創業者山岡孫吉の娘婿である山岡浩二郎は終戦直後に孫吉に旧海軍技術者を受け入れることを提言した。浩二郎の大阪帝国大学工学部機械工学科の同期生に安間恒夫がおり，安間が横須賀海軍工廠の機関実験部にいたため，浩二郎はエンジン関係の技術者の人選を安間に委ねた[7]。安間は後にヤンマーに入社し，尼崎工場長に就任した。

　浩二郎の提言に従って孫吉は17名の元海軍技術者をヤンマーに迎え入れた。舶用エンジンに進出するためには減速機やトランスミッションが重要であったため，海軍で潜水艦，魚雷艇，モーターボートなどのクラッチの設計を担当していた野中技師が入社し，前後して横須賀海軍工廠機関実験部にいた横井元昭元技術大佐も迎え入れられた。野中技師はその後川崎重工業に移り，潜水艦部長として活躍した。

　孫吉によると，この間の経緯は以下のようであった。終戦の年の秋に「元の海軍艦政本部第五部長の時津三郎中将や，同部のディーゼルエンジンのエキスパート横井元昭大佐の訪問を受け『海軍の技術を温存し，平和産業に役立たせるために，海軍の技術者を引き取る気はないか』と相談されたのは，9月半ばから10月初めごろだった。（中略）横井大佐が若手の技術者数名を連れて，私の会社の技術陣に加わってくれたのである。少し遅れて横須賀海軍工廠の造機部長だった近藤市郎少将も，私の会社の人となってくれた[8]」。

　1920年に東京帝国大学工学部機械工学科を卒業後海軍技術中尉に任官し，イギリス留学を経て終戦時に技術少将であった近藤は艦艇用内燃機関の研究実験設計，製造の各部門で活躍した技術者であり，戦後には生産技術協会内燃機関部会長，日本内燃機関連合会副会長，日本舶用機関学会会長などを歴任した[9]。近藤市郎は47年3月時点では高知舶用内燃機顧問であり[10]，付表2-1 (5) にあるように51年には株式会社国際船舶工務所常務取締役であった。同工務所は53年10月に財団法人船舶設計協会に改組され，保安庁が計画した警

備艇の基本設計を受託した。防衛庁技術研究本部に吸収されるまで船舶設計協会が艦艇設計を担ったのである[11]。

　安間恒夫，横井元昭，近藤市郎らに率いられた海軍技術者の大量入社はヤンマーディーゼルの技術向上に大きく貢献した。山岡浩二郎は「ヤンマーに入社した旧海軍の技術陣は，それこそそうそうたる顔ぶれであり，ヤンマーが今日あるための大きな礎石であった[12]」と評価した。

2) トヨタ自動車工業の事例

　トヨタ自動車工業では 1946 年 4 月に豊田喜一郎社長を局長とする臨時復興局が新設され，刈谷工機取締役社長の菅隆俊や隈部一雄（46 年 5 月に常務取締役に就任）など社内外の有力技術者も臨時復興局の委員に加わった。同局では総合的な復興計画が立案されたが，トヨタ自動車工業では計画を実現するために 46 年 4 月から 9 月にかけて約 200 名の技術者を採用した。そのなかには立川飛行機で航空機を研究していた長谷川竜雄や元海軍技術少佐の稲川達（付表 2-1（2）参照）も含まれていた[13]。

　1951 年 8 月にトヨタ自動車工業は大型トラックのモデルチェンジを実施した。49 年から開発にかかり，設計課長も薮田東三（付表 2-1（3）参照）から稲川達に引き継がれて完成したのが BX 型であった。またトヨタ自動車では 53 年 5 月に設計部内の設計課を，シャーシー設計，ボデー設計，エンジン設計の 3 課に分離独立させて設計部門を強化し，同時に主査室を新設して 50 年から設けられていた車両担当主査の役割を拡大強化した。当初の主査は知久健夫，稲川達，薮田東三，中村健也らであった[14]。

　昭和 20 年代末から技術部では新しい小型車の開発構想を練っていた。1954 年春には具体的な開発計画の立案に着手し，55 年 8 月に技術部主査室で薮田東三に率いられた開発チームが計画を取りまとめ，翌 9 月には正式仕様が決定された[15]。

　戦後直後トヨタ自動車工業は戦後再建と技術力の強化を目指して大量の技術者を採用したが，そのなかには航空機関係技術者や海軍技術者も含まれていた。稲川達，薮田東三ら元造機官はトラック開発の責任者，車両担当主査として戦

後復興期のトヨタ自動車工業の技術発展に貢献した。

3) 造船企業の技術者

造船各社に就職した元造機官たちは舶用機関の開発に従事する一方，船体設計・建造技術と比較して相対的に立ち遅れていた主機類の海外技術依存からの脱却策についてさまざまな提言を行った。

海軍に代わる新たな共同研究の提唱：矢杉正一

元海軍第一技術廠材料部長であり，1947年3月に足立産業に勤務し[16]，60年に飯野重工業取締役であった矢杉正一は（付表2-1（1）参照），67年時点で佐世保重工業の技術顧問であった。矢杉は「造船技術においては船体も機関も，完全に日本が世界の造船界をリードしていることは，まことに痛快なことであるが，一方関連工業における例えば，巨大船の Main Engine を見ると，Diesel Engine においては三菱重工の UE 型，Steam Plant においては川崎重工の U 型が，純国産技術として，性能的にはその優秀性をうたわれながら，全体の採用数量においては建造船の一部にすぎず，大多数の大型船舶が米欧の license の Main Engine を搭載していることは，まことに寂しい気がする[17]」として主機の海外技術依存を嘆いていた。

続けて矢杉は「大型機関の開発には尠なからぬ経費を必要とすることはいうまでもない。戦前の海軍でさえ実験費に苦心した経験をもつ私には，今日の現実はまことにきびしいという気がする。純技術的には実験したいことは限りなくある筈である。国内各社が共通した実験を別々に行なうような無駄な競争はさけて，わが国として外国技術を対象として立派な製品を開発するよう，政府の有効な指導と実験費における大巾な援助を望んでやまない[18]」として，政府に支援された共同研究の必要性を強調した。

矢杉によると，「最近の話であるが，有名な外国 Maker の Gas Turbine において，（中略）Blade の Tip より 1／3 Height の附近で数本 Crack を生じた。これは私どもが旧海軍で大戦突入3年前，新造中の艦船の Main Turbine で経験し，その原因探求に尨大な実験を重ねて，幸うじて開戦までに原因が明らかにされ，新造のすべての Main Turbine の整備が間にあったときの故障状況と全く同一で

あった[19])」。こうした海軍での経験を想起しながら，矢杉は海軍に代わる新たな共同研究の重要性を説いたのである。

「わが国のTurbine Makerが，従前にはややもすれば，ありがちだった島国根性をすてて，われわれわが国日本人のTurbine Makerであることを十分に認識して，わが国のTurbine Makerの発展のために，互いに手をとりあい，切磋琢磨してその改善進歩をはかり，少なくとも巨大船，高出力船主機に最適であるべきMarine Turbine Plantの地位を確守するとともに，今後流行するであろう原子力船の主機としての期待にも遺憾なく応えることは申すまでもなく[20])」として，矢杉は共同研究の意義を繰り返し強調した。

このように矢杉によれば舶用機関の技術向上は共同研究によってもたらされるものであった。戦前には共同研究の組織者として海軍が存在したが，海軍がいない戦後において新たな共同研究をいかにして組織・運営するかが大きな課題であるとしたのである。

共同研究の必要性：渡島寛治

1947年3月に昭和製作所顧問[21])，51年に播磨造船所東京事務所に勤務し，60年に石川島播磨重工業・原動機化工機事業部技師長だった渡島寛治（付表2-1（1）参照）も共同研究の重要性を共有していた。渡島は「日本の造船は世界一だといわれている。なるほどロイドレジスタ・オブ・シッピングの統計では，昭和43年の世界の進水量は約1,600万GTで，日本の進水量は約860万GT（約53.8％）であった。しかし，はたして故障のない立派な船ができているかというと，答えは否定的である。（中略）故障が起こると当事者は寝食を忘れて対策に苦慮するが，いわゆる，くさいものにはふたをせよという考えと，営業的な配慮から一般には知らされないため，せっかく高い授業料を払った貴重な技術資料が，当事者限りとなり，同じ故障を繰り返しているのが現状である[22])」と危機感を募らせていた。解決策として渡島は，「私はかねてから故障を純技術的に検討する場がほしいと思っているが，なかなか実現しない。推進軸スリーブの腐食問題，大形船用オイルバス式船尾軸受のゴムのきれつ，ホワイトメタルはくり問題などが共同研究によって成果をあげたが，現在，問題のタービン動羽根の振動問題は即刻NK（日本海事協会—引用者注）なり適当な機

関が中心となり,日本のタービン設計者が衆知を集めて真剣に検討すべきこと[23]」を提案した。

以上のように造船技術の向上に共同研究が不可欠であるとする点では渡島は矢杉と同意見であった。日本海事協会をはじめとする技術的課題を共通の土俵で議論する場の整備を元造機官は繰り返し語ったが,その際には戦前・戦時期に海軍がはたした役割が想起されていたのである。

渡島は『生産技術』第25巻第2号(1970年2月)に発表した「終戦時における旧海軍第一技術廠材料部の主要研究実験事項等の状況(昭20.8.15現在)」と題する記事の最後に,桐生出張所に派遣され,45年8月24日に桐生高等工業学校の教室で自決した真部二郎海軍技術大尉(第一海軍技術廠材料部,41年東京帝大工学部応用化学科卒)が渡島宛に記した遺書の原文写しをそのまま掲載した[24]。戦後25年を経過してこの遺書を公表した意図を渡島は説明していないが,戦後の渡島が真部への記憶とともにあったことを物語っているように思われる。

海軍経験の意義:飯田庸太郎

1920年生まれの飯田庸太郎(付表2-1(2)参照)は40年に東京帝国大学工学部機械工学科に入学し,病気のため1年遅れて43年9月に卒業した(半年繰り上げ卒業)。母方の伯父が三井物産常務の川村貞次郎であり,川村から三井造船か三井系の昭和飛行機への入社を薦められたが,飯田は親戚や縁者のいない三菱重工業に入社した。同級生9名が三菱重工業に入ったが,6名が航空機工場,2名が戦車工場に配属され,造船所は飯田一人であった[25]。

飯田は三菱重工業の採用試験を受ける前,1943年5月に海軍の技術科士官になる試験を受けており,三菱を受験したときには海軍入りが内定していた。この短期現役士官制度のために3日間だけ神戸造船所に通った後飯田は海軍に入り,5カ月間の外地での訓練を経て横須賀海軍工廠造機部外業課に配属された。配属されたその日に分厚いマニュアル3冊を渡され,これを読めばすぐに仕事ができるといわれたという。飯田にはキャリア30年の技手が補佐役として付いた[26]。

飯田は2年弱の海軍経験が民間企業に入ってどう活かされたのかとの質問を

よく受けるという。「『武蔵』と同型の『信濃』という戦艦を，急遽空母に改装することになった。外業部員は不眠不休，昼夜兼行で数カ月間頑張った。そのとき私は『なせば成る。成らないのはやらないからだ。やる気になればどんなことでもできる』との教訓を自分の実感として得ることができた。（中略）私の場合，これは海軍で培われ，そして三菱へ持ち込んで花開いたと思っている[27]」というのが飯田の実感であった。

海軍経験のメリットとして飯田が挙げるのが，「同じ釜の飯を食った仲間が全国に大勢いて，今でもお付き合いが続いていることだ。私が海軍に入った時は，大学卒，専門学校卒を合わせて二〇〇〇人の技術屋が海軍士官に任官した。全員が五カ月間，外地で訓練を受け，一つの同窓生になっている。このネットワークは非常に強力だ。どこへ行っても，いたる所に昔の仲間がいる。日本の産業界に二〇〇〇人の知り合いがばらまかれているわけで，個人的なつき合いもさることながら，ビジネスの注文をもらいに行っても機械の不具合を修理に行っても，『やあやあ』ということになって，万事うまく行くのはありがたいことだ[28]」といった点であった。

飯田の証言によると，中日本重工業（新三菱重工業）の重役から「当座の間に合わせのために，アメリカやヨーロッパの技術をカネで買ってこい。当社の設計屋なんかに開発をやらせていたら，いつ製品化できるか分からん」との号令が出たという。「技術者の私は，悔しくて悔しくて，その重役の顔を見るのも嫌だった」飯田であったが，「今から思うと，確にその重役の気持ちが分からないわけではない。そうやって外国の技術を買いあさった結果，当社は日本の数ある機械メーカーの中では一番早く立ち上がることができた」というのが飯田の事後的な評価である[29]。

1953～54年，59～61年と飯田はアメリカのウエスティングハウス社に滞在したが，その主な目的は技術提携先の同社から技術を学ぶことであった。飯田は「私の主な仕事というのは，設計図をもらっては，当時はファックスなどという便利なものはないので，郵便局へ持って行き，本社へ郵送することだった。それがアメリカでの私の仕事で，渡された図面を郵便局へ運びながら涙が止まらなかった。『自分は図面運びで一生が終わるのではないか。何のために大学

で勉強し，三菱へ入ったのか』と悲しくなったものだ」と回想している[30]。

　飯田にとって海軍体験の最大の意義は「同じ釜の飯を食った仲間が全国に大勢い」ることであった。共通体験をした2000人の仲間が全国にいることが，ビジネスの進行をどれだけ円滑なものにしたか計り知れないというのである。技術提携業務を通して彼我の技術格差を痛感させられた飯田は，三菱重工業を拠点にして技術格差の解消に取り組むことになる。

4）現場技術者の姿勢

　元造機官の戦後の業務は多様である。機械設計に取り組むだけでなく，生産現場で生産技術者として生産性向上と品質向上に取り組むのも彼らの業務であり，なかには技能者に機械加工を指導できる技術者もいた。

現場技術と国益奉仕：荒井斎勇

　三菱日本重工業東京製作所の荒井斎勇（付表2-1（4）参照）は，執筆した『機械工作入門』と題するテキストの序文において以下のように記した。「私は一現場技術者である。毎日工作機械により製品を削り出すことを職業としており，いわば機械工作を飯の種にしている男である。（中略）深淵な学問を侮ろにするものではないが，商売人の勉強とは経済学説を研究することではなく，100円の品を95円に勉強して如何にもうけるかであるのと同じく，機械工作屋――削り屋――の勉強とは30分で削っていたものを25分で削ることに他ならない。切削理論に浮身をやつすよりも，我々商売人にとっては，旋盤をどう使った方が得か，バイトはどうとげばよいか等の具体的な問題の方が大切であり，これがもうけを生み出す源でもある。私にProduction――生産――を教えて呉れた人はアメリカ人の，John R. Myersという人で，この人の言葉として忘れられないのは，"Books don't cut metals"――（本は金を削らない）であり，本をいくら読み上げても金を削ることは上手にならない。金属を削るのは本でも機械でもなく，あくまで人である[31]」。

　また「生産技術の担い手はどこにいるか？」との問いに対して，荒井は「大企業であれ，小企業であれ，会社，工場は多人数のチームであり，そのチームの強弱はチーム全体の総合力であり，総合力が発揮されるのは，プレーヤーで

ある作業員の強弱に左右される」,「日本的生産技術の根底には『人間尊重』の理念が存在しなければならない」と述べている[32]。

1971年に荒井は三菱自動車工業乗用車事業部京都製作所長に就任した。経営陣の一員となった荒井は「三菱の経営姿勢は創業以来一貫して,『国家のために仕事をする』ということだったんです。『国が必要とするものは何でもやろう』ということで,国が軍備を必要とした時には民生事業を放って軍需産業に転換したこともあります。そのために,表面の現象のみとらまえて"死の商人"と言われたりしました[33]」と述べている。

荒井は1939年に東京帝大工学部機械工学科を卒業し海軍で造機官としてのキャリアを積んだのち,戦後は東日本重工業,三菱日本重工業,三菱重工業,三菱自動車と歩んだ。生産技術の指導者として著名な荒井であったが,彼のなかでは生産技術の追求と国益重視の経営が相互に支え合う関係にあったのである。

現場に通暁した技術者：岩崎巌

1947年3月時点で新日本産業に勤務し[34],その後小松製作所に転じた岩崎巌（付表2-1（1）参照）は特異な学卒技術者であった。実家は親子三代にわたって大阪で町工場を経営し,岩崎自身も住友私立職工養成所で旋盤等に親しみ,その後三高,京都帝国大学工学部機械工学科を経て海軍に入り,現場作業でも工具にひけをとらない腕の持ち主だった。舞鶴海軍工廠で造機工場の部員をしていたとき,組長が30分かかるといった機械加工を8分で完成させ,それに発憤した組長が5分で仕上げたというエピソードがあった[35]。

戦後特需,砲弾生産のために小松製作所が旧大阪造兵廠枚方製造所の払い下げを受けて枚方工場を発足させるのは1952年10月であった。枚方製造所の工作機械のほとんどが「ベルト掛け」であったが,これを全面的にモーター直結に変更したのが岩崎であった。機械改善計画に要する経費を低く見積もり何とか計画を実現させ,モーター直結旋盤の側に椅子を持ち込んで工具一人ひとりを直接指導したのも岩崎であった[36]。

現場技能者による機械加工作業を指導できる岩崎は学卒技術者として稀有な存在であったが,同時に戦時中から戦後にかけて大学関係者と溶接に関する共

同研究も行っていた[37]。岩崎の多彩な才能が戦後復興期の不確定要素の多い機械工場の安定操業に貢献していたのである。

4 日本国有鉄道・鉄道技術研究所と防衛庁・自衛隊

付表 2-1 に示されているように元造機官の就職先として日本国有鉄道（国鉄）・鉄道技術研究所（鉄研）および防衛庁・自衛隊は無視できなかった。

短期現役士官として海軍に勤務し，戦後日本国有鉄道の鉄道技術研究所に勤務した戸原春彦は防振ゴムの研究で大きな成果を上げた。戸原は 1963 年 3 月に鉄研を退職したが，新幹線計画について，「第一に役立ったのは，当時国鉄に在職した旧海軍の航空関係の技術屋でした。（中略）上下線の間隔を決めるのに，昭和一ケタ代の複葉機（時速 200 km 台の航空機）の知識が役立ったのです。その結果軌道の外に保守用の通路を含めて路盤幅約 11.5 m が決まったのです[38]」と回顧した。

東北帝国大学工学部機械工学科を 1944 年度に卒業した佐野恒夫の海軍生活は短かった。戦後国鉄に入った佐野は 60 年に国鉄・北海道支社修車二課長であり，苗穂工場長を経て 71 年 3 月に退職し，4 月に日立製作所コンピュータ第 1 事業部副技師長に就任した[39]。佐野は民間企業の印象を次のように語っている。「国鉄時代は，職員録あり，指定職員名簿あり，採用クラス別名簿ありで便利（？）だったが，今度は，誰が，どこの学校を出たのか，どんな職歴だったのか，全然わからない。まさに，実力主義の象徴といった印象をうけた[40]」。「今更いうまでもないが，売る立場と買う立場は，全く違うという事。昔，国鉄の本社にいて，買う立場で考えたコンピュータと今，売る立場で考えたコンピュータとは 1 対 10 の比率ぐらいの差で，むずかしいものだという事。それに，物はそう簡単に売れないという事も[41]」。

付表 2-1（3）にあるように元造機官は国鉄の全国にある各職場で活躍し，鉄道技術研究所においては主任研究員として研究開発を担った。

防衛庁・自衛隊でも多くの元造機官を確認することができる。1947 年 3 月

時点で赤阪鉄工所技術課長[42]，55年に船舶設計協会参事であった伊東勇雄（付表2-1 (4) 参照）は，「将来わが国で潜水艦が建造される場合これに適すると推定されるディーゼル機関の概要およびシュノーケルに関する要研究事項」を解説している。その論文の結言で，伊東は「優秀なる潜水艦用エンヂンの製作されることおよびシュノールケ（ママ）に関する実験研究が手落ちなく実施されることを熱望して筆をおく」とした[43]。

防衛庁の新造艦の第1陣は1953年度予算による艦艇であったが，基本設計の当初から機関部担当者として本計画に関わった浜野清彦（付表2-1 (4) 参照，57年時点で防衛庁技術研究所第5部）は，艦艇設計・建造の第1の留意点を「性能を重んずるあまり凝り過ぎて，あるいは複雑になり過ぎ，あるいは生産性を逸脱すること」と指摘し，「生産が戦力であることは十数年前に身にしみていたはずである」としている[44]。自衛艦の基本設計においても浜野の頭のなかでは戦時期の経験が教訓としてたえず参照されていたのである。

5　海軍経験と戦後の研究活動

長くはないが戦時期の海軍経験を経て，大学研究者として戦後を生きた二人の足跡をたどってみよう。

1) タンデム圧延機の開発：鈴木弘

私立住友東平小学校校長鈴木筆太郎の息子として1915年に生まれた鈴木弘（付表2-1 (2) 参照）は別子銅山の社宅で育ち，小学生の時機械類のスケッチを帝大出の技師から褒められたという[45]。鈴木は小学4年で愛媛師範学校附属小学校に転校し，松山高等学校を経て37年に東京帝国大学工学部機械工学科に入学する。真島正市の応用物理学の講義に感激した鈴木は自主的に真島研究室の手伝いを申し出た。他学科の学生を研究指導することのできなかった真島は，兼任している理化学研究所の真島研究室での受け入れを許可してくれた。

1940年に東大を卒業した鈴木は住友金属工業（住金）鋼管製造所に就職した。

しかし同年9月に海軍の短期現役技術科士官への任官が決定し，3カ月間の士官教育を経て広海軍工廠鍛錬工場の担当となった。この工場では文官から武官に転じた技術少佐と技手2人の3人が管理職で，その下に600人の鍛錬工員がいた。ここで鈴木は鍛錬技術の改善と鍛造設備の抜本的改良に取り組んだ[46]。

海軍技術大尉であった鈴木は1942年11月，東京帝国大学助教授への移籍を命じられる。同年4月に開設された東京帝国大学第二工学部への移籍であったが，海軍の現役から予備役への編入，住金への復職と退職という手続きを経て第二工学部に着任した。担当は「非切削工作学」(Spanlose Verformung，塑性加工) 講座であり，これは前例のない新講座であった。終戦後第二工学部は生産技術研究所となり，初代研究所長に瀬藤象二が就任した[47]。

占領期の思い出として，鈴木は「日本の企業は戦争の打撃から立直れないで，自主的な技術開発の力が全く枯渇し切っていたことも事実ではありますが，技術を自主的に開発する努力をすることの重要性まで忘れ果てて，技術導入に狂奔する姿は，私には苦々しいかぎりとしかいいようのない感じでした[48]」と記している。

鈴木は「鈴木式逆張力伸線機」を開発し，同機は5年間で150社に採用され，鈴木は第1回大河内賞を受賞した。また鈴木は1961年に腕時計のゼンマイの超精密圧延技術を開発し，鈴木の考案した最適圧延機剛性理論を用いて製作した専用機で圧延した結果，圧延精度を1ミクロンにまで向上することができた。その結果，この材料を装着した精工舎の中級時計が，価格が10倍以上のスイスの超高級時計の精度を上回ることになった[49]。

鈴木の最大の功績はタンデム圧延機の開発である。タンデム圧延機は大型圧延機を5台もしくは7台連結して，幅2メートルもあるストリップを秒速40メートルで圧延し，板厚精度が100分の1ミリ以下という超大型精密機械であり，しかも圧延結果に影響を及ぼす圧延作業要因が100以上あるという複雑なシステムであった。鈴木は理論解析によって最適の運転条件の設定方式を導くことに成功した。ちょうど1965年頃から大型コンピュータが利用可能となり，タンデム圧延機にコンピュータを装備して作業条件の設定を高い精度で計算する方式の開発に，鈴木研究室の派遣研究員として在籍していた住友金属工業の

美坂佳助が成功した。住金は鈴木の理論である最適剛性の段階配分を採用し，71 年には「圧延機剛性段階配分方式」によるタンデム圧延機を鹿島製鉄所に建設した。続いて日本鋼管の鎌田誠正（鈴木研究室出身）を中心とするグループが，厚さや幅の異なるストリップ同士の溶接継ぎ目の圧延をスムーズに行うための過渡特性のシミュレーションに成功する。この成果を取り入れたのが日本鋼管・福山製鉄所に設置された完全連続タンデム圧延機であった。この二つの成功例によって日本鉄鋼業の圧延技術は世界の最先端に立つことができたのである[50]。

2）原子核物理学と原水爆禁止運動：野上燿三

　1918 年に野上豊一郎と弥生子の三男として生まれた野上燿三（付表 2-1（2）参照）は 41 年に東京帝国大学工学部機械工学科を卒業後海軍技術研究所に勤務し，長崎で兵器開発に従事していたが原爆投下の直前に東京に戻っていたため，被爆を免れた[51]。原爆の惨劇は野上のその後を決定した。原子核物理の重要性を認識した野上は東大理学部に再入学し，嵯峨根遼吉研究室で原子核研究を行った。49 年の卒業後も研究を続け，その後東京大学理学部助手，講師，助教授を経て 63 年に教授に就任し，79 年の退官まで原子核物理学および放射線物理学の研究と教育に尽力した。

　野上が主宰した核反応物理学講座は 1957 年に発足した原子力教育研究施設の一環として理学部に置かれたものであり，野上はわが国初のタンデム型加速器の建設に取り組んだ。72 年に東京大学原子力研究総合センターが発足すると，野上は初代センター長に就任した。学外でも野上は 60 年の安保闘争，9条を守る会，原水爆禁止運動など平和問題や環境問題に深く関与した。

おわりに——技術開発と共同研究

　戦後における困難に満ちた多様な道程を歩んだ元海軍造機技術者の発言のなかで数多く確認できるのが，共同研究の重要性の指摘である。1946 年 1 月に

生産技術協会が設立された。会長は稲光光吉三菱重工業常務取締役，副会長は大西定彦日立製作所常務取締役と中村定吉扶桑金属工業東京支社長であったが[52]，実態は以下のようであった。敗戦によって多くの技術資料が焼却されたため，渋谷隆太郎中将が艦政本部関係，多田力三中将が航空本部関係，久保田芳雄少将が総務および燃料関係の技術資料を収集整理することになった。ちょうどその時海軍造機工業会が解散となり，同会副会長の牛丸福作中将から海軍造機工業会整理後の残金15万円の活用策について相談があり，協議の結果，「社団法人生産技術協会を設立して，海軍技術を活用すると共に民間同志のセクショナリズムを打破し，全日本の技術者の大同団結の一助に努めようということにな」った。設立に際して海軍関係者は表に出ず，嘱託として参加した[53]。

　生産技術協会は機関誌『生産技術』を1946年9月に創刊するが，「発刊の辞」の冒頭において「大東亜戦争収まり，科学技術面の蓋が明いて，戦争中四年の間に米国に於て開発発達した幾多の科学技術の成果が見られるに至つた。レーダーや原子爆弾の威力には一驚を喫しない者はないが，ブルドーザーやジープの如き平和産業に役立つ強力な土木機械の出現や，キナに代るマラリア薬剤や輸血に代る注射薬や，DDTの如き消毒薬の発明や，製粉機械や，紡織機械の発達等を見るにつけても，我国の科学技術陣が，これに比べて如何に貧弱なものに低落してしまつたかゞ察せられる」との認識が示される。この彼我の格差は日本国民の技術的能力が劣っているからではないとしたうえで，「良き技術を取り入れることに吝である者が如何に多かつた事か。単に企業家のみは攻められぬ。技術者自身も偏狭で，他人の考へた設計などは仲々取り入れやうとせず，又自己の研究は他に之を伝へることを惜む所謂名人の御家芸を秘するの伝統が悪く伝はつて来て居るかに見えるものがある。ましてや機械技術者が電気学者の言に耳を傾けず，化学業者が機械技術を取り入れることを回避する風があつたのは否めない。このセクショナリズムの弊風こそ我国の科学技術が世界に遅れた一大原因と考へることは出来ないであらうか」というのが，生産技術協会の反省であった[54]。

　もちろん戦時中より戦局の挽回を目指して随所で共同研究が進められていた。しかし日々研究環境が悪化するなかで問題の所在を正しく把握していたとして

も解決のための方策を実現する条件が失われていく戦時期と，同じく乏しいとはいえ，復興が緒に就き職場環境も大きく変化した戦後では共同研究の前提条件が大きく異なった。セクショナリズムを打破する共同研究の推進こそ，元造機官たちが戦時期に対する悔恨の後に共有していたものであった。

　海軍航空技術廠材料部長を経て，1944 年夏から敗戦まで約 1 年間，軍需省航空兵器総局の生産技術指導部が行った航空機関係工場に対する技術指導に関係し，海軍航空本部第一部第二課長として終戦を迎えた川村宏矣（21 年海軍機関学校卒業）は，46 年には鉄道技術研究所嘱託であった。そのとき川村は今後の復興のための技術指導のあり方として，協力者側と受入者側の留意点を指摘している。協力者は「受入者に充分信頼される丈の者」であり，「熱意と親切心を有」し，「事前に意思疎通を充分に計」るだけでなく，「協力は教えると言ふよりは，名実共に協力乃至援助の形をとること」，「協力者側は可及的にこじんまりと，最小限度の人にて編成すること」，「協力方法は極力会議的空気を去り，技術者同志の研究的態度を以てすること」，「協力者側の編成は極力簡素とし，運営の主体を専門別班に置き不要の幹部を並べさること」などが指摘されており[55]，これらはいずれも戦時期に実施された行政査察使に代表されるような官主導の技術指導への反省を踏まえたものであった。

付表 2-1 (1) 元海軍技術科（造機）士官の戦後

短	氏名	出身校・専攻	卒年	任官年	1951年勤務先	1960年勤務先
	矢杉 正一	東大・機械	1925	1925	会社員	飯野重工業(株)・取締役
	手塚 正夫	阪大・機械	1934	1934		飯野重工業(株)・舞鶴造船所造機部長
	石橋 靖弘	東大・機械	1941	1941	三洋商会	飯野重工業(株)・舞鶴造船所化工機設計部次長
	平岡 正助	阪大・機械	1941	1942	飯野産業企画課長代理	飯野重工業(株)・機械部長
	三好 正直	横浜高工・機械	1940	1942		飯野重工業(株)・舞鶴造船所化工機部長
	野村 太一郎	金沢高工・機械	1933	1942		飯野重工業(株)・舞鶴造船所企画部次長
	大井 辰郎	東大・機械	1941	1942	川崎重工業艦船工場	飯野重工業(株)・舞鶴造船所倉谷工場次長兼工作課長
○	荒木 直繁	名大・機械	1943	1943	飯野産業	飯野重工業(株)・艦艇兵器部艦艇課長
	渡島 寛治	京大・機械	1923	1923	播磨造船所東京事務所	石川島播磨重工業(株)・原動機化工機事業部技師長
	関原 勝臣	東北大・機械	1929	1929		石川島播磨重工業(株)・原動機化工機事業部付
	大山 節夫	東大・機械	1932	1932		石川島播磨重工業(株)・原動機化工機事業部東京第三工場長
	玉沢 広	北大・機械	1939	1939	石川島重工業第二工場	石川島播磨重工業(株)・原動機化工機事業部ボイラ設計部長
	古田 友吉	金沢高工・機械	1936	1939		石川島播磨重工業(株)・ボイラ設計部次長
	大鳥 豊	東大・機械	1940	1940		石川島播磨重工業(株)・造船事業部東京機関艤装設計部長
	谷口 貞純	北大・機械	1941	1941	石川島重工業第三工場	石川島播磨重工業(株)・技術課長
	細野 国男	東大・機械	1941	1941	住所不明	石川島播磨重工業(株)・工事部
○	石井 環	横浜高工・機械	1942	1942		石川島播磨重工業(株)・圧延機設計部長
○	宇佐美 正雄	東大・機械	1942	1942		石川島播磨重工業(株)・原動機化工機事業部相生第二工場ディーゼル機関製造部長
○	石金 義信	北大・機械	1942	1942		石川島播磨重工業(株)・汎用機事業部技術部次長
	小堤 恒雄	山梨高工・機械	1935	1942		石川島播磨重工業(株)・汎用機事業部技術部次長
○	林 俊雄	北大・機械	1943	1943	住所不明	石川島播磨重工業(株)・化工機設計部長代理
○	石川 哲司	東大・機械	1943	1943		石川島播磨重工業(株)・船舶事業部基本設計部部長代理兼機関艤装基本設計一課長
○	奈須 達男	東工大・機械	1944	1944		石川島播磨重工業(株)・第三工場ボイラ設計部
	神谷 健雄	東北大・機械	1924	1924		浦賀船渠(株)・浦賀船渠所艦艇設計嘱託
	藤沢 征朗	京大・機械	1940	1940		浦賀船渠(株)・浦賀船渠所造船部副部長
	中野 義明	東大・機械	1942	1942	浦賀船渠浦賀造船所	
○	斎藤 正郎	仙台高工・機械	1940	1940		海上自衛隊・舞鶴地方総監部艦船課長
	秋宗 一与	阪大・機械	1940	1940	住所不明	海上自衛隊・舞鶴地方総監部技術部
	片山 喬平	東大・機械	1941	1941	片山製作所	海上自衛隊・技術部
○	則包 一	神戸高工・機械	1941	1941		海上自衛隊・呉地方総監部技術部艦船課機関第2係長
	定金 成年	早大・機械	1941	1942		海上自衛隊・幹部学校研究部
○	大原 栄一	大阪高工・原動機	1941	1942		海上自衛隊・呉地方総監部技術部艦船課
○	渡辺 又衛	名大・機械	1942	1942	長崎製鋼長崎製鋼所	海上自衛隊・呉地方総監部技術部艦船所
	大橋 洸	東大・機械	1943	1943		海上自衛隊・需給統制幕技術部第1科長
○	菊地 光雄	多賀高工・原動機	1943	1943		海上自衛隊・横須賀地方総監部技術部航空機係
○	仲原 哲	東大・機械	1944	1944		海上自衛隊・横須賀地方総監部技術部
	井田 鉄太郎	京大・機械	1935	1935		(株)荏原製作所・東京営業所長
	池野 一寛	東大・機械	1938	1939		(株)荏原製作所・設計部
	涌井 淳	東大・機械	1941	1942		(株)荏原製作所・川崎工場製造部工務課長
○	畠山 清二	山梨高工・工作機械	1942	1942		(株)荏原製作所・取締役川崎工場長
	岩崎 巌	京大・機械	1933	1933	小松製作所工作部長	(株)小松製作所・取締役技術本部長
	林 達也	九大・機械	1940	1940		(株)小松製作所・粟津工場車両工作部
	安田 幸二	福井高工・機械	1941	1941		(株)小松製作所・粟津工場
○	富田 実	山梨高工・機械	1941	1941		(株)小松製作所・エンジン研究所
○	原 克郎	九大・冶金	1942	1942		(株)小松製作所・大阪工場鋳造部長
	草間 広	早大・応用金属	1941	1942		(株)小松製作所・鋳造部次長
	玉木 福宜	東大・機械	1933	1933		(株)日立製作所・電機事業部第二技術部
	竹入 信	東大・冶金	1938	1938	日立製作所勝田工場	(株)日立製作所・水戸工場製鋼部長

付表 2-1（2） 元海軍技術科（造機）士官の戦後

短	氏名	出身校・専攻	卒年	任官年	1951年勤務先	1960年勤務先
	松田 正彦	早大・機械	1939	1939	日立製作所日立工場	(株)日立製作所・火力建設部技師
	川村 文雄	東大・機械	1939	1939		(株)日立製作所・呉工場副部長
	岩永 博	阪大・冶金	1939	1939		(株)日立製作所・国分工場原料鋳造課課長
	藤田 攷平	東大・機械	1940	1940		(株)日立製作所・亀有工場
○	西原 章	金沢高工・機械	1941	1941		(株)日立製作所・栃木工場第一製造部圧縮機課課長
	斎藤 醇二	北大・機械	1941	1941	日立製作所本社技術部	(株)日立製作所・海岸工場タービン製造部
○	多賀 謙次	京大・機械	1942	1942	日立製作所笠戸工場	(株)日立製作所・笠戸工場
○	石丸 武	浜松高工・機械	1942	1942		(株)日立製作所・笠戸工場車両部鋼体課生産技術係主任
○	工藤 繁	仙台高工・機械	1942	1942		(株)日立製作所・多賀工場工具課
	島井 澄	阪大・機械	1941	1942		(株)日立製作所・日立工場原子力開発部原子力課長
	今村 好信	東大・機械	1942	1942		(株)日立製作所・茂原工場大型管製造部ブラウン管課長
○	佐藤 雪雄	横浜高工・機械	1941	1942		(株)日立田浦工場・取締役
○	久保田 勲	東大・機械	1943	1943		(株)日立製作所・笠戸工場ディーゼル機関製作課組立係主任
	原口 成人	九大・機械	1943	1943		(株)日立製作所・日立工場機械設計部計画課課長
	堀口 達也	東大・機械	1943	1943		(株)日立製作所・防衛課主任
	伊賀 準太郎	京大・機械	1941	1941	川崎重工業	川崎重工業(株)・造機工作部
	喜多 英夫	京大・機械	1941	1941		川崎重工業(株)・鉄鋼機械設計課長
	明石 源一郎	東大・機械	1943	1943	三菱工作機	川崎重工業(株)・明石工場第一内燃設計課長
	若林 幸二	東大・舶用機関	1925	1925	佐世保船舶工業会社	佐世保船舶工業(株)・佐世保造船所・機械設計部長
	佐喜真 稔	山梨高工・機械	1935	1939		佐世保船舶工業(株)・造機部長付
	木村 久吉	徳島高工・機械	1934	1942		佐世保船舶工業(株)・検査課長
	土屋 五郎	大阪高工・舶用機関	1921	1943		佐世保船舶工業(株)・顧問
	郡 俊太郎	旅順工大・機械	1943	1943		佐世保船舶工業(株)・佐世保造船所造機部機構課長
	宗本 和美	旅順工大・機械	1943	1943		佐世保船舶工業(株)・造船設計部設計課長
	田川 浩	早大・機械	1938	1938		新三菱重工業(株)・神戸造船所機関課長
	出雲路 敬博	東大・機械	1938	1938		新三菱重工業(株)・神戸造船所造機設計部次長
	貞森 俊一	東大・機械	1940	1940	中日本重工業	新三菱重工業(株)・神戸造船所造機設計部
	玉井 英一	大阪高工・原動機	1942	1942		新三菱重工業(株)・名古屋航空機製作所大幸工場技師
○	内田 省三	早大専・機械	1942	1942		新三菱重工業(株)・名古屋自動車製作所技師
○	橋岡 隆邦	九大・冶金	1942	1942		新三菱重工業(株)・三原製作所技師
○	飯田 庸太郎	東大・機械	1943	1943		新三菱重工業(株)・神戸造船所タービン設計課
○	林 巌	名大・機械	1944	1944		新三菱重工業(株)・名古屋航空機製作所技術部ロケット発動機設計課係長
	谷山 敏夫	阪大・応化	1940	1940	住所不明	住友化学(株)・新居浜製造所第二製造部長代理
○	今本 武男	明専・機械	1943	1943		住友化学(株)・新居浜製造所企画部
○	池田 正作	東大・機械	1943	1943	日新化学工業大阪本社技術部	住友化学(株)・新居浜製造所工務課
	小倉 隆夫	京大・機械	1941	1941	新扶桑金属工業製鋼所	住友金属(株)・小倉製鉄所第2圧延課長
	佐藤 輝顕	阪大・冶金	1941	1941	新扶桑金属工業吹田工場	住友金属(株)・車輌鋳鍛事業部
	松宮 惣一	京大・機械	1942	1942		住友金属(株)・車輌鋳鍛事業部設計部第一設計課長
	野崎 善蔵	阪大・冶金	1941	1941	日本油機製造機械課長	大同製鋼(株)・平井工場施設課長
○	吉川 禎一	大同製鋼	1942	1942	大同製鋼	大同製鋼(株)・築地工場製造第二課
	竹内 栄一	東大・機械	1942	1942	住所不明	大同製鋼(株)・平井工場技術課
○	鈴木 弘	東大・機械	1940	1940	東大助教授	東京大学・生産技術研究所教授
	渡辺 茂	東大・機械	1941	1942		東京大学・工学部機械工学科教授
○	内田 秀雄	東大・機械	1942	1942	東大助教授	東京大学・工学部機械工学科助教授
	野上 耀三	東大・機械	1941	1942		東京大学・理学部物理科
○	福本 保	東大・機械	1943	1943	東大工学部計測学教室	東京大学・工学部応用物理学助教授
	稲川 達	東大・機械	1937	1937	トヨタ自動車設計課長	トヨタ自動車工業(株)・技術部長

付表 2-1（3） 元海軍技術科（造機）士官の戦後

短	氏名	出身校・専攻	卒年	任官年	1951年勤務先	1960年勤務先
	薮田 東三	京大・機械	1940	1940	トヨタ自動車工業	トヨタ自動車工業（株）・技術部主査
	岩下 登	日大専・機械	1941	1941		トヨタ自動車工業（株）・技術部第二エンジン課第二係長
○	大野 憲三	名大・機械	1944	1944		トヨタ自動車工業（株）
	加藤 勝人	名古屋工専・機械	1944	1944		トヨタ自動車工業（株）・鋳造部
	実吉 郁	東大・機械	1941	1942	日産自動車設計部	日産自動車（株）・設計部車体設計課長
○	浜 善夫	北大・機械	1943	1943	日産自動車技術部	日産自動車（株）・横浜工場
○	田辺 金一	都立工専・機械	1944	1944		日産自動車（株）・外製品検査課
○	宮村 善之	金沢高工・機械	1943	1943		日本機械計装（株）・資材部次長
○	大沢 戻之助	名大・機械	1943	1943		日本機械計装（株）・取締役機械部長
○	音 桂二郎	東大・機械	1943	1943	金商	日本機械計装（株）・取締役社長
	山下 多賀雄	京大・機械	1937	1937		日本鋼管（株）・鶴見造船所鉄機設計部長
○	柴田 竜男	熊本高工・機械	1940	1940		日本鋼管（株）・浅野船渠造機部外業課
	浅野 良一	東大・機械	1940	1940	日本鋼管浅野船渠	日本鋼管（株）・鶴見造船所造機部
	本間 敬造	東大・機械	1941	1941		日本鋼管（株）・鶴見造船所原動機課長
	白石 邦和	東大・機械	1941	1941	住所不明	日本鋼管（株）・鶴見造船所鉄機設計部計画室課長
○	角 義信	早大専・機械	1941	1942		日本鋼管（株）・清水造船所造機部造機工作課外業係長
○	萩原 俊雄	山梨高工・精密機械	1943	1943		日本鋼管（株）・技術部
	杉原 健三郎	東大・機械	1943	1943	日本鋼管鶴見造船所	日本鋼管（株）・鶴見造船所造機部
○	中島 幹泰	東大・機械	1944	1944		日本鋼管（株）・鶴見造船所造機部作業課長
○	向井 潔	神戸高工・機械	1944	1944		日本鋼管鶴見造船所防衛庁監督官事務所
	古川 誠一	東大・機械	1940	1940		日本国有鉄道・本社審議室調査役
○	石井 達朗	東大・機械	1942	1942	運輸省	日本国有鉄道・信越地方自動車事務所
○	安藤 裕	九大・機械	1942	1942		日本国有鉄道・西部支社調査役
○	大平 照之	横浜高工・機械	1942	1942		日本国有鉄道・多度津工場鋳物職場長
	馬場 義文	東大・機械	1941	1942	東京鉄道管理局	日本国有鉄道・鉄道技術研究所車両性能研究室主任研究員
○	戸原 春彦	東大・物理	1942	1942	鉄道技術研究所有線通信研究室	日本国有鉄道・鉄道技術研究所物理研究室主任研究員
○	柴田 義正	宇部高工・機械	1942	1942		日本国有鉄道・広島工場車両課調査係長
○	石黒 寛	東大・機械	1943	1943	東京鉄道管理局大船工場	日本国有鉄道・吹田工場次長
○	安達 泰	北大・機械	1943	1943		日本国有鉄道・中部支社修車第二課長
○	水沼 清	仙台高工・機械	1944	1944		日本国有鉄道・仙台鉄道局郡山工場長
○	石井 和夫	徳島工専・機械	1944	1944		日本国有鉄道・中央鉄道教習所専門部機械科
○	佐野 恒夫	東北大・機械	1944	1944		日本国有鉄道・北海道支社修車二課長
○	山田 英彦	東大・機械	1942	1942		日本セメント（株）・埼玉工場工務課長
○	田中 亮一	名大・機械	1942	1942	住所不明	日本セメント（株）・八代工場工務課
○	近藤 武次	北大・機械	1943	1943	日本セメント門司工場	日本セメント（株）・大阪工場工務課長代理
○	小野 拓章	東大・機械	1944	1944	日本セメント本社	日本セメント（株）・生産部工務課長代理
○	黒田 敏夫	金沢高工・機械	1939	1939		日立造船（株）・因島工場
○	白崎 清義	福井高工・機械	1941	1941		日立造船（株）・桜島工場造機部造機課長
	谷口 肇	宇部高工・機械	1943	1943		日立造船（株）・因島工場総務部営業課陸機係長
	坂口 武	大阪帝大・機械	1943	1943		日立造船（株）・桜島工場
	中川 一徳	日大・機械	1943	1943		日立造船（株）・桜島工場陸機部化工機工作課長
○	山根 俊也	阪大・機械	1944	1944	日立造船桜島工場修繕課	日立造船（株）・桜島工場造機課長
	金田 肇	東工大・機械	1934	1934		不二越鋼材工業（株）・軸受製造所副所長
○	永井 元彦	名大・金属	1943	1943	不二越鋼材富山製造所	不二越鋼材工業（株）・軸受熱処理
○	大平 昌正	東工大・金属	1943	1943		不二越鋼材工業（株）・富山工場軸受製造第二部長
○	竹村 元吉	京大・機械	1943	1943	新潟鉄工所本店生産部	不二越鋼材工業（株）・機器部次長
	豊田 重夫	京大・機械	1927	1927		米海軍横須賀艦船修理廠・企画部長
	坪田 隆平	東大・機械	1928	1928	多治見製作所	米海軍横須賀艦船修理廠
	伴 玉雄	九大・機械	1934	1934		米海軍横須賀艦船修理廠・内業部長
○	伊藤 保二	仙台高工・機械	1938	1939		米海軍横須賀艦船修理廠

第 2 章　輸送機械・産業機械・電機へ

付表 2-1（4）　元海軍技術科（造機）士官の戦後

短	氏名	出身校・専攻	卒年	任官年	1951年勤務先	1960年勤務先
	伊東　勇雄	東大・機械	1935	1935	赤阪鉄工所	防衛庁・海上幕僚監部船舶課長
	南里　徳是	東大・機械	1935	1935		防衛庁・調達実施本部神戸駐在官事務所
	大西　専太郎	京大・機械	1936	1936		防衛庁・技術研究所技術開発室（GM付）第一班長
	中城　忠彦	京大・機械	1936	1936		防衛庁・技術研究本部第1研究所第5部長
	西田　元夫	東大・機械	1937	1937	保土谷化学化工機工場製造課長	防衛庁・調達実施本部調達管理第一課長
○	大原　信義	横浜高工・機械	1939	1939		防衛庁・技術研究本部第2開発官付・機関艤装第2設計班班長
○	塩田　高次	桐生高工・機械	1939	1939		防衛庁・第一幕僚監部補給課
	井上　昌三	東大・機械	1941	1942	東京芝浦電気	防衛庁・海上幕僚監部
○	岡　九二男	熊本高工・機械	1941	1942		防衛庁・海上幕僚監部海上自衛官
○	鯨井　専助	東大・機械	1942	1942	海上保安庁船舶技術部造船課	防衛庁・海上幕僚監部技術部艦船課機関班長
○	今野　達雄	多賀高工・精密機械	1942	1942		防衛庁・海上幕僚監部経理補給部補給課 2 等海佐
	坂田　和年	東大・機械	1941	1942	三菱化工機	防衛庁・技術研究本部技術開発官付
○	的場　正典	東大・機械	1943	1943	住所不明	防衛庁・鹿児航空工作所
○	浜野　清元	東大・機械	1943	1943		防衛庁・技術研究本部開発官付機関艤装第1設計班長
	新井　政太郎	東大・機械	1917	1917	新井農事機械化研究所	三井造船（株）・技術嘱託
○	小河　信正	神戸高工・機械	1941	1942		三井造船（株）・玉野造船所造機工作部作業課作業係長
	広瀬　可康	東大・機械	1941	1942	住所不明	三井造船（株）・玉野造船所造機設計部原動機設計課長
○	土屋　玄夫	名大・機械	1944	1944		三井造船（株）・玉野造船所造機設計部設計課
○	村川　勇	熊本高工・機械	1940	1940		三菱造船（株）・長崎造船所第二機械工場第三工作係長
	臼井　多七郎	東大・機械	1941	1941	西日本重工業長崎造船所造機部	三菱造船（株）・長崎造船所工作部
	藤沢　正武	東大・機械	1941	1941	東日本重工業	三菱造船（株）・長崎造船所造機設計部長付
○	山村　秀雄	宇部高工・工作機械	1941	1942		三菱造船（株）・下関造船所設計部造機設計課舶用機械課
	西　哲煕	東大・機械	1941	1942	西日本重工業長崎造船所造機部	三菱造船（株）・長崎造船所造機工作部第一機械工場
○	山口　繁雄	阪大・機械	1942	1942	西日本重工業長崎造船所	三菱造船（株）・長崎造船所ディーゼル部舶用補機課長
○	河喜田　賢二	九大・機械	1942	1942		三菱造船（株）・本社研究部
○	中島　梓	久留米高工・機械	1943	1943		三菱造船（株）・長崎造船所
○	荒牧　音次	久留米高工・機械	1943	1943		三菱造船（株）・広島造船所造機設計部
○	原口　紀	大阪高工・機械	1944	1944		三菱造船（株）・長崎造船所汽罐設計部舶用汽罐課
○	中村　幸雄	京大・機械	1942	1942		三菱電機（株）
○	中原　四郎	阪大・機械	1941	1942	三菱電機名古屋製作所	三菱電機（株）・静岡製作所
○	堀川　嶽義	熊本高工・機械	1941	1942		三菱電機（株）・長崎製作所工作技術副課長
	坂田　隆明	東大・機械	1938	1938	東日本重工業横浜造船所	三菱日本重工業（株）・横浜造船所造機工作部次長
	荒井　斎勇	東大・機械	1939	1939	東日本重工業玉川機器製作所	三菱日本重工業（株）・東京製作所川崎製造部
	沢本　淳	九大・機械	1939	1939	東日本重工業横浜造船所	三菱日本重工業（株）・舶用機械課長
○	高橋　悦郎	秋田鉱山・機械	1938	1939		三菱日本重工業（株）・横浜造船所艦艇内燃機設計課
	志賀　隆二	東大・機械	1939	1939	住所不明	三菱日本重工業（株）・横浜造船所修繕部機関課長
	沼田　耕	東大・機械	1942	1942	東日本重工業	三菱日本重工業（株）・東京自動車製作所発動機技術部
	山内　忠	東大・機械	1941	1941	住所不明	三菱日本重工業（株）・横浜造船所製缶工場長
○	伊藤　正夫	横浜高工・機械	1941	1942		三菱日本重工業（株）・横浜造船所造機工作部工務課工程係長
○	三浦　直次	仙台高工・機械	1942	1942		三菱日本重工業（株）・横浜造船所造機設計部中型内燃機設計課

付表 2-1（5）　元海軍技術科（造機）士官の戦後

短	氏名	出身校・専攻	卒年	任官年	1951年勤務先	1960年勤務先
	武田　勝	東大・機械	1941	1942	東日本重工業横浜造船所	三菱日本重工業(株)・横浜造船所造機設計部中型内燃設計課長
	松本　和夫	東大・機械	1941	1942	東日本重工業横浜造船所	三菱日本重工業(株)・横浜造船所造機設計部ボイラ設計課長
○	田中　博	東大・機械	1943	1943		三菱日本重工業(株)・東京自動車製作所発動機技術部第1設計課長
	近藤　市郎	東大・機械	1920	1920	国際船舶工務所常務取締役	ヤンマーディーゼル(株)・専務取締役
	横井　元昭	京大・機械	1929	1929	山岡内燃機設計部長	ヤンマーディーゼル(株)・常務取締役
	山田　陽一	東大・機械	1939	1939	三洋商会	ヤンマーディーゼル(株)・東京支店東京第二販売部長
	安間　恒夫	阪大・機械	1941	1942		ヤンマーディーゼル(株)・神崎工場工場長
	山岡　浩二郎	阪大・機械	1941	1942	山岡内燃機	ヤンマーディーゼル(株)・常務取締役
○	北川　健一	東大・機械	1943	1943		ヤンマーディーゼル(株)・製造部計画一課長
○	堀口　丈夫	金沢高工・機械	1941	1941		陸上自衛隊・資材統制隊補給管理課長
○	畑　誠輝	明専・機械	1941	1942		陸上自衛隊・生徒教育隊教育科第2教官室長
○	横山　力	長岡高工・機械	1943	1943		陸上自衛隊・施設補給処技術仕様班長
○	折下　恒義	徳島高工・工作機械	1943	1943		陸上自衛隊・武器学校教官

出所）学士会編『会員氏名録』昭和26・27年版，1951年，および生産技術協会編『海軍技術科（造機）士官名簿』昭和35年12月末現在，1961年。

注）(1) ○印は短期現役。

第3章

土木国家の源流
——元海軍施設系技術者の戦後——

はじめに

　巨大組織である海軍はさまざまな技術者を擁していたが，そのなかには土木・建築関係の業務を担う技術者もいた。彼らが所属したのが海軍施設本部であり，同本部は海軍省の内局である建築局（1923年4月設置）が41年8月に改編されて創設され，海軍艦政本部，海軍航空本部と並ぶ外局機関であった。海軍施設本部は築城施設および一般施設に関する土木建築の計画，審査，研究並びに実験に関する事項，技術下士官以下の教育，土木建築の実施を所掌した。本部は総務部，第一部および第二部からなり，総務部第一課は水陸施設一般，人事庶務等，同第二課は予算，土木建築資材の準備供給等，第一部第三課は工務一般，第一部第四課は外地工務，第一部第五課は土木，第一部第六課は建築，第二部第七課は調査，第二部第八課は実験に関する事項を担当した。創設当初の海軍施設本部の陣容は，士官20名（うち兼務6名），高等文官69名，特務士官1人，判任文官252名であった[1]。

　海軍施設系技術官は文官（技師，技手など）であって，武官（兵科将校，機関科将校，各科の将校相当官）ではなかった。将校相当官のなかの軍医，造船，造機，造兵の各科にあった委託学生制度は施設系にはなく，建築局における採用者は少なく，土木・建築合わせて戦前は毎年2名程度であった。しかし戦時期に入って施設系人材の需要が急増すると，新規採用者の増加だけでなく，他省庁，県市職員の転換採用が行われた。しかしそれでも足りず，1941年6月には徴用令によって，民間企業から土木・建築技術者を徴用充員した。武官転換

者を除くと，徴用技師の数は45年4月時点で217名に達した[2]。

1941年10月には施設系に対しても兵科予備学生制度[3]が設けられ，同年12月卒業の施設系学生50名が採用され，翌月から教育が開始された。兵科士官として任官した者は，42年の施設系技術科士官制度の発足後も兵科士官として勤務した。42年11月には造船，造機，造兵の各科は技術科に統合されるが，施設系は造兵に属した。また42年に施設系の委託学生制度が創立され，短期現役士官制度も適用されるようになった[4]。

1942年以降になると施設系文官の武官への転官が進められた。転官措置には命令系統の整理だけでなく，文官技師の徴兵召集による陸軍採用を防ぐ意図もあった。42年9月，43年9月，44年9月の技術科士官（永久服役および短期現役）任官数は5981名に及び（前掲表序-2参照），そのうち約600名が施設系であった[5]。

本章ではこうした海軍施設系技術者（文官・武官）の戦後における軌跡を考察する。次節でみるように海軍施設系技術者の多くは，戦後運輸省運輸建設本部（運建）に集団として移り，その後も建設省を中心にして日本国有鉄道（国鉄）や特別調達庁に移っていった。もちろん一方では戦前の職場に復職する者や最初から民間部門で働く者もいたが，これだけの規模で集団として戦後を切り開いていったケースは造船官や造機関係技術者には見られない。こうした海軍施設系技術者の特質に留意しながら具体的な検討を行いたい。

1 運輸省運輸建設本部の役割

海軍技術者の軍民転換過程を考えるうえで見逃すことのできないのが，1945年8月30日に設置された運輸省運輸建設本部（運建）である。運輸建設本部は「旧海軍施設本部の組織力と資材を戦後の復興建設のために活用するとの見地からこれを移管吸収し，これと地下建設本部[6]とを合体して設立」された。運輸建設本部長は運輸次官が兼務（後に鉄道総局長が兼務）し，総務部，第一工務部（調査課，第一課［土木］，第二課［建築］，第三課［機械］。旧海軍系），第

二工務部（計画課，土木課。旧運輸省系）の 3 部，および技術員養成所（旧野外実験所）がおかれ，東京をはじめとして 13 カ所の地方建設部（旧海軍系 9 カ所および旧運輸省系 4 カ所）が設置された。運輸建設本部は所期の目的を果たしたとして，48 年 7 月の建設省の設置に際して同省に移管された[7]。

敗戦後約 2 週間後に慌ただしく設置された運輸建設本部の設立経緯をもう少し詳しくみると次のようであった[8]。玉音放送を聞いた直後，鍋島茂明中将・海軍施設本部長から本部員に対して，国土復興事業を実現してほしいとの訓話があった。8 月 15 日当日，鍋島本部長は海軍施設本部を内閣直属の国土復興機関とする構想を携えて，海軍次官多田武雄中将を訪ねた。翌 16 日の各省次官会議において多田海軍次官は鍋島構想を提案した。議論の結果，(1) 海軍施設本部所管の機材を受け入れ機関に移管する，(2) 移管は降伏調印前に完了するという条件で，海軍施設本部は運輸省が引き受けることとなった。この決定には受け入れを申し出た長崎惣之助運輸次官の役割が大きかった。

終戦時の海軍施設本部は創設時と同じように総務部，第一部，第二部の 3 部・8 課から構成され，横須賀，呉，佐世保，舞鶴，大湊，鎮海（朝鮮），高雄（馬公，台湾），大阪の各施設部の他にも第一（上海），海南，第四（トラック），第八（ラボール），第 101（シンガポール），第 102（スラバヤ），第 103（マニラ）の施設部を有していた。さらに横須賀，呉，佐世保，大湊，海南の各施設部はそれぞれ名古屋，松山，鹿屋，札幌，香港の各支部をもっていた[9]。海軍施設系の人員は高等官（技術科士官，技師）および判任官（技術兵曹長，同兵曹，技手）を合わせて約 8200 人，雇員約 1 万人，技術兵約 3 万 3000 人，工員約 50 万人であり，所管機械は帳簿価格で約 4 億円であった[10]。

海軍省と運輸省の打ち合わせで 8 月 20 日過ぎには受け入れ機関の名称を運輸省運輸建設本部（通称運建）とすることが決まり，運建は旧海軍補給部跡に置くこととし，本部の業務を分掌させるために，9 カ所の鉄道局所在地（札幌，仙台，東京，新潟，名古屋，大阪，広島，四国，門司）に地方建設部が設置された。8 月 28 日付で「旧海軍施設系職員の全員は，運輸建設本部の嘱託（無給）とする」という発令が出された[11]。

しかし 9 月になって占領が開始されると，連合国軍最高司令官総司令部

(GHQ/SCAP) からはすべての陸海軍機材の接収, 陸海軍軍人の官吏任官禁止が命じられ, 各施設部で機材集結の任に当たっていた関係者が機材横領の嫌疑で米軍に逮捕される事件がしばしば発生した。軍人の官吏任官禁止命令は運輸建設本部の運営にとって大きな制約となったが, 終戦連絡事務所を通してパージ解除の嘆願書を 10 月 23 日付で提出し, その後の粘り強い交渉が奏功して 12 月 11 日付でパージ解除が申し渡された。この間に多田海軍次官からは「海軍の復員事業は総て G・H・Q から解散を命ぜられ, お前達の所が唯一つ残った。これだけは是非成功して欲しい。外地部隊の復員も後何年掛かるか判らぬ。帰国する人達の収容も出来るように考えて呉れ」との伝言があった[12]。

しかし, 運輸建設本部の各建設部全員が無給であったため, 運建から離れる者も出始めていた。そうしたなかで短期現役士官制度によって海軍施設系で勤務し, 終戦後は大蔵省に復帰した主計官たちの援助によって, 1946 年 1 月 30 日付勅令第 51 号および同 31 日付運輸省告示第 17 号をもって運輸建設本部が正式に設立され, 予算・定員も設定された。この措置によって任官発令が可能となり, 定員総数 5543 人（うち技師・事務官 297 人, 技手・書記 1301 人, 雇員以下 3945 人）の運輸建設本部が誕生することになった。3 月末には各地方建設部長以下総員の発令が完了し, その後復員者も希望者は任官されることになった[13]。

運輸建設本部に適用された「歳入歳出外現金会計」という特殊な会計方式では, 給与は国から支給されるものの, それだけの資金を運建で稼いで年度末に国庫に返納するという仕組みであった。そのため営利事業を行う官庁として, 運建は一般民間業者に伍して競争入札に参加した。また海軍から移管された機材の帳簿価格は 4 億円だったが, 時価はその 10 倍はあるといわれた。GHQ は海軍機材の運輸省移管はポツダム宣言違反だとして厳しく追及したが, 運建側は 9 月 2 日の降伏発効以前の政府の処置だと反論し, 1946 年 2 月に事後承認となった[14]。

運輸建設本部が担当した工事は, 鉄道関係と駐留軍工事が中心であった。1945 年度受注高 8200 万円（消化高 3300 万円）に対して, 46 年度は 3 億 6100 万円（2 億 5500 万円）に上ったが, インフレ下の人件費急増に追いつけず, 経

営は困難であった[15]。

　一方，1946年12月には内務省の土木技術者が中心となって全日本建設技術協会が結成され，同会は総合建設省の設置運動を展開した。運建の労働組合においても運建は将来鉄道関係に吸収されるべきか，総合建設省に入るべきかをめぐって議論が行われ，建設省派が多数を占めるようになった。運建本部は47年2月3日付陳情書「新設建設省に運輸建設本部を統合する事について」を作成して，関係方面への働きかけを強めた。48年5月14日の閣議決定にもとづいて[16]，建設院（48年1月に内務省国土局などを移管して設置）と運建を統合して同年7月10日に建設省が設置された。建設省発足とともに運輸建設本部は建設省建設工事本部，地方建設部は地方建設工事部と改称し，本部長は48年11月26日から建設次官が兼務した。建設省建設工事本部の職員は2686人，技官は665人であった[17]。

　1948年度に入ると運建の人員の一部は新設の特別調達庁（47年9月発足）に移り，その後国鉄（49年6月発足）にも移った。49年1月に建設省建設工事本部の建築職員は，旧大蔵省営繕部門の職員とともに，建設省営繕局と地方建設局営繕部を構成することになり，同年6月には各地方建設局（地建）に営繕部が設置された。51年5月に建設省建設工事本部は廃止され，土木職員は建設省，地方建設局所属となった。こうして旧海軍施設系技術者・労働者を特別調達庁，建設省，国鉄などに送り届けるという使命を果たして，運建，建設省建設工事本部は短い存立期間を終えた[18]。

2　元海軍施設系技術者の戦後

　付表3-1（1）～付表3-1（7）は，旧海軍施設系技術官の親睦団体である霞会の会員の戦後における状況を概観したものである。同表から明らかなように，その多くは大学・高等工業学校を卒業した技術科士官（文官から武官への転官を含む），海軍技師であり，総数は296名である。旧海軍施設系技術者の一部にすぎないが，彼らの戦後における軌跡を教えてくれる貴重なデータといえる。

1) さまざまな戦後

　付表 3-1（1）～付表 3-1（7）からは海軍施設系技術者のさまざまな戦後の軌跡を垣間見ることができる。運輸建設本部から建設省，さらに民間へと移るものが多いが（運建―建設省―民間企業の異動は 37 名），建設省から各都道県，各市に移る者，建設省から日本住宅公団，日本道路公団，北海道開発局などを経て民間に移る者も珍しくない。復員して元の職場である大阪市や神戸市に復職できる者もいるが，復員後最初から民間企業で勤務し，自営業に従事する者もいる。また特別調達庁から警察予備隊，防衛庁，防衛施設庁へと異動する者も少なくない。

　海軍施設系技術者の高度成長期の職場としては，建設省，公社公団，日本国有鉄道，防衛庁，地方自治体といった公共部門が目立つが，一方で民間企業，自営，教員として活動するものも多い。産官学のあらゆる部門で活動していたといえよう。1972 年時点で民間建設会社の常務取締役に就任していた元海軍技術少佐は「技術士官教官の御蔭で現在の会社の営業に絶大なるプラスである事心から感謝する次第」（付表 3-1（4）参照）と述べており，海軍時代の人的ネットワークが戦後 27 年を経てもなお有効であったことを物語っていた。

2) 土木建築技術者の軌跡

　以下では海軍施設系技術者として敗戦を迎え，戦後は土木建築技術者として活躍した 11 人の事例をみてみよう。彼らの多様な経路をみることで，旧海軍施設系技術者と戦後復興・高度成長との広汎な関わりの一端を検討してみたい。

防衛庁建設本部長：山田誠

　1927 年に東京帝国大学工学部建築学科を卒業した山田誠は大阪府に勤め，その後海軍に入って海軍技術中佐として終戦を迎えた。戦後は運輸建設本部を経て建設省中国四国地方建設局営繕部長を務め，50 年に警察予備隊に出向し，後に防衛庁建設本部長に就任した。62 年に退官し，翌 63 年に巴組鉄工所取締役副社長に就任した（付表 3-1（6）参照）。

　防衛庁建設本部長時代の山田は，1957 年 6 月 13 日の参議院決算委員会において，防衛庁発注工事の仕組みおよび組織について，「中央に建設本部という

ものがございまして，出先に五つの全国に建設部というものがございます。これが全国の担当区域がきまっておりまして，その区域の建設部で設計をいたしまして，それで入札する。で，建設業者が決定いたしますと工事が開始するわけです。その工事中は現場の監督をいたしまして，完了まで現場監督をいたしまして，竣工検査をいたしまして，工事が完了するという経過でございます[19]」と説明している[20]。

また1958年7月1日の参議院決算委員会において，山田は建設関係の入札制度について，「入札の制度は，登録制度を採用しておりまして，各業者から登録をしていただいております。その登録によりまして大中小いろいろございまして，それによりまして一応のランクをつけております（中略）資本金あるいは技術者の能力，あるいは機械その他の保有力とか，そういうことで，この点数制度でやりまして，これは大体建設省の登録制度がございまして，それを一応アプライしております[21]」と解説した。

設立当初の防衛庁建設本部は設備，人的構成の面でも不十分な点が多く，そうした不足を建設省からの支援で補いつつ全国の防衛施設を整備していった[22]。海軍，運輸省運輸建設本部，さらに建設省を経て防衛庁建設本部長に就任した山田の存在が，防衛庁建設本部と建設省の連携をより確かなものにしていたのである。

鹿島建設取締役：江藤礼

1904年生まれの江藤礼は京都帝国大学工学部土木工学科を卒業，その後神戸高等工業学校教授に就任した[23]。戦時中に武官に転換して海軍技術中佐として終戦を迎えた。戦後46年に復員し，鹿島組（現鹿島建設）に就職した（付表3-1（1）参照）。

1947年に鹿島組理事であった江藤は「鹽田濃縮地盤の築造に就て」と題する論文を公表しているが[24]，当時食糧用と工業用を合わせて塩需要量は年間200万トンといわれ，一方国内塩田による生産量は60万トンしかなく，140万トンの塩輸入の見通しは立っていなかった。専売局は自給製塩を奨励し，工費の8割を補助する方針であったが，江藤の論文もこうした戦後直後の状況に対応したものであった。

1949年当時江藤は四国支店長であったが，ドッジ・ラインによる緊縮予算のために公共工事がほとんど中断となり，社員整理の話も持ち上がるなかで百数十人の若手社員は労働力として現場で働き，急場を凌いだ[25]。

1963年に鹿島建設取締役であった江藤は，中空式重力ダムに関する論文を発表した[26]。本論文は鹿島建設が施工した四国電力穴内川ダム（高さ70m，堰長234m）で採用された新工法を紹介したものであり，特許申請中の技術であった。この工法は中空式だけでなく，アーチダム，バットレスダム，その他コンクリート構造物に応用可能であり，その経済性も期待された。

神戸高等工業学校教授，海軍技術科士官を経て戦後鹿島組に就職した江藤は，戦後直後は塩田地盤の研究に取り組み，鹿島建設取締役に就任した後も水力発電ダムに関する研究を続けた。時代の要請に応じた土木技術者としての江藤の活動は戦前から戦後高度成長期にかけて継続された。

水道技師の軌跡：杉野進

1934年に名古屋高等工業学校土木学科を卒業した杉野進（付表3-1（3）参照）は内務省，鉄道省，大阪市水道部に願書を提出したが，最初に採用が決まった大阪市水道部に就職した[27]。43年に横須賀海軍建築部から海軍技術中佐が大阪市水道局を来訪し，水道担当の技術者を募集した。待ち焦がれていた杉野はこれに応募し，ただちに海軍技手として採用された[28]。杉野の海軍での生活は43年7月から約2年間であった。この間に技手から技師に昇任し，45年春には武官に転官して技術大尉になり，設営隊長として兵600余名をあずかった。設営隊長としての業務は四日市の燃料廠を岐阜県揖斐郡に移転疎開させることであった。しかし6月と7月の2回，疎開元の燃料廠が爆撃を受けて大損害を受け，終戦を迎えた[29]。

岐阜県内にいた杉野の部隊の希望者は名古屋鉄道局管内の運輸建設本部の名古屋地方建設部に所属し，杉野は一般土木だけでなく水道工事を主管した。1948年6月に福井大地震が発生した。各都市から水道の復旧班が駆け付けたが，鉄道については運建が独自で担当した。SL用タンクの修復，配管の復旧では44年の南海大地震の体験が役立った[30]。

1948年7月の建設省の発足に際して杉野は本省の水道課を志願したが実現

せず，中部地方建設局の工務部に配属された．中部地建は旧内務省名古屋土木出張所が昇格したもので，技術系は調査と工務の二部制であり，工務部には河川，道路，砂防の 3 係がおかれた．53 年暮に三重県営で四日市と松阪に工業用水道が建設されることになり，翌年杉野は水道専業の世界に戻った[31]．61 年に三重県企業庁が発足し，杉野は工業用水道課長として本庁に入った．65 年の春，北伊勢工業用水道第二期の完成と前後して，新設の中部工業大学から恩師の招きを受けた杉野は同大学助教授に就任した[32]．

戦争末期の杉野の仕事は燃料廠の移転疎開業務であり，水道技師としてのキャリアは切断された．しかし戦後はふたたび水道事業に復帰し，その後は震災復旧事業，建設省中部地方建設局の業務を担当し，杉野が水道の世界に戻るのは 1954 年のことであった．

建設省技官：小林清周

1934 年に東京工業大学建築学科を卒業した小林清周は（付表 3-1 (2) 参照），「清水建設を 30 秒で落ち，海軍省を 30 秒で合格」して，海軍省に入った[33]．これは清水建設の面接の際に途中で社長が入ってきたとき，だれだかわからず挨拶をしなかったところ，専務から「君は請負に向かない」と断られ，その話を海軍省の面接でするとその場で合格となったということからきている．海軍省では横須賀海軍建築部に入り，建築学会の鉄骨構造委員会で活躍した．その後本省建築局の技師，さらに技術少佐となり，南洋諸島の燃料庫や飛行場を作ったが，後にアメリカとの桁違いの技術格差を痛感させられることになる．

戦後運輸建設本部を経て建設省に入省した小林は，関東地方建設局の営繕計画課長，本省の営繕局計画課長を務めた．計画課長時代に建設省の営繕業務の基礎となる合同庁舎実態調査，予算要求の根拠となる緊急度判定基準，特別修繕費のアイデアなどを推進し，さらに保全問題では「官庁建物管理公社法案」構想も作成したが，これらはいずれもアメリカの思想や制度から強く影響を受けたものであった．小林は GHQ の担当官からアメリカで実施されている合同庁舎建築を慫慂され，さらに建物の維持管理の重要性をアドバイスされた．これを契機に小林は日本建築学会に願い出て建築経済委員会を設置し，他省からの委員とともに専門委員として「耐火建築物の維持保全に関する研究」を完成

させた。

　1955年に小林は近畿地方建設局営繕部長に着任した。大阪は終戦直前に勤務した地であり，この時期の近畿地建は第一合同庁舎や神戸港湾合同庁舎の建設で活気に満ちていた。60年の退官後，小林は鴻池組取締役（研究担当）を経て，63年に大阪工業大学教授に就任し，建物の維持管理に関する研究を進めた。

　戦時中は燃料廠，飛行場などの海軍施設建設に携わった小林は後にアメリカとの大きな技術格差を痛感させられることになるが，戦後にはGHQ担当官から合同庁舎建築を慫慂され，また建物の維持管理の重要性を助言される。この二つのテーマは小林のその後の活動の柱となり，後者に関する研究成果が『ビルの維持管理』（森北出版，1957年）に結実する[34]。

東京電力から日本原燃サービスへ：小林健三郎

　1935年に京都帝国大学工学部土木工学科を卒業した小林健三郎は，同年に神戸市役所に入った。終戦を海軍技術少佐で迎えた小林は小林組社長，協同建設社長を経て，53年に東京電力に入社した（付表3-1（3）参照）。70年に取締役，77年に常務取締役に就任した小林は，80年に日本原燃サービス取締役副社長，84年に代表取締役社長に就任した[35]。

　小林は原子力発電所立地に関する研究を進めながら，福島原子力発電所の計画，建設に従事した。1963年に福島原子力発電所建設に関する構想を固めた東京電力は県当局に対し設置申し入れおよび用地買収方を依頼し，64年6月に大熊町から1.8 km^{2}を買収し，後に隣接する双葉町から1.1 km^{2}を買収した。5.25 km^{2}の海域を漁業権消滅区域として補償問題を解決した東京電力は66年6月に敷地造成工事に着手し，71年3月に1号機が運転を開始した[36]。

　1971年に東京電力取締役公害総合本部副本部長であった小林は，原子力発電のコストと安全性について次のような議論を行った。「100万キロ（ワット―引用者注）くらいになりますと，大体現在の火力と同じくらいのコストですが，原子力の方はおそらく機械製作面から言えば，ラージユニットに上げられますので，次のステップとして150万キロくらい考えますと，原子力の150万キロと，火力の150万キロと対応しますと，原子力の方がやや安いということにな

るわけです」とし，地震や人口密度といった日本固有の事情に触れつつも，安全性に関して小林は「一応放射能の安全性など，いろいろの問題につきましては，今の基準からいきますと，十分その基準値より下回るという確信を持ちまして，地点の計画なり，いろいろの設備なりをやっております」と語っている[37]。

1984 年に小林は「現在の全発電量の二十％は原子力によるもので（中略）十数年間に原発は国民の間に定着したと思うんです。それに，日本は水力にも石油にも恵まれていないから，今後とも原発は伸びるだろうし，伸ばさなきゃいけない」と語り，再処理技術の展開について，「動力炉核燃料開発事業団（動燃）が日本の再処理技術の大半を持っていて，動燃のこれまでの蓄積がたいへん役立ちます。その動燃の技術，知識，メンバーを核にし，それに海外の技術を加味してわれわれ独自のものをつくりたい」というのが小林の抱負であった[38]。

鹿島建設副社長：橋本正二

1935 年に京都帝国大学工学部土木工学科を卒業した橋本正二（付表 3-1（5）参照）は鹿島組に入社したが，「そのころは大学を出て請負業に行くひとが少なかったので特別の待遇を受け」たという[39]。41 年 1 月に海軍に徴用され，木更津，館山，松島などで基地施設や工場づくりを指揮した。45 年 4 月に海軍技術少佐となり，いくつかの建設部隊を統括する静岡総合事務所長となるが，当時を「32～33 歳の血気盛り，使命感にも燃えていたので，充実した生活でした」と振り返っている。

復員後鹿島組に復職し，新潟県で日本初の機械化工事による三面ダムの建設に参加し，茨城県東海村では荒海から原子炉の冷却水を取水する工法を開発して科学技術庁功労者賞を受賞した。支店長，常務取締役，専務取締役を経て1979 年に副社長に就任し，建設業界最大の課題であった下請業問題に取り組み，81 年 2 月に鹿島道路社長に就任した。

戦時中の徴用工を使った施設工事において橋本は工事方法を労働者の自主管理に委ね，工事が早期に完成した場合は残りの日数を休暇とすることを約束し，その約束を果たしたという。鹿島道路の社長に就任した後も橋本は現場に出か

け，「プレーイング・マネージャー」と称された[40]。

防衛庁からバスターミナル建設へ：加藤善之助

1936年に東京帝国大学工学部建築学科を卒業した加藤善之助は海軍省建築局に入り，終戦後は運輸建設本部，戦災復興院，特別調達庁を経て，防衛庁建設本部に入った（付表3-1 (2) 参照）。56年に防衛庁大阪建設部長であった加藤は大阪建設部の所管業務を説明し，同部が陸上・海上・航空自衛隊および附属機関の施設建設ならびに用地取得，財産の管理を行い，管轄府県が2府17県であり，岡山，広島，鳥取，島根，愛媛，香川の6県については，大阪建設部広島支部が業務を分掌しているとした。また管轄府県において建設省の中部・近畿・中国四国地方建設局の各営繕部委託工事として施設建設を委託する場合があることを指摘した[41]。防衛庁は先にみたように入札制度の具体的ノウハウを建設省から学んだだけでなく，施設建設においても建設省の各地建に委託する場合があったのである。

1961年に防衛庁を退職した加藤は郷里の名古屋鉄道に入社したが，64年には同社が計画していた本格的なバスターミナルについて紹介した。このとき加藤は同社バスターミナル建設事務所長であり，66年からの供用開始を目指していた[42]。

建設省建築研究所：平賀謙一

平賀謙一（付表3-1 (5) 参照）は1937年の東京帝国大学工学部建築学科卒業と同時に大倉土木（現大成建設）に入社し，その後海軍施設本部を経て，運輸省運輸建設本部沼津技術員養成所に入り，副所長を務めた[43]。沼津技術員養成所は元海軍施設本部の野外実験所であり，同所の木工機械工場は日本一の内容を誇った[44]。平賀はここで木造プレハブ住宅を研究し，49年6月に養成所の建築関係の研究員ほか10名を連れて建設省建築研究所に合流し，事務員を除いて全員が第4研究部の研究員となり，平賀は同部長に就任した。

第4部長になった後も平賀の軽量コンクリートに関する研究は続き，研究開始後5年を経て軽量コンクリートが構造用コンクリートとして初めて高層建築に使われた。使われた建物は渋谷の東横デパートであったが，現場コンクリートの試験は1000回を超えた。その後軽量コンクリートは東京都庁舎，合同庁

舎などに使われるようになった。続いて平賀はコンクリート建築のプレハブ化を研究テーマに掲げた。1955年には日本住宅公団から補助金を得て実物大の実験家屋を作って耐震実験を行った。62年9月に平賀は建築研究所の第3代所長に就任し，研究所に都市計画・都市環境のなかの建築という思想を導入することに努めた。

建築研究所長に就任した後も平賀はコンクリートパネル構造による住宅に関する研究を進め，工場生産による部品を使用したプレハブ化の推進に貢献した。

都市計画：大塚全一

大塚全一は1939年に東京帝国大学工学部土木工学科を卒業後，山口県に就職して都市計画を担当し，その後海軍に勤務した（付表3-1（2）参照）[45]。戦後は武蔵工業専門学校教授を短期間務め，再び都市計画を担当することになり，大阪府の都市計画課，奈良県の道路課に足掛け11年奉職し，57年から建設省に勤務した。途中2年ほど首都高速道路公団に出向したが，66年に中国地方建設局長で退官するまで都市計画と道路の分野で活躍した。その間に都市局技術参事官として東京オリンピック関連事業の取りまとめに当たった。建設省退官後は東京都の道路監を経て，69年からは帝都高速度交通営団（地下鉄）理事として軌道駅舎等の建設保守に関与した。75年には工学博士を授与されるとともに，早稲田大学理工学部教授として85年まで学部学生，大学院生を指導し，70歳で退職した。

大阪府都市計画課時代に大塚の下で働いた武蔵高校の後輩でもある石川允によると，大塚は戦災復興，府下各市町村の幹線街路網（地方計画と称した）の整備に尽力した。また大塚は大阪の都市計画街路「築港深江線」の高架を提唱し，併せて周辺の問屋をその高架の下に入れる重構造の再開発を提案した[46]。

団地と新国立スタジアム：大島久次

1940年に東京工業大学工学部建築学科を卒業した大島久次は海軍省建築局に入り，43年に転官し，海軍技術大尉として終戦を迎えた。戦後は運輸建設本部の設立委員の一人となり，建設省に入ってからは営繕局に勤務し，64年に監督課長を最後に退職し，千葉工業大学教授に就任した（付表3-1（2）参照）。

大島は1952年に発表した論文で団地機能と団地外環境の調和に留意しつつ，

団地を「有機的に，合理的に，経済的に且つ美観的に総合建設すること」の重要性を指摘した[47]。さらに 57 年の論文において大島は「新国立スタジアム」の新設状況について説明した[48]。大島の一貫した研究テーマは地震を念頭においた建築材料・工法の研究であり，その対象は軽量コンクリート，砕石コンクリート，海砂利用，鉄筋コンクリート造のひび割れ防止，プレストレスト・コンクリートなど広範囲に及んだ[49]。

治水事業：古賀雷四郎

1940 年に九州帝国大学工学部土木工学科を卒業した古賀雷四郎（付表 3-1 (3) 参照）はただちに海軍省建築局に入ったものの，約 1 年後に久留米の工兵連隊に召集され，その後幹部候補生として相模原の兵器学校に入学した。太平洋戦争が始まると下関の要塞指令部に派遣され，終戦時は西部軍司令部付きの中尉であった。戦後は筑後川工事事務所の嘱託から出発して，同事務所の機械，企画課長，事務所長を歴任し，59 年に建設省河川局治水課専門官，61 年に北海道開発庁水政課長，63 年に河川局治水課長，66 年に河川局長，68 年に技監に就任した。70 年に退官し，71 年に参議院議員に当選した[50]。

河川局治水課長の古賀が治水事業・新長期計画について語っている[51]。1959 年の約 4 万 7000 人の死傷者を出した伊勢湾台風の甚大な被害を契機に，60 年に治山治水緊急措置法，治水特別会計法が成立し，同年 12 月には治水事業 10 カ年計画が閣議決定された。本計画は 60〜69 年度に総事業費 8500 億円（前期 5 カ年 3650 億円，後期 5 カ年 4850 億円）の治水事業を行うものであったが，61 年の第 2 室戸台風をはじめその後も大きな災害が続いた。その対策として緊急治水事業が行われたため，10 カ年計画の実施が危ぶまれた。そこで治水事業に関する新長期計画が構想され，予算規模は 64〜68 年度 5 カ年で 1 兆 4000 億円に上った。

古賀の政治家への転身には第五高等学校の先輩である佐藤栄作および郷里佐賀出身の保利茂からの要請が大きかった。参議院建設委員会に入った古賀は年来の課題である災害被災地からの集団移転問題および水源地対策特別措置法の立法化に精力的に取り組んだ[52]。

3 元海軍施設系技術者の活動と発言

　元海軍施設系技術者は，戦後の運輸省運輸建設本部を経て建設省をはじめとする官民のさまざまな部署で高度成長を支えるインフラ・建築物整備に邁進した。以下ではこうした彼らが残した発言のいくつかをみておこう。

　1933年に早稲田大学理工学部建築学科を卒業した河東義方は呉海軍建築部に入り，44年に転官して技術大尉で終戦を迎えた。戦後は運輸建設本部，建設省，郵政省を経て大和ハウス工業取締役を務め，その後建築コンサルタントとなった（付表3-1（2）参照）。

　1963年の東京郵政局建築部長のとき，河東は「終戦後あまりにも自信を失い，アメリカ文化にかぶれすぎたためか，学校教育まで古きを温ぬることを忘れ，長老を尊敬することまで忘れた現われは乗物の中でもしばしば見聞する。戦後の子供たちはおそろしく自信過剰ではないかと思われる。（中略）誰でも天才児になり得るというような錯覚に陥っているのではないかとまで心配させられる[53]」と嘆息している。

　1935年に山梨高等工業学校を卒業後海軍省建築局に入った青木寿は終戦を技術大尉で迎えた。戦後は「運建を振出しに，民間，防衛庁等転々とした人生を経て」62年に日本舗道に就職した（付表3-1（1）参照）。

　名神高速道路の舗装工事のうち山科工区は1960年8月～61年6月に施工され，第1期工事の尼崎～栗東が63年7月に完成し，65年6月には西宮～小牧の全線が開通した。この間に日本道路建設業協会は63年7月に建設省から第1期高速道路舗装工事費の分析を，65年1月には第2期舗装工事費の分析をそれぞれ依頼され，直接施工を担当した業者のなかで分析可能な業者に委員を委嘱して分析を行った。この分析調査委員会の代表幹事を務めたのが青木寿であった。その分析結果は「名神高速道路舗装工事費総合分析の結果について」と題して公表された[54]。

　1935年に北海道帝国大学土木専門部を卒業し小樽市に就職した石田一夫は海軍技術大尉として終戦を迎え，復員後は小樽市に復職した（付表3-1（1）参

照)。石田は小樽市の水道の近代化に努め，67年の小樽市水道部長のとき，「小樽市の特殊な地勢的条件と積雪寒冷地という地域性は，本市水道施設の分散化と複雑化を招き，維持管理の上からも問題が多い」としたうえで，集中管理方式の採用を計画した[55]。

笠松時雄は1935年に北海道大学工学部土木工学科を卒業し，40年末に国民徴用令により佐世保海軍施設部に勤務した。博多航空隊，出水航空隊，横瀬重油槽などの防空施設工事に従事した後，笠松は42年11月に第17設営隊の施設隊長としてラボール（ラバウル）に着いた。アメリカ軍の猛攻のなかで当初1800余名いた設営隊が43年9月には400余名となったものの，笠松は44年2月に潜水艦で横須賀に上陸することができた。人吉航空隊で半年ほど勤務した後，鹿屋工事事務所長として赴任し，そこで終戦を迎えた[56]。

1945年12月に復員した笠松は運輸建設本部を経て北海道開発局に勤め，54年に退官した（付表3-1 (2) 参照）。75年時点で東急建設常務取締役・東京支社長に就任していた笠松は元請業者と協力業者の関係のあるべき姿について発言し，「元請業者のソフトウェア化が進行すれば協力業者は専門業者化してゆき，ハードウェアは専門業者にまかせることでその分野が明確になる。この区別を徐々に明確にすることは，両者の対話を潤達にし，建設業の健全な発展に寄与する」と主張した[57]。

海軍体験の後，運輸建設本部，北海道開発局を経て東急建設に勤務した笠松は，自らの積算にもとづく厳しい原価をもとに元請業者が専門技術を有した協力業者と渡り合うことが，長期的にみて建設業界の発展に寄与すると信じていたのである。

おわりに——集団としての軍民転換

造船官や造機関係技術者と比べて海軍施設系技術者の戦後の軌跡の最大の特徴は，終戦後ほぼ2週間で運輸省運輸建設本部という受け皿が設立され，占領行政が本格的に開始される前に集団としての「軍民転換」を早々と実現したこ

とである。その意味で他の海軍関係技術者が基本的には個々人がそれぞれのネットワークを開拓していく必要があったのに対し，施設系の土木建築技術者はその後，建設省，国鉄，特別調達庁，警察予備隊・保安庁・防衛庁へと太い流れのなかで移動することができた。

　高度成長期の元海軍施設系技術者の職場としては，建設省，公社公団，国鉄，防衛庁，地方自治体といった公共部門が目立つが，一方で民間企業，自営，教員として活動するものも多かった。元海軍施設系技術者は産官学のあらゆる部門で活動していた。また国家・地方公務員を退官した後，多くの元海軍施設系技術者が民間企業に再就職した。

　元海軍施設系技術者が戦後取り組んだテーマも，製塩施設，ダム，水道，工業用水道，高速道路，原子力発電から再処理施設建設，防衛庁施設，バスターミナル，建物のメインテナンス，団地，都市計画，幹線街路網，軽量コンクリート研究，治水事業などさまざまであったが，いずれも高度成長期のインフラ整備，都市計画，建物の高層化などを支える基本技術であった。防衛庁施設の建設に携わった技術者が退官後はバスターミナルの建設を支えるというのも高度成長期の一コマであった。

　元海軍施設系技術者の職場は戦時期と戦後では大きく変化したものの，求められているものが喫緊の課題であるインフラ，建物の整備という点では太い連続性があった。土木建設機械などの彼我の技術格差に圧倒されつつも[58]，時代が，国が求めるものの実現に応えるという点では施設系の土木建築技術者と造船，造機関係の技術者の間に違いはなかった。

付表 3-1 (1)　元海軍

氏名	生年	出身校・専攻	卒年	転官年	最終階級	1972年勤務先	区分	初職
青木　寿	1914	山梨高工	1935		技術大尉	日本舗道(株)営業第一部長	民間企業	海軍省建築局
青木　保雄	1900	京大工・土木	1926		技術大佐	名城大学理工学部教授	大学等	内務技師
青島　健雄	1914	日大工・土木	1938		海軍技師	玉野測量設計(株)取締役企画部長	民間企業	海軍省建築局
秋田　玉三郎	1909	徳島高工・土木	1930		海軍技師	住友建設(株)技師長	民間企業	大阪市
浅野　庄一	1916	東大工・建築	1939		予備役将校	新日本製鉄専門部長	民間企業	横須賀海軍建築部
旭　芳雄	1904	金沢高工・土木	1926		海軍技師	日本技術開発	民間企業	東京市
麻生　庄吾	1905	浮羽工業・建築	1920	1944	技術中尉	佐世保卸団地協同組合	団体	佐世保海軍建築部
篤　朝太郎	1904	徳島高工・土木	1928			東海大学講師	大学等	
天野　俊一	1909	東工大・建築	1933		技術少佐	佐藤工業設計部長	民間企業	海軍省建築局
新井　敬三	1914	東大工	1937		技術大尉	治水工業(株)副社長	民間企業	
荒谷　俊司	1912	京大工・土木	1937	1942	技術少佐	鹿島建設(株)技師長	民間企業	海軍省
安藤　恵文	1914	日大専門部工科・建築	1934		海軍技師	建立設計事務所長	民間企業	横須賀建築部
安藤　賢一	1909	日大工・土木	1934		海軍技師	佐世保市嘱託	自治体	内務省
飯　敏夫	1902	北大工・土木	1931		技術少佐	中国土木常勤顧問	民間企業	北海道庁
池田　精二	1903	広島県工業・建築	1920	1944	技術中尉	自営	自営	広島県工建
石田　一夫	1915	北大・土木専門部	1935		技術大尉	小樽市公営企業管理者	民間企業	小樽市
石川　和民	1916	早稲田高工・土木	1938		技兵曹長	東京都主事	自治体	東京都
石川　鉱一	1908	早稲田高工・土木	1931		技術少尉	村本建設(株)名古屋支店調査役	民間企業	
泉　光秋	1917	神戸高商	1938		主少佐	「数ケ会社の看板重役」(株)熊谷組顧問	民間企業	内務省
井関　正雄	1899	東大工・土木	1923					
磯野　勲	1909	東大工・土木	1932		海軍技師	大阪地下街(株)常務取締役	民間企業	大阪市
伊東　三郎	1914	北大・工専	1935	1943	技術大尉	パシフィック・コンサルタンツ(株)電算室長	民間企業	横須賀建築部
伊藤　善次郎	1914	横浜高工・建築	1935		技術大尉	フジタ工業(株)取締役設計部長	民間企業	海軍省建築部
伊藤　哲男	1917	南満工専・建築	1939	1945	技術中尉	建設省高松営繕工事事務所長	民間企業	佐世保建築部
伊藤　尊戸	1918	熊本高工・土木	1940		技術大尉	若築建設(株)工事部長	民間企業	呉建築部
稲葉　勝臣	1905	北大工	1931		技術中佐	日本工務(株)社長	民間企業	海軍
井上　明一	1914	京城高工・土木	1935		技術大尉	東亜港湾工業	民間企業	朝鮮総督府
伊部　公雄	1915	日大工・建築	1938		技術中尉	丸石工業設計部長	民間企業	
今井　博人	1910	広島高工・電気	1932		技術大尉	岡野電気工事(株)取締役積算部長	民間企業	呉海軍工廠電気部
今沢　豊正	1914	東大工・土木	1937	1942	技術少佐	三菱重工顧問	民間企業	呉建築部
井村　鉎三						宇部生コン(株)	民間企業	海軍省建築局
岩崎　豊	1914	東京高工科・機械	1932	1944	技術少尉	現在無職		
岩下　久哉	1906	神戸高工・建築	1928		技術少佐	鹿島建設大阪支店技師長	民間企業	海軍省建築局
岩田　保郎	1910	神戸高工	1932	1945	技術大尉	名古屋コンテナ埠頭(株)取締役	民間企業	愛知県名古屋港務所
上野　長三郎	1897	京大工・土木	1924	1942	技術大佐	川崎建設相談役	民間企業	東京市
上原　要三郎	1904	京大工・土木	1934			(株)熊谷組専務取締役	民間企業	国鉄
歌代　吉高	1905	京大工・土木	1929			東京設計事務所取締役	民間企業	大阪市
内海　義男	1911	山梨高工・土木	1933	1942	技術大尉	中国土木	民間企業	岡山県土木技手
浦田　忠喜	1915	熊本工・建築	1933		海軍技手	松尾建設取締役佐賀支店長	民間企業	佐世保建築部
江藤　礼	1904	京大工・土木		1942	技術中佐	鹿島建設顧問	民間企業	
小川　悦太郎	1908	香川県立工芸学校・建築	1927		技術中尉	富岡建築研究所専務取締役	民間企業	佐世保施設部
小川　恒治	1910	仙台高工・土木	1931		技術少佐	バキュームコンクリート(株)仙台営業所長	民間企業	内務省
小倉　克己	1909	北大工・土木	1933		海軍技師	五洋建設(株)理事営業部次長	民間企業	北海道庁
小栗　武夫		名古屋高工・建築	1931			(株)篠田川口建築事務所取締役	民間企業	
小野寺　宣夫	1918				海軍技手	株木建設札幌支店取締役支店長	民間企業	札幌鉄道局
織田　圭一	1909	日大工・土木	1934	1943	技術大尉	祐徳建設代表取締役会長	民間企業	富山県
尾形　迪吉	1907	早大理工・建築	1931	1943	技術少尉	平沢建築事務所副所長	民間企業	
大石　政雄	1920	京都商工・土木	1937		海軍技手	大日本土木(株)大阪支店営業部次長	民間企業	京都商工

施設系技術者の戦後

戦後の経歴
「戦後は運建を振出しに、民間、防衛庁等転々とした人生を経て昭和 37 年から現在の職場に勤務している」。
終戦直前施本へ転任。昭 39 年以降現職。
終戦後東京、名古屋両地方建設部に勤務。後建設省、静岡県にて公務員生活後、昭 40 年現職に移る。
終戦後大阪市に復職、昭 40 年水道局田辺営業所長を最後に大阪市を定年退職、同年住友建設(株)に入社。
昭 21 年予備役陸軍工兵大尉にて復員、名古屋にて建設会社勤務後、建設省、住宅公団に奉職、昭 37 年富士製鉄に転じ、昭 46 年新日本製鉄、現在に至る。
終戦後運建新潟建設部から建設省関東地建を経て道路公団、現在の会社に就職している。
復員後、佐世保市建築課長、佐世保重工(株)営繕課長、松本組(株)を経て佐世保卸団地協同組合入り。
昭 21 年建設省道路局復員、昭 26 年長崎県道路課長、昭 29 年戸畑市工務部長、昭 32 年日立市建設部長。
終戦、昭 20 年運輸省同建設本部附、昭 21 年名古屋地方建設部運輸技師、昭 23 年建設省名古屋地方建設工事部副長、昭 24 年同中部地方建設局営繕部建築課長、昭 32 年営繕部長、昭 36 年辞職、佐藤工業(株)に入社。
奈良、高知、茨城各県課長、建設省監察官、ピーシー橋梁、大木建設を経て現在に至る。
昭 21 年復員後鹿島建設に入社、昭 45 年工学博士授与。
戦後は民間建築会社にて設計業務に従事、昭 30 年独立、建築設計事務所開設。
終戦後特別調達庁、防衛施設庁に籍を置き、仙台調達局長を経て福岡防衛施設局長を最後に退職、現在は佐世保市嘱託。
終戦処理後 8 月 28 日運建本部事務嘱託、昭 23 年 9 月建設省四国地方建設工事部長、昭 26 年退職、昭 27 年中国土木に入社。
運建新潟地建、近畿地建、昭 29 年退職、青木建設入社、昭 42 年定年退職、自営。
復員後、小樽市役所に復職。
終戦後運輸省建設本部、昭 23 年 1 月建設省技官、昭 35 年 11 月東京都技師。
昭 21 年 12 月運輸省勤務、建設省中部地建各出張所長を経て昭 41 年退官、村本建設入社。
昭 21 年復員、ブルドーザー工事(株)代表取締役として昭 41 年まで建設業に従事。
昭 16 年 9 月内地帰還、運輸通信省航空局建築課長、福島県土木部長を歴任、昭 27 年(株)熊谷組に入社。
終戦後大阪市に復職、大阪市高速鉄道建設本部長を最後に退職。
復員後は海軍省無給嘱託として約 2 年間、施設系残務整理に従事、昭 22 年合作社伊東組創設、日東建設(株)代表取締役、相談役、昭 26 年パシフィック(株)設立に伴い入社。
昭 21 年復員、昭 22 年 7 月呉復員局で残務処理。
復員後門司鉄道局、運輸建設本部等を経て、建設省勤務。
終戦後、協同建設にて各種工事に従事、昭 29 年若築建設に入社。
昭 22 年鹿島建設に入社、高野建設、三井建設。
昭 20〜24 年運輸技官、建設技官歴任、昭 24 年退官し建設会社に入社後、建設業自営。昭 37〜41 年大豊建設、昭 42・43 年岡崎工業、昭 44 年川崎建設、昭 46 年東亜港湾工業入社。
昭 21 年復員、建設省、第一銀行を経て現建設会社に入社。
戦後は金剛製作所、栗原工業(株)、東京電気土木(株)にて電気設備工事に従事。
復員後運建を経て建設省に入り、本省、日本道路公団、九州地建を歴任、国土地理院長を最後に昭 39 年退官。
昭 21 年 6 月内地引き揚げ、同 10 月運建名古屋に就職。昭 24 年中部地建用地課、昭 41 年同監査官を最後に退職、昭 41 年大有道路(株)に入社、昭 42 年宇部生コン(株)に転出。
復員後運輸省門司地方建設部に就職、昭 43 年鉄道建設公団、本州四国連絡橋工事に参加。
昭 21 年運建、昭 25 年近畿地建、昭 29 年中国地建、昭 31 年鹿島建設大阪支店建築部長。
昭 21 年愛知県復帰、昭 26 年名古屋港管理組合、計画課長、技術部長、昭 44 年退職。
昭 21 年 4 月に帰還復員、土建請負業自営、昭 25 年川崎製鉄入社、土建部長、常務取締役、昭 42 年退任。
復員後は運輸省、昭 37 年熊谷組に就職。
終戦後は運建新潟出張所、仙台工事部、建設省東北地建、昭 26 年川崎製鉄千葉工場、昭 30 年旭建設、川崎建設を経て昭 34 年東京設計事務所入社。
昭 20 年復員後、中国土木に就職。
昭 23 年松尾建設入社。
昭 21 年復員、鹿島建設に就職、四国支店長、常務取締役を経て今日に至る。
昭 20 年 11 月に郷里高松市に帰る。昭 29 年冨岡建築研究所に入社。
戦後、青森県、調達庁三沢所長で進駐軍工事に従事。昭 27 年自衛隊に入隊、昭 38 年定年退職、現在の会社に入社。
昭 20 年 11 月復員。
昭 21 年復員、昭 22 年日本建設技術団東海北陸支部、特別調達庁名古屋支局参与、昭 36 年退官、(株)篠田川口建築事務所に入社。
戦後札幌鉄道局施設部勤務、昭 30 年株木建設に入社。
昭 21 年復員、復員官を経て昭 23 年祐徳建設(株)創立、昭 46 年代表取締役会長、祐徳舗道社長。
終戦後昭 23 年特別調達庁、昭 27 年西松建設設計部、昭 39 年平沢建築事務所に入る。
終戦後昭 20 年 9 月まで運輸省建設本部嘱託、昭 20 年 10 月大日本土木(株)に入社。

付表 3-1 (2)　元海軍

氏名	生年	出身校・専攻	卒年	転官年	最終階級	1972年勤務先	区分	初職
大内　成之	1910	仙台高工・土木	1932		技術大尉	神鋼ファウドラー(株)東京排水処理課	民間企業	福島県土木課
大黒　正太郎	1013	函館商工・建築	1934		海軍技手	近藤工業(株)建築部長	民間企業	
大熊　惇	1908	日大工・建築	1933			戸田建設土木副本部長	民間企業	
大島　久次	1915	東工大・建築	1940	1943	技術大尉	千葉工業大学教授	大学等	海軍省建築局
大塚　全一	1915	東大工	1939	1943	技術大尉	帝都高速度交通営団理事	民間企業	山口県
大森　頼雄	1905	東大工	1931		技術中佐	大成道路(株)専務	民間企業	
大脇　又造	1907	仙台高工・土木	1928		海軍技師	(株)建設工学研究所仙台営業所長	民間企業	
太田　泰男	1917	早大理工・建築	1941		予備大尉	(株)鴻池組常務取締役	民間企業	海軍施設本部
岡崎　沼夫	1906	早稲田高工・建築	1930	1942	技術少尉	大阪雑貨建築事務所	民間企業	海軍施設本部
岡沢　裕	1917	東大工				日本工営	民間企業	
岡本　度義	1919	日大工・建築	1941	1944	技術大尉	(株)大本組建築本部設計部長	民間企業	海軍施設本部
奥　金作	1910	関西高工・土木	1927		技術少尉	浅川舗道(株)	民間企業	大阪通信局
長田　信男	1914	芝浦高工・土木	1935		技術大尉	御殿場市役所農林課土地改良係長	民間企業	横須賀市
角田　博道	1905	日大専門部工科・建築	1932		技術大尉	相互建設工業(株)専務取締役	民間企業	横須賀海軍建築部
笠松　時雄	1912	北大工・土木	1935		技術少佐	東急建設(株)取締役業務部長	民間企業	
片岡　敏夫	1916	南満洲工専・建築	1938		海軍技師	奥村組取締役	民間企業	海軍省
片平　克男	1920	仙台高工・土木	1941		大尉	設計事務所自営	自営	横須賀施設部
片山　節義	1911	早大理工・建築	1935		海軍技師	(株)日установить設計監査役	民間企業	曽禰中条建築事務所
加藤　政一	1911	神戸工高専建（ママ）	1938		技手	日新ビルダーズ(株)取締役技術部長	民間企業	佐世保海軍建築部
加藤　善之助	1911	東大工・建築	1936		技術少佐	愛知工業大学教授	大学等	海軍省建築局
加藤　操	1912	横浜高工・建築	1933		技術大尉	朝日建設(株)常務取締役	民間企業	
加藤　光雄	1913	名古屋高工・土木	1933		技術大尉	三扇コンサルタント(株)	民間企業	岡山県
金井　邦夫	1902	東大工・土木	1927		海軍技師	西松建設顧問	民間企業	鉄道省
金子　貞三郎	1901	攻玉社高工			軍属	金子技術士事務所代表者	自営	
株本　禎夫	1918	日大工・建築	1941		技術大尉	株本建設(株)社長	民間企業	大阪市役所
神生　秋夫		金沢高工・建築	1933			神戸市道路公団副理事長	自治体	神戸市
神澤　桂一	1906	仙台高工・土木			技術少佐	池田建設内勤	民間企業	内務省
川口　武	1910	早稲田工手学校・建築	1926		技術少尉	(株)九段建築研究所社員	民間企業	横須賀建築部
河角　鶴夫	1915	九大工・土木	1940		陸軍中尉	五洋建設常務	民間企業	海軍省建築局
河東　義方	1907	早大理工・建築	1933	1944	技術大尉	建築コンサルタント	自営	呉海軍建築部
亀卦川　振興	1912	仙台高工・土木	1933		嘱託	日本舗道(株)社長	民間企業	日本舗道
木下　光夫	1911	福井高工・建築	1932	1945	技術大尉	国立都城高専教授	大学等	
木村　成博	1911	熊本高工・土木	1933	1945	技術大尉	大和建設	民間企業	
木村　道儀	1912	北大・土木専門部	1932		海軍技師	木村工務所長	自営	
菊池　健太郎	1914	函館工業・建築	1932		技術少尉	菊池建設(株)社長	自営	
菊池　純一郎	1918	阪大工	1941		海軍中尉	三協アルミニウム工業技師長	民間企業	
菊地　秀夫	1904	南満洲工専	1926	1942	技術中佐	鹿島建設(株)本社鉄道部長	民間企業	海軍省
北村　市太郎	1911	京工大・建築	1934		技術中尉	(株)佐々木組取締役	民間企業	黒部川電力
京免　豊作	1911	金沢高工・土木	1934	1945	技術大尉	日鉄金属工業(株)常任顧問	民間企業	佐世保建築部
熊井　安義	1910	東工大・建築	1935		技術少佐	不動建設常任顧問	民間企業	
熊沢　忠広	1909	東大工・建築	1934		技術少佐	日本大学生産工学部教授	大学等	警視庁
栗山　寛	1907	東大工・建築	1932		海軍技師	共栄興業(株)社長	民間企業	呉建築部
桑原　芳樹	1898	熊本高工・土木	1921		技術大尉	川崎製鉄水島製鉄所土木課長	民間企業	呉建築部
己斐　一郎	1913	広島工業	1931		技術少尉	(株)地崎組取締役建築部長	民間企業	海軍省建築局
小池　忠男	1912	早大理工・建築	1939		技術大尉	熊谷組参与	民間企業	内務省
小泉　為義	1908	熊本高工・土木	1931	1945	技術大尉	大阪工業大学教授	大学等	横須賀建築部
小林　清周	1909	東工大・建築	1934		技術少佐			

施設系技術者の戦後

戦後の経歴
一時農業をやり，米軍技術本部の設計をやり，昭46年より神鋼ファウドラー(株)勤務。
終戦後は運建，建設省，北海道開発局営繕部を最後に昭40年退官，飛島建設札幌支店その他を経て現在に至る。
大成建設に復員，昭26年新潟支店土木課長，昭38年取締役，昭43年戸田建設に入社。
終戦と同時に運建設立準備委員，運建，運本，営繕局と移り，昭39年監督課長を最後に退職，現職に変わる。
終戦後，工専教員を経て，京都府，大阪府に勤務，奈良県道路課長，建設省街路課長，中国地建局長，東京都道路監を経て，昭44年現職。
特別調達庁，防衛庁。
運輸建設本部仙台建設部の開設準備に当たる。昭24年より東北地建各工事事務所長を歴任，昭29年退職，建設会社等に就職。
運建名古屋，昭21年戦災復興院，建設省住宅局，昭30年福島県建築課長，昭32年日本住宅公団，昭46年本省建築部長で退職。
昭21年11月復員，阪建，地建，公団，昭35年退官。
復員後，運建，建設省，首都公団等を経て現在に至る。
昭21年6月復員，8月運建，建設省となり，中国，近畿，中部地建と転じ，昭45年中部地建営繕部長を最後に退官，同年から大本組。
運輸省建設本部新潟建，昭21年大阪建設部，昭23年建設省近畿地建，昭28年浅川組，昭41年浅川舗道(株)役員。
昭21年復員後，郷里で測量工務所自営，昭26年御殿場町役場に就職。
昭21年復員，(株)小泉組に取締役として入社，昭31年(株)吉忠工務所に入社，昭40年相互建設工業(株)に専務取締役として入社。
昭20年12月復員，運建仙台，札幌を経て，北海道開発局勤務，昭29年退官，現在に至る。
復員後現在の建設会社に就職し，今日に至る。
昭21年復員，上京して建設会社に就職，昭42年から土地家屋調査士事務所を自営。
昭18年徴用解除，長谷川竹腰建築事務所に入所。
昭30年以来日新ビルダーズ(株)。
終戦後も公務員勤務を続け，運輸建設本部，戦災復興院，特別調達庁を経て，昭27年防衛庁建設本部，昭36年退職，郷里の名古屋鉄道(株)に入社，昭46年より現職。
除隊後千葉運建より横須賀米海軍施設整備の技術スタッフとなる。その後建設業，プレハブ等と取り組み，現在同窓同期の経営する朝日建設に勤務。
昭20年11月復員，運建大船支部に勤務，引き続き建設省関東地建本局，各工事事務所勤務後，昭41年退官，コンサルタント会社に就職。
昭20年帰還，昭23年運輸省新橋地方施設部長を退官，西松建設に入社，取締役就任。
運輸建設本部，建設省を経て金子技術士事務所を設立。
復員後，建設会社設立，今日に至る。
終戦後神戸市に復職し，神戸市土木局長を最後に退職，昭46年同市道路公団に入る。
昭21年3月復員，池田建設に入社し今日に至る。
終戦後は運建，運輸省，関東地建，北海道開発局，建設省，住宅公団，前田建設，日本プレハブ，日東建設を経て現在に至る。
昭21年3月復員，同年6月内務省中国四国土木出張所，昭23年中国・四国地建，昭31年建設省防災課，昭41年北陸地建局長，昭42年退官，宝土木を経て，昭44年五洋建設入社。
終戦処理後，運輸省，建設省，郵政省を経て，大和ハウス工業取締役後，現在に至る。
昭20年復員，日本鋪道に勤務。
終戦後運輸省運輸建設本部門司地方建設部，昭23年建設省設置により福岡地建，昭24年鹿児島県立岩川高校教諭，昭46年退任し現職に就く。
終戦後運輸省四国地方建設部，防衛庁第一建設部工事課長，施設学校総務部長，昭36年依願退職，日舗建設取締役，大和建設取締役。
復員後は郷里名寄に帰り，測量設計業に従事。
現在，終戦後始めた菊池建設(株)経営。
復員後，石原産業，東京カーテンオール工業を経て現在に至る。
終戦後戦犯容疑で投獄，昭22年初無罪放免，復員後は建設会社に就職，途中5年間地方公務員を経て建設会社に復帰。
戦後は運建本部から東鉄，国鉄本社技師長室等を経て昭34年国鉄退職，鹿島建設に入り鉄道部長に就任。
終戦後戦犯容疑で重労働15年の刑を受ける。昭25年スガモプリズンに送還，昭27年仮釈放，(株)佐々木組に勤務，現在に至る。
運輸省東建，建設省関東地建，中国地建営繕部長，建設省営繕局監督課長を経て日鉄金属入社。
復員後中部地建，関東地建，北海道開発局営繕部長から八幡製鉄を経て現在に至る。
昭21年戦災復興院，後に建設技官，建設省建築研究所，昭26年東北大学教授，昭45年退官，日本大学教授。
戦後は運建東建部長，昭24年関東地建企画部長，昭39年共栄興業(株)常務を経て社長，現在に至る。
復員後，運輸省広島地方建設部，建設省中国地方建設局，昭36年川崎製鉄入社。
復員後，山形県神町特建事務所長，昭27年警察予備隊入隊，昭37年退官今日に至る。
運輸建設本部門司，下関建設工事本部，昭24年宮崎県小丸川河水統制事業，昭26年建設省，昭34年熊谷組入社。
戦後運建，関東地建，本省営繕計画課長，近畿地建営繕部長を経て鴻池組取締役技術部長，大阪工業大学教授。

付表 3-1（3）　元海軍

氏名	生年	出身校・専攻	卒年	転官年	最終階級	1972年勤務先	区分	初職
小林　健三郎	1912	京大工・土木	1935		技術少佐	東京電力(株)取締役公害総合本部副本部長	民間企業	
小松　雅彦	1917	京大工	1941		技術大尉	川崎製鉄千葉製鉄所土建部長	民間企業	
古賀　雷四郎	1915	九大工・土木	1940		陸軍中尉	参議院議員	政治家	海軍省建築本部
鷹田　新一	1912	徳島高工・土木	1934	1942	技術大尉	佐伯土木(株)代表取締役	民間企業	佐世保建築部
近藤　幸平	1914	神戸高工・建築	1936	1945	技術中尉	三笠建築事務所長	自営	愛知県建築課
近藤　義治	1915	横浜高工・建築	1936		海軍技師	文部省教育施設部名古屋工事務所長	官庁	名古屋市建築課
佐々木　米太郎	1909	京大工・土木	1933		海軍技師	公成建設(株)建築部長	民間企業	京都市役所
佐田　恩	1913	日大工・土木	1936		海軍技師	岡崎工業(株)事務取締役	民間企業	福岡県
佐溝　正三郎	1912	名古屋高工・建築	1934	1944	技術大尉	日熊工機(株)常務	民間企業	佐世保建築部
斉藤　実	1913	台北工業・土木	1932		技術少尉	東亜湾岸(株)長崎出張所長	民間企業	
酒井　忠策	1909	金沢高工・土木	1931		海軍技師	三信建設工業営業部長	民間企業	内務省
坂下　芳男	1903	北大工・土木	1929		技術中佐	世紀建設(株)参与営業部長	民間企業	北海道庁
坂場　正之	1914	福井高工・建築	1936	1945	技術中尉	茨城県土木部営繕課長	自治体	
笹部　幸太郎	1915	京都高工・土木	1934			印象設計事務所長	自営	
笹間　一夫	1907	東工大・建築	1932		技術少佐	東北工大教授	大学等	
貞方　静夫		海軍兵学校	1919		海軍大佐			
志賀野　幸四郎	1914	東京保善工学校・建築	1936		技手	東京営繕(株)取締役社長	民間企業	横須賀施設部
清水　和弥	1915	横浜高工・建築	1935		技手	(株)清水和弥設計事務所代表取締役	自営	
塩原　正典	1915	京大工・建築	1940		技術大尉	日本工業大学教授	大学等	
塩谷　淳	1902	東工大・建築	1926		技術中佐	大林組大阪支店顧問	民間企業	京都市土木局
塩谷　辰巳	1914	芝浦高工・土木	1934		軍属	三重県海山町長	自治体	
塩見　孝民	1911	熊本高工・土木	1932		技術大尉	産炭地域振興事業団宇部支所	団体	
重松　敦雄	1913	東工大・建築	1939		技術少佐	国際観光旅館連盟副会長	団体	呉建築部
重松　正人	1915	東工大・土木	1936	1944	技術大尉	富国港湾(株)役員	民間企業	東京市
宍戸　利春	1916	名古屋高工・建築	1936			清水建設中府出張所長	民間企業	
宍道　洋一	1911	東工大・建築	1936		技師	宍道構造設計事務所	自営	清水組
科野　正一	1906	名古屋高工・建築	1928	1942	技術少佐	科野建築事務所長	自営	呉海軍建築部
篠田　四郎	1918	日大工・土木	1941	1945	技術大尉	前田道路(株)常務取締役	民間企業	帝国鉱業開発(株)
柴田　知雄	1907	日大高工・土木	1928		技術中尉	前田製管(株)取締役	民間企業	海軍省建築局
渋谷　勝治	1912	横浜高工・建築	1933	1944	技術大尉	(株)巴組鉄工所取締役	民間企業	横須賀建築部
島田　義章	1901	金沢高工・土木	1924		技師	大阪土木工業(株)四国営業所長	民間企業	
島田　忍	1907	名古屋高工・土木	1928		技師	森組取締役	民間企業	
庄司　憲太郎	1909	神戸高工	1931	1942	技術大尉	(株)大和設計研究所長	民間企業	
白石　義雄	1908	熊本高工・土木	1928	1943	技術少佐	大都工業(株)顧問	民間企業	
首藤　安正	1915	熊本高工・土木	1938	1945	技術大尉	大分市都市開発部長	自治体	海軍省建築局
菅沼　三男	1906	日大工・土木	1928		技術中尉	静岡県振興公社嘱託	自治体	
杉浦　賢次	1910	東京工専・建	1933		海軍技手	杉浦建築事務所長	自営	岡崎市
杉江　直己	1905	京大工・建築	1930	1942	技術中佐	杉江建築設計事務所長	自営	
杉田　進	1914	名古屋高工・土木	1934	1945	技術大尉	中部大学教授助教授	大学等	大阪市水道部
鈴木　三郎	1906	日大工・土木	1933		技師	会社顧問	民間企業	
鈴木　千里	1911	仙台高工・土木	1933		技術大尉	(株)鈴木コンサルタント	自営	
鈴木　武夫	1906	東大理・地震	1930		海軍技師	日本物理探鉱(株)取締役	民間企業	東大理学部
鈴木　勝	1919	仙台高工・土木	1941			戸田建設(株)技術部次長	民間企業	
相馬　富次男	1908	北大・土木専門部	1930		技術大尉	東急建設札幌支店次長	民間企業	北海道庁
田内　俊	1912	京大工・土木	1937		海軍技師	鋼管基礎工業(株)取締役	民間企業	福岡県土木部
高岡　清	1912	早大理工・建築	1937		海軍技師	高岡建築設計事務所	自営	
高木　輝雄	1907					美保土木管理事	民間企業	千葉県
高瀬　正	1910	北大工・土木	1934		技術少佐	大成建設理事	民間企業	
鷹田　正人	1903	北大工・土木	1930	1945	技術中佐	住友建設技師長	民間企業	東京市
高橋　敏朗	1914	金沢高工・土木	1935	1943	技術大尉	大和設計東京支社長	民間企業	茨城県

施設系技術者の戦後

戦後の経歴

昭20年小林組社長，昭21年協同建設社長，昭28年東京電力入社，原子力副本部長，昭45年取締役，現在に至る。
運輸省港湾局，昭37年川崎製鉄に入社，昭47年千葉製鉄所に移り，現在に至る。
昭20年10月復員，内務省九州土木出張所に勤務，その後建設省治水課長，河川局長，建設技監を歴任，昭45年退職，昭46年参議院議員。
昭21年復員，星野組入社，昭26年警察予備隊に入隊，昭36年依願退職，明治海工(株)入社，昭38年佐伯建設工業(株)に移籍，昭41年佐伯土木(株)に出向。
復員後，名古屋で建設業自営，後に建設会社に就職，昭29年三笠建築事務所を創業。
戦後一時民間会社に入り，昭25年文部省に就職，昭45年より現職。
昭20年10月徴用解除，京都市に復員，昭39年定年退職，公成建設(株)に就職。
昭28年高知県道路課長，昭33年日本道路公団補修課長，昭38年宮城県土木部長，昭42年北九州市建設局長を経て今日に至る。
昭21年春復員，熊谷組入社，昭43年現会社に入る。
終戦復員，昭23年運輸省下建，特別調達庁，保安庁，防衛庁，昭38年定年退職，東亜港湾下関支店に入る。
終戦後は運建に残り，昭22年地方自治体法改正を機に地方庁に出向，昭38年定年。
昭21年9月予備役，後運建名古屋地方建設部，昭23年部長，建設省名古屋地方建設工事部長，昭30年退職，大林道路(株)常務，昭44年世紀建設参与営業部長。
昭22年8月復員，郷里に帰り県に就職，今日に至る。
戦後京都市に復員，郷里に帰り県に就職，建設局管理課長，治水課長，建設局次長，昭45年京都市技術長を最後に現在に至る。
昭21年上海より復員，その後東建，新橋施設部，関東地建，北海道開発局，東北地建を経て業界へ。昭43年東北工大勤務。
元佐世保海軍施設部長，復員後は郷里に帰り，実業に従事，今日に至る。
昭21年6月復員後，建設業に従事，昭25年東京営繕(株)を設立。

戦後郷里丹波篠山にて青年団長，鳳鳴中学校教員嘱託，農地委員会委員を経て昭24年山下寿郎設計事務所大阪支社長，昭38年清水和弥設計事務所設立。
終戦後，建築事務所，福井大学工学部，住友金属工業(株)等を経て現在に至る。
復員後京都で一年ばかり「ヤミ屋」に近い商事会社の手伝いをする。
終戦により帰郷，建設業自営，昭37年町長選挙に立候補，当選。
昭21年帰還，土木請負開業，産炭地域振興事業団宇部支所。
戦後広島運建より門鉄建築，営繕課長を経て運輸省観光局整備課長，昭35年退職。
昭21年復員，昭23年特別調達庁福岡調達局工事課長，昭27年警察予備隊二等警正，昭37年依願退職，富国港湾(株)に入社。
昭20年帰国，清水建設名古屋支店に復職，昭38年東京本社に転勤。
戦後青森県技師，昭25年警察予備隊に入隊，昭28年退職，構造設計事務所を開設，今日に至る。
昭21年末復員，その後自営，昭27年北海道国発局，昭30年岩田建設，昭37年設計事務所開設。
運輸省門司地方建設部，建設省佐賀国道工事事務所，昭36年退官，前田道路(株)広島支店長，昭46年現職。
運輸省建設部に就職，昭23年横浜特別調達局，昭26年建設省営繕局計画課，昭36年退職今日に至る。
昭21年復員，現会社に入社，昭28年取締役を経て，昭45年現職。
昭21年復員，郷里徳島に帰り，高校教員，昭35年現会社に就職，名古屋支店長を経て現在に至る。
昭21年復員。
戦後，一貫して建築設計業務畑を歩く。昭33年大和設計研究所開設。
運建門司，神戸佐々木組，昭21〜27年病気療養，昭27年若松築港(株)，昭36年大都工業(株)，昭46年常務引退。
昭20年12月復員，昭21年大分市役所に勤務，今日に至る。
復員及運建札幌，中部地建，静岡県庁を経て今日に至る。
運建に勤務，昭21年名古屋鉄道局施設部建築課，昭27年退職，建設会社に就職，昭35年杉浦設計事務所開設。
野村建設工業，藤井建設等転々，昭27年杉江建築設計事務所開設。
運建名古屋地方建設部勤務，昭23年建設技官，昭29年三重県技師，昭40年退職。
運建東京地建，昭23年運輸省技官，昭28年静岡県土木部，昭34年退官，伊豆急，日大講師を経て会社顧問。
「戦後は数多く職を変え」，今日に至る。
鉄道技術研究所，第二部試験課長を経て昭25年退職，日本物理炭鉱(株)に入社。
運建，建設省を経て現在に至る。
運建福岡支部長，昭23年特別調達庁福岡支局課長，昭25年退官，業界入り。
運建四建に入り，中国地建，福岡県土木部，昭35年退官，鋼管基礎工業に入社。
戦後は運建，建設省に勤務，昭37年退官，以後設計監理に従事。
戦後は日本舗道山陰出張所長，昭31年から現在業務に就く。
運建，道庁，開発局等を経て，昭40年大成建設に就職。
終戦後，室蘭市水道部長，管理者を経て退職，民間会社勤務現在に至る。
終戦後運建，建本で戦災復興業務従事，昭31年日本道路公団，本社東名設計課長で退職，現在設計コンサルタント。

付表 3-1（4） 元海軍

氏名	生年	出身校・専攻	卒年	転官年	最終階級	1972年勤務先	区分	初職
高橋 義夫	1906					(株)山下組営業課長	民間企業	
髙村 清	1919	東工大・建築	1941		技術大尉	横浜防衛施設局長	官庁	
田口 信夫	1913	京大工・建築	1939			(株)恵美須建設代表取締役	民間企業	舞鶴
武 秀雄	1917	仙台高工・土木	1937		技術大尉	臨海土木(株)取締役支店長	民間企業	
竹内 正光	1916	仙台高工・建	1937		技術大尉	日本鉄道建設公団東京支社建築課長	公団	
竹ケ原 輔之夫	1909	北大工・土木	1933		技術少佐	首都圏不燃建築公社理事	公社	海軍技手
竹沢 賢徳	1911	福井高工・建築	1933		技術少佐	浅沼組	民間企業	
竹田 秀実	1907	九工大・土木	1933		技術少佐	和泉建設(株)常務取締役	民間企業	内務省下関土木出張所
武田 信男	1922				技術大尉	阪急エンジニアリング(株)開発部長	民間企業	
田崎 弥太郎	1904	東工大・建築	1930	1944	技術中佐	山形市建築課長	自治体	大阪府
田代 貞夫	1912		1931		技手	川鉄商事技術副部長	民間企業	
多田 武	1914	徳島高工・土木	1935	1943	技術大尉	日本道路(株)高松出張所長	民間企業	呉建築部
多田 正昭	1907	福井高工・建築	1928		技術中佐	野生司建築設計事務所	民間企業	呉建築部
橘 好茂	1913	京大工・土木	1935	1945	技術少佐	(株)鴻池組専務取締役	民間企業	大阪市
立石 昇	1918	熊本工業・建築	1935			立石工務店代表取締役	自営	
田中 儀一	1902	早大理工・建築	1928		技師	和泉建造(株)	民間企業	大蔵省営繕管財局
田中 鶴勇	1908	徳島高工・土木	1929	1943	技術大尉	山陽建設(株)取締役	民間企業	広島県土木部
田中 鉄藏	1911	熊本高工・土木	1932	1945	技術大尉	長崎県庁経済部土木課道路技手	自治体	佐世保市
田中 幸雄	1912	神戸高工・土木	1933		海軍技師	間組大阪支店顧問	民間企業	間組
豁口 雅三	1914	東大工・建築	1933			澁登実業(株)事務所長	民間企業	神戸市
田原 保二	1909	東工大・土木	1934	1945	技術少佐	(株)日本構造橋梁研究所社長兼日大教授	民間企業	大阪市
田村 俊一	1907	熊本高工・土木	1929		技術大尉	大長崎建設(株)土木部長	民間企業	岐阜県
千谷 壮之助	1917	日大工・建築	1939		海軍技師	日本住宅公団東京支所荻窪営業所長	公団	
力石 鎮男	1911	日大専門部工科・土木	1933		海軍技師	東京建設業協会調査役	団体	横須賀海軍建築部
筑瀬 懋	1912	京大工・土木	1937		技術大尉	山梨大学工学部土木工学科教授	大学等	東京市役所
津路 末次郎	1903	東大大学院・建築	1939		技術少佐	建築設計事務所	自営	満洲重工業
津田 敬一	1914	日大工・建築	1936	1945	技術大尉	(株)辰村組取締役	民間企業	
寺石 重正	1907	京大工・建築	1931		海軍技師	無職		
戸水 文雄	1916	兵庫県立工業・土木	1934		技兵曹長	佐伯建設工業(株)大阪支店	民間企業	
藤後 定雄	1905	東大工・土木	1932		技術中佐	(株)北建社社長	民間企業	
富田川 正安	1917	京城高工・土木	1937	1943	技術大尉	太陽舗装(株)代表取締役	民間企業	海軍建築局
豊野 芳次	1912	東工大・修	1932		海軍技手	川鉄商事技術室副部長	民間企業	
中尾 良武	1909	早稲田高工・建築	1931		海軍技手	弥生建設工業(株)取締役営業部長	民間企業	松下建築設計事務所
中川 正	1894	名古屋高工・土	1919	1942	技術大佐			呉海軍建築部
中田 一幸	1909	金沢高工			技術少佐	大有道路建設(株)取締役	民間企業	内務省
中谷 茂寿	1903	米国加州大・土	1930		海軍技師	大同阪急住宅嘱託	民間企業	東京府土木
中原 茂	1916	京大工・建築	1939		技術大尉	(株)中原茂建築事務所長	自営	
中村 嘉米三	1894	名古屋高工・土				(株)アジア建設研究所顧問	民間企業	京都府技師
中村 定春	1916	早大理工・建築	1940		海軍大尉	甲陽建設(株)社長	民間企業	大林組
中村 秀一	1918	福井高工	1939		技術中尉	近畿地建営繕監督室長	民間企業	
中村 正	1920	早稲田専門・建	1941		大尉	矢島建設役員	民間企業	
中村 毅	1912	京大工・土	1937		徴用技師	(株)日本構造橋梁研究所大阪支社長	民間企業	大阪市土木局
中村 達也	1917	東工大・土	1941		兵大尉	五洋建設電算部次長	民間企業	
中村 良夫	1915	北大・土専	1937	1945	技術大尉	松村組札幌支店土木部長	民間企業	
仲村 弘	1911	早稲田高工・土	1932		技術少佐	杉本建設(株)	民間企業	群馬県土木手
長岡 元	1905					(株)大林組参与	民間企業	
長光 喜一	1904	攻玉社工・土	1923	1945	技術少尉	坂田建設常務取締役	民間企業	
浪江 貞夫	1913	東大工・建	1937	1942	技術少佐	鉄道弘済会工務部長	団体	横須賀海軍建築部
成田 利夫	1898	北大・工専	1920		技術大尉	(株)日本設計事務所建築設計室	民間企業	
西松 長司	1915	横浜高工・建築			技術中佐	北海道通信機(株)会長	民間企業	
西村 勇	1904	北大工・電気	1928					

施設系技術者の戦後

戦後の経歴
名古屋運建、建本課長、建設省、昭35年退官、以後民間建設会社。
運建本部、建設省営繕部、昭25年警察予備隊に出向、現在の防衛庁に至るまで軍事施設、防衛施設の建設に従事。
昭21年10月復員、昭22年神戸で建設会社、昭23年大阪で個人請負業を始める。昭25年郷里の京都に帰り、現在に至る。
昭20年復員、運輸省塩釜港工事事務所、小名浜、名古屋の所長を経て昭38年現会社に入社。
運建、昭21年国鉄に入社、昭40年東海道新幹線の駅関係工事を最後に退職、現業に転じる。
運建、建本に勤務、昭25年建設省河川局、群馬県、昭31年東京都河川部長、昭39年建設局長、昭41年退職、昭42年公社役員に就任。
昭21～29年建運仙台支局、特調仙台局、東北地建、昭29年防衛庁建設本部、昭41年浅沼組入社、現在に至る。
建本部計画課、昭23年民間、「技術士官教官の御蔭で現在の会社の営業に絶大なるプラスである事心から感謝する次第」。
復員後京阪神急行電鉄に勤務、土地経営部土木課長を経て昭46年現会社に出向。
昭20年大湊地方復員、昭22年仙台財務局田名部出張所、昭25年山形財務部管財第二課長、昭32年山形市建築課長。
終戦処理、運建、建設省を経て今日に至る。
運建仙台、高松両建設部、建設省、昭38年退官、現在に至る。
昭21年6月復員、昭22年より36年まで呉松本建設に勤務、昭38年より建築事務所自営、昭46年野生司建築設計事務所勤務。
復員後大阪市に復職、技術課長、技術部長等を経て昭37年局長、昭40年退職、(株)鴻池組に入社、昭45年専務取締役。
復員後金子組に就職、その後二つの建設会社に勤務、昭42年会社設立、今日に至る。
戦後、馬淵建設(株)、協和営造(株)。
昭20年復員、広島県土木部に復職、昭32年香川県河川砂防課長にて退官、大成建設嘱託、錦建設土木部長、昭41年山陽建設に転任。
昭27年町役場勤務。
昭20年10月間組に復帰、名神高速道、東海道新幹線東名工事従事、昭45年大阪支店定年。
神戸市に復職後、自営、(株)松村組を経て今日に至る。
復員後運建新潟、大阪地方建設部、特別調達庁、建設省、日本道路公団を経て現業。
昭22年復員、昭23年長崎県土木部に就職、昭38年菱和コンクリート工業(株)取締役、昭45年大長崎建設(株)土木部長、現在に至る。
運輸建設本部、運輸省東京地方施設部、昭23年(株)暁組、昭28年(株)十電社、昭31年高幸(株)東京支店、昭32年日本住宅公団東京支所。
運建広島地方建設部、昭23年運建本部、昭24年建設省河川局防災課、昭25年東京都庁転任、定年退職等を経て現在に至る。
復員後建設会社に就職、昭30年から大学教授に転職。
復員後、GHQ技術顧問、昭23年建築設計事務所開設、昭25年防衛施設本部副議長、昭28年再び設計事務所開設。
運輸省建設本部、建設省、日本道路公団を経て今日に至る。
運輸省建設本部、昭23年特別調達庁札幌支局、昭29年防衛庁札幌建設部、昭34年退官、某民間会社就職、昭46年退職。
昭22年復員、細野工業(株)入社、後転職して現在に至る。
終戦後運輸技官、建設技官。
昭21年復員、運建に拾われ、昭24年地建、昭41年長崎工事事務所長を最後に退官、現在に至る。
昭20年運輸省運建本部、昭21年日本電気精器施設部、昭26年川崎製鉄千葉土建部建築課、昭45年川鉄商事技術部。
昭20年復員、日本生命建築部に復職、昭21年(株)巴組鉄工所、昭45年退職、同年弥生建設工業(株)入社。
運輸省名古屋地方建設部、昭25年水野組入社。
建設省中部地建、滋賀県、鳥取県、宮崎県、北九州市、宮崎県、北九州市建設局歴任。
昭21年大阪軍政府技師、同年銭高組入社、沖縄米軍工事に従事、昭35年帰国嘱託、昭42年大同阪急住宅(株)入社。
昭21年間組に入社、昭23年建設省河川工事課、昭29年近畿地建計画課長、営繕部長、昭40年退官、現在に至る。
昭21年再度宇部市施設部長就任、昭31年退職、(株)アジア建設研究所顧問となり、今日に至る。
終戦後大林組退職、昭21～27年竹村建設関西営業所に勤務、昭27年甲陽建設(株)設立。
運輸建設本部(大阪)、現在に至る。
池田建設を経て現在に至る。
昭20年12月大阪市に復職、昭41年退職、(株)日本構造橋梁研究所に入社、取締役大阪支社長。
昭21年末復員、昭27年五洋建設入社。
運建かぎ昭24年北海道庁河川課、昭26年北海道開発局、昭42年退官、現在松村組。
昭21年4月復員、久里浜にて残務整理、前橋、東京、沼田と移り暮らし、現在に至る。
昭21年運輸建設本部、昭23年建設省誕生、本省、中部地建、住宅金融公庫、日本道路公団、日本プレハブ、昭39年(株)大林組入社。
運輸省建本、建設省防災課を経て東京都、昭34年首都公団発足に伴い建設工事に従事、昭38年退職、現在に至る。
終戦後運輸省に入り、引き続き国鉄本社、大阪工事局に在勤、昭36年鉄道弘済会に就職。
昭21年横浜市復興局、郷里青森の建設会社、昭31年昭和石油(株)、昭46年退職。
運輸省東京地方建設部、同名古屋地方建設部、昭22年建設省、昭32年網戸建築設計事務所、昭43年(株)日本設計事務所。
運輸省札幌地方建設部、昭24年建設省北海道営繕支局、昭26年北海道開発局営繕部、昭31年松下電工(株)、昭43年現職。

付表 3-1（5）　元海軍

氏名	生年	出身校・専攻	卒年	転官年	最終階級	1972年勤務先	区分	初職
西村　栄一	1912	日大工・建築	1935		海軍技師	大阪市街地開発(株)業務部長	民間企業	大阪市役所
西村　長七	1909	工手学校・電気	1928	1944	技術中尉	日本マーレー開発部長	民間企業	海軍技術研究所
沼田　等	1908	東大工・土木	1934			(株)後藤組取締役副社長	民間企業	東京府
野口　孝		日大工・土木	1940	1945	技術中尉	横浜市下水道局河川部長	自治体	海軍省建築局
野生司　義章	1912	東大工・建築	1940		技術大尉	野生司建築設計事務所長	自営	
野村　太郎	1912	九大工・土木	1935			住友建設(株)大阪支店長	民間企業	佐世保海軍建築部
羽生　遥	1911	金沢高工・土木	1933		技術大尉			
長谷川　知一	1898	仙台高工・土木	1921		海軍技師			
長谷川　守通	1922	神戸高工・土木	1941		予備士官	西大和開発(株)建築部長	民間企業	
橋本　健三	1917	神戸高工・土木	1938		徴用技師	阪神高速道路公団大阪第一建設部次長	公団	大阪市役所
橋本　正二		京大工・土木	1935	1945	技術少尉	鹿島建設	民間企業	鹿島建設
橋本　忠保	1915	日大工・建築	1941		技術大尉	日本住宅公団名古屋支所長	公団	呉海軍建築部
畑中　勝蔣	1915	薩南工業・建築	1934	1943	技術少尉	阿部工務店常務取締役	民間企業	佐世保鎮守府建築部
服部　武男	1914	岐阜県第一工業・土木	1933		技術少尉	小牧市参事	自治体	
馬場　憲治	1898	京都高工・図案	1921		海軍技師	横田建設顧問	民間企業	京都府
林　泰輔	1921	日大専門部工科・建築	1941		大尉	(株)団地サービス埼玉支店工営部長	民間企業	
原田　清太郎	1915	早稲田高工・土木	1938		技兵曹長	東急建設(株)東京支店	民間企業	
原田　明治	1912	京城高工・土木	1934		技術大尉	岡崎工業取締役	民間企業	
肥後　盛史	1912	東大工・建築	1936	1944	技術少佐	鉄建建設常務	民間企業	東京府庁
樋口　繁	1906	早大理工・電気	1930		技術中尉	東光電機工業(株)常任顧問	民間企業	大蔵省営繕管財局
枇杷　阪実	1902	早大理工・電気	1927		技術中尉	東光電機工業(株)常任顧問	民間企業	大蔵省営繕管財局
平賀　謙一	1910	東大工・建築	1937		技術少佐	大成建設常務	民間企業	
平野　竹次郎	1914	神戸高工・土木	1934	1945		日本車輌製造(株)鉄構事業部技師長	民間企業	大阪市
平松　頼夫	1909	東大工・土木	1931		海軍技師			新潟県
広瀬　義牡	1911				技術少尉	東亜港湾工業(株)下関支店	民間企業	東京市土木局
広田　久重	1910	仙台高工・土木	1931		海軍技師	共和コンクリート工業(株)常務	民間企業	内務省
広田　静郎	1914	工学院・土木	1933			日東建設(株)営業副部長	民間企業	海軍省建築局
広江　八千人	1913	熊本高工・土木	1935		技術大尉	共栄興業(株)	民間企業	海軍省建築局
深草　末松	1912	熊本高工・土木	1932		技術大尉	新日本土木(株)常務取締役	民間企業	岐阜県
福田　欣二	1906	京大工・建築	1929	1942	技術中佐	石本建築事務所副社長	民間企業	古橋建築事務所
福永　武義	1904	日大高工・建築	1926		海軍技師	東光園緑化(株)営業部長	民間企業	内務省復興局
藤田　敬一	1899	東大工・建築	1927	1944	技術大佐			海軍技師
藤本　兎喜夫	1915	京大工・土木	1939		技術大尉	国立明石高専教授	大学等	横須賀海軍建築部
藤原　巧	1908	東大工・建築	1932	1944	技術少佐	(株)森組常務取締役	民間企業	北大営繕課
渕上　覚	1911	熊本高工・土木	1932		技術大尉	フジタ工業九州支店土木部長	民間企業	内務省
船崎　静海	1912	熊本市立商工・建築	1937	1943	海軍技術曹長	牛深市教育委員会参事	自治体	
船山　晴雄	1900	仙台高工・土木	1923		海軍技師			内務省土木試験所
古市　寛	1915	神戸高工・土木	1937		技術大尉	香川県水道局長	自治体	香川県土木部
古川　秀盛	1898	名古屋高工・土木	1922		海軍技師			鹿児島県技師
逸見　尚義	1896	北大・土木専門部	1920		海軍技師			
保科　実雄	1894	北大工専門部	1919		海軍技師	(株)内外土木取締役技師長	民間企業	呉海軍経理部建築科
本沢　平八郎	1915	関西高工・土木	1937	1944	技術兵曹長	日東建設(株)大阪支店	民間企業	鎮海施設部
本田　篤市	1907	電機学校・電気	1928		技術兵曹長	(社)建設電気技術協会	団体	内務省仙台出張所
真鍋　常春	1906	香川県立工芸学校	1924	1944	技術中尉	香川県建築設計事務所協会事務局長	団体	佐世保海軍建築部
前田　栄太郎	1909	北大工・土木	1932		技術中佐	東洋造園土木(株)取締役	民間企業	海軍省建築局
正吉　幸真	1902	名古屋高工・土木	1923		徴用技師	(株)関西シビルコンサルタント社長	民間企業	鉄道省
益田　篤士	1907	東大工・建築	1931		技術中佐	池田建設(株)専務取締役	民間企業	呉海軍建築部
増田　秀雄	1893	工手学校・建築	1911		海軍技師	増田建築設計事務所長	自営	海軍経理部建築科

施設系技術者の戦後

戦後の経歴

大阪市に復職, 昭 42 年建築部長を最後に退職, 同年大阪市住宅供給公社に就職, 昭 44 年大阪市街地開発(株)に入社。
運建, 建設省に勤務, 昭 40 年退職, 現在に至る。
運輸技師, 広島地方建設部工事課長, 昭 21 年(株)後藤組に入社。
昭 21 年横浜市に勤務。
昭 21 年 12 月復員, 大成建設を経て現在野生司建築設計事務所長, 東大講師, 千葉工大教授。
昭 20 年日本舗道(株), 昭 30 年住友建設(株)。
福井県土木部, 昭 42 年退職, その後建設会社に勤務, 昭 46 年退職。
運建新潟支部, 建設省設置とともに工事事務所長, 昭 33 年退官, その後 10 年請負業者にいた。
復員後日本生命保険に就職, 昭 45 年現会社に出向。
大阪市役所に復職, 昭 38 年阪神道路公団に出向, 同年大阪市退職, 公団所属となる。

鹿島建設に復職, 現在常務取締役大阪支店長。
運建大阪地方建設部を経て建設省近畿地方建設局営繕課, 昭 30 年日本住宅公団大阪支所に転出。
終戦後 1 年間郷里で療養, 佐世保の建設会社に就職, 昭 29 年阿部工務店入社。
愛知県土木部勤務, 昭 46 年土木事務所長を最後に退職。

運建大阪工事部に勤務, 神戸営繕工事事務所長を最後に退官, 横田建設取締役に就任, 昭 42 年顧問。
昭 21 年復員, 建設会社に就職, 昭 25 年特別調達庁, 昭 27 年建設省関東地建, 昭 30 年日本住宅公団, 昭 46 年(株)団地サービスに勤務。
復員後, 東亜港湾工業(株)勤務, 昭 34 年東急建設勤務。
運建を経て九州地方建設局に勤務, 昭 39 年退職, 岡崎工業に入社。
復員後, 運建より国鉄に転出, 昭 34 年鉄建設立に入社。
運建, 建設省宇都宮事務所長, 昭 25 年退官, 建設会社に就職現在に至る。
昭 20 年運建本部機電課長, 昭 34 年建設省営繕局設備課長, 昭 34 年東光電気工事(株)に入社。
復員後建設省に勤務, 建築研究所第四部長を経て昭 37 年研究所長, 昭 41 年辞職, 現在に至る。
運輸省, 名古屋, 大阪建設部, 建設省近畿地方建設局, 阪神高速道路公団を最後に退官。
運輸省港湾局, 昭 30 年東北海運局長, 昭 32 年北海道開発局港湾部長, 昭 34 年退官, 川崎建設(株)入社, 昭 46 年現会社入社。
昭 21 年運輸省建設本部, 昭 36 年川崎製鉄入社, 昭 45 年現会社に入社。
運建から建設省に戻り防災課, 昭 29 年和歌山県河港課長, 昭 37 年群馬県土木部長, 昭 40 年退官, 現在に至る。
青森県工藤建設, 東京高野建設, 昭 37 年日東建設。
戦後は建設会社, 防衛庁, 建設会社と勤務し今日に至る。
昭 21 年 8 月復員, 運建, 建設省勤務, 宮崎工事事務所長を最後に昭 36 年新日本土木に入社。
運建新潟地方建設部長, 昭 21 年, 13 年ぶりに建築事務所に戻り, 今日に至る。
運建東京地方建設部, 昭 23 年建設省関東地方建設局, 昭 33 年国営公園工事事務所長, 昭 37 年退官, 新日本土木(株), (株)芝萬を経て, 昭 46 年東光國緑化(株)入社。
昭 21 年復員, 運建, 建設会社, 無尽会社, 権藤建築事務所, その後退社。
昭 21 年復員, 昭 21 年 8 月運建に就職, 昭 23 年 3 月特調, 昭 27 年 7 月警察予備隊に入る。保安庁, 防衛庁を通じ, 技術研究本部にて研究, 昭 40 年明石高専教授。
運建, 建設省九州地建計画課長, 昭 30 年住宅公団大阪支所, 昭 35 年増岡組大阪支店長, 昭 38 年森組常務。
昭 20 年運建, 昭 23 年建設省に復帰, 昭 36 年退官, 藤田組入社, 現在に至る。
昭 21 年復員。
昭 28 年地元市役所に入り, 建築設計監督等を経て現在に至る。

道路建設会社, コンサルタント会社等に勤務, 昭 45 日本道路(株)技術研究所に就職。
昭 21 年復員, 同年香川県土木部, 土木出張所長, 港湾課長, 土木部次長を経て今日に至る。
昭 21 年 2 月復員, 鹿児島市役所, 昭 29 年水道コンサルタント業務。
昭 21 年復員。
旭建設興業(株)企画部長, 横須賀極東米海軍施設部特殊顧問, 高野建設(株)土木部長, パシフィック・コンサルタンツ(株)嘱託。
昭 20 年 9 月復員, 昭 43 年まで西本建設(株), 昭 43 年日東建設入社。
復員後建設省に入省, 昭 37 年退職, (社)建設電気技術協会就職。
運輸省門司地方建設部, 昭 22 年四国地方建設部, 昭 27 年建設省松江営繕工事事務所長, 昭 36 年退官後, 藤田組高松営業所長, 昭 39 年合田工務店常務, 昭 45 年退職。
昭 20 年 9 月復員, 運建に入り, 仙台地方建設部, 昭 23 年民間に転じ, 昭 27 年建設省に復官, 昭 29 年建本に入り, 昭 39 年退官, 昭 39 年極東建設事務所取締役, 富士技術コンサルタンツ(株)代表取締役を経て今日に至る。
徴用解除後, 国鉄に復帰, 昭 22 年退官, 備南電鉄専務, 大和設計専務を経て昭 41 年会社設立, 現在に至る。
復員後, 運輸省大阪地方建設部, 特別調達庁を経て, 昭 26 年防衛庁に出向, 昭 36 年停年退職, 岡組に入社, 副社長, 昭 43 年池田建設(株)入社, 専務。
民間建設会社勤務, 昭 40 年建築設計事務所を開設。

付表 3-1（6） 元海軍

氏名	生年	出身校・専攻	卒年	転官年	最終階級	1972年勤務先	区分	初職
松井 静夫	1911	山梨高工・土木	1933		海軍技師	（株）地崎組名古屋支店長	民間企業	
松永 岳夫	1906	金沢高工・土木	1928		技術少佐	佐伯建設工業富山出張所長	民間企業	
松野 団治	1905	北大工・土木	1928		海軍技師	大芝土木設計事務所	民間企業	
松原 登喜雄	1915	名古屋高工・建築	1937		技術大尉	浦野設計事務所常務取締役	民間企業	佐世保海軍建築部
松本 伊之吉	1893	東大工・建築	1919	1942	技術中将	松本陽一設計事務所会長	自営	横須賀海軍建築部
松本 清一	1910	金沢高工・土木	1932	1944	技術中尉	鋼管基礎工業（株）工務次長	民間企業	土建会社
三木 光一		徳島高工・土木	1926		海軍技師	美土利建設工業（株）代表取締役	自営	徳島県土木課
水野 金平	1905	名古屋高工・建築	1929		海軍技師	村本建設名古屋支店長	民間企業	
水野 太賀	1902	名古屋高工・土木	1924		海軍技師	水野建設（株）社長	自営	鉄道省
水間 栄之助	1910	熊本高工・土木	1933		海軍技師	（株）大本組調査役	民間企業	
湊 岩雄	1911	仙台高工・土木	1933		技術大尉	東洋建設（株）名古屋支店長	民間企業	
南 正一	1912	海軍経理学校	1933		主計大尉	日本舗道（株）合材事業部長	民間企業	
宮下 寿雄	1906	北大工・土木	1932		技術少佐	札幌生コン顧問	民間企業	
宮地 米三	1907	神戸高工・建築	1931			（株）竹中工務店設計部	民間企業	
宮本 芳英	1913	北大・土木専門部	1935		技術大尉	鹿島道路大阪支店長	民間企業	
武藤 一男	1916	日大工・土木	1939		技術大尉	（株）藤本組常務取締役	民間企業	海軍省建築局
武藤 又三郎	1912	北大・土木専門部	1933		技術大尉	福島県機械開発（株）常務取締役	民間企業	横須賀海軍建築部
村上 喜千雄	1916	山梨高工・土木	1937	1943	技術大尉	馬術建設（株）土木事業部長	民間企業	横須賀海軍建築部
村上 博	1912	福井高工・建築	1932	1942	技術少佐	中国土木（株）建築部長	民間企業	呉海軍建築部
村上 太作	1915	日大専門部工科・建築	1936		徴用技師	村上建設（株）社長	自営	
村山 愛七	1900	海軍機関学校	1922		海軍大佐	光線建設（株）取締役営業部長	民間企業	
本島 銀次郎	1912	横浜高工・建築	1935		海軍技師	藤沢市建築部長	自治体	横須賀海軍施設部
元田 稔	1901	東大工・建築	1925	1943	技術中佐	元田建築設計事務所長兼日大工学部講師	自営	東京市技師
森 勇造	1913	海軍航空予備学生			海軍大尉	総合設備研究所長	民間企業	
森 敏夫	1913	日大工・土木	1936		技術大尉	（株）青木建設参与	民間企業	
森川 実	1914	都島工業・土木	1938		海軍技手	（株）田中工務店京都支店長	民間企業	京都市技手
森 義弘	1904	神戸高工・建築	1926	1945	技術少佐	（株）神戸設計監理事務所取締役	民間企業	
屋敷 浩	1917	徳島高工・土木	1938	1943	技術大尉	極東工業（株）大阪支店長	民間企業	
矢島 憲三	1913	名古屋高工・建築	1935	1943	技術大尉	佐藤工業（株）福岡支店次長	民間企業	佐世保海軍建築部
山内 誠二	1909	東大工・建築	1933		技術少佐	東急不動産（株）技術顧問	民間企業	西村好時建築事務所
山内 和三郎	1901	北大・土木専門部	1924		海軍技師	日本水道コンサルタント北海道支部顧問	民間企業	東京市道路局
山形 繁之	1910	徳島高工・土木	1931		技術大尉	鳴門市運輸事業管理者	自治体	
山県 真寿雄	1910	呉一中	1928		書記	末広電機（株）札幌支店次長	民間企業	呉経理部
山崎 慎二	1894	東大工・土木	1919		勅任技師	日本総合防水（株）会長	民間企業	東京市技師
山里 尚英	1919	日大工・土木	1942		海軍技師	竹中土木（株）調査役	民間企業	
山田 竹治	1902	攻玉社・土木	1922		海軍技師	裾野市協栄土建顧問	民間企業	静岡県庁
山田 秀雄	1912	名古屋高工	1934		海軍技師	水野建設専務取締役	民間企業	
山田 誠	1904	東大工・建築	1927		技術中佐	巴組鉄工所副社長	民間企業	大阪府
山田 精一	1918	関西工業	1937		海軍技手	三井道路（株）常務取締役	民間企業	三井鉱山
山本 正己	1914	広島高工・土木	1931		海軍少佐	梅林建設（株）取締役	民間企業	呉海軍建築部
行松 光雄	1910	京大工・土木	1934	1945	技術少佐	三友工業（株）大阪支店長	民間企業	大阪市技師
横田 剛	1916	神戸高工・土木	1937	1945	技術大尉	香電工業（株）取締役社長	民間企業	大阪市土木部
横山 照	1904	横浜高工・建築	1928		海軍技師	建築事務所	自営	
吉島 晃一	1912	日大専門部工科・建築	1933		技術大尉	建築設計自営	自営	横須賀海軍建築部

第 3 章　土木国家の源流　119

施設系技術者の戦後

戦後の経歴

終戦後運輸建設本部名古屋地方建設部、昭 23 年建設省中部地方建設局、昭 26 年退官、現在に至る。
復員後郷里に帰り、今日に至る。
昭 21 年復員後、横浜市技師、その後建設会社に就職。
昭 21 年復員後、民間請負会社に就職、昭 37 年退社、同年浦野設計事務所に入社。
昭 30 年、巣鴨仮出所、建設会社を転々、昭 40 年設計事務所を開設。
昭 21 年引き揚げ、建設業界復帰、上司同僚と自営、昭 34 年明治建設、昭 46 年より現会社。
終戦後、書類の手違いで県復職ならず。建設会社を経営今日に至る。
昭 21 年運輸、昭 27 年建設省中部地方建設局、昭 39 年村本建設(株)取締役名古屋支店長。
復員後約 2 カ月間に部員の就職先が決まり、昭 20 年 10 月に名古屋市に復帰、昭和 21 年退職、父の建設会社を継承、現在に至る。
復員後郷里鹿児島に帰り、昭 20 年運輸省に入る。昭 23 年建設省に引き継がれ、昭 38 年(株)大本組に入社。
復員後、阪神築港(株)(現東洋建設)に入社、今日に至る。
終戦後海軍施設本部が運輸省に移管された時に運輸本部会計課に勤務、その後東京建設部会計課長、公職追放令発令とともに退任、ブルドーザー工事(株)を経て、現職就任。
終戦後は運輸勤務、昭 23 年全員を率いて、九地建へ統合、昭 32 年北海道開発局出向、昭 36 年退官、日鉄セメント系生コン常務。
終戦後、竹中工務店に復職、昭 22 年宮地建築事務所自営。
昭 20 年末引き揚げ、復員後大阪運建に勤務し、後民間業者に入る。昭 33 年以来現在の会社に勤務。
現在、建設会社役員として建設工事に従事。
終戦後建設省東北地方建設局、昭 34 年、現在の会社に入社。
昭 21 年 5 月復員、現会社に入社。
昭 21 年復員、運輸省四国地方建設部、建設省四国地方建設工事部、昭 29 年防衛庁に出向、昭 37 年防衛施設庁に統合、昭 38 年退職、昭 39 年より現職。
郷里に帰り、家業の建設請負業を自営、昭 38 年会社を組織変更して社長に就任。
終戦後 1 年有復員事務官、昭 21 年 12 月(株)原田組入社、岩崎土木(株)を経て昭 30 年光陽建設(株)へ入社。
終戦後は郷里に帰り、昭 21 年上京して建設会社並びに建築事務所設立、昭 33 年藤沢市建築部に就職。
終戦後第二復員官、昭 21 年復興院、昭 22 年特調仙台支局、昭 24 年退官、池田建築設計事務所取締役、昭 25 年元日建築設計事務所開設。
昭 20 年 9 月復員、昭 35 年退職。
昭 21 年復員後、特別調達庁に勤務、昭 28 年防衛庁、昭 29 年航空自衛隊、昭 43 年航空幕僚監部施設課長、退官、現在(株)青木建設に勤務。
昭 22 年復員、京都市、大阪特調技術部、近畿地建、防衛庁、45 歳にて退官。
運輸神戸出張所長、昭 22 年同部員を以て組織された大和建設興業(株)の営業部長、昭 35 年(株)昭和設計事務所参与監理部長、昭 44 年退職、神戸市出身者をもって現事務所開設。
復員し、中国四国建設局を経て、昭 37 年極東工業株に入社。
運輸、特別調達庁、民間会社に勤め今日に至る。
終戦後運輸、国鉄に勤務、国鉄退職後は極東鋼弦コンクリート(株)、興和コンクリート(株)、東京急行電鉄(株)、東急不動産(株)に移る。
終戦処理後旭川市役所に再就職、水道部長等を経て昭 36 年日本水道コンサルタント入社、昭 45 年同顧問。

昭 22 年復員、昭 26 年鳴門市土木課長、昭 43 年鳴門市運輸事業管理者。
復員後、運輸省建設本部、昭 22 年新潟建設部、昭 24 年建設省北海道営繕局、昭 26 年北海道開発局、昭 31 年北海道開発公庫、昭 33 年北海道ディデル機関。
昭 29 年日本総合防水(株)設立社長。
終戦後、運輸省建設本部、昭 23 年建設省関東地方建設局、昭 41 年竹中土木(株)に入社。
昭 22 年沼津市役所を経て現在に至る。
復員後は元海軍技師水野太賀経営の水野建設(株)に入社。
終戦後、運輸省建設本部建築課長、昭 25 年建設省中四国地建局営繕部長、昭 25 年警察予備隊出向、昭 27 年防衛庁建設本部長、昭 37 年退官、昭 38 年巴組鉄工所取締役副社長就任。
昭 18 年徴用解除、三井鉱山に帰る。昭 32 年三井建設に入社、昭 40 年北海道道路に出向、昭 46 年三井道路に復帰。
昭 21 年復員、同年梅林建設に入社、昭 36 年東京支店次長、昭 39 年取締役。
建設省大和工事事務所長、和歌山県、岡山県土木部長、昭 40 年退職、建設業界に入る。
昭 21 年復員、昭 21 年道路舗装会社に就職、昭 23 年同社倒産、以後道路工事請負自営、昭 40 年会社設立。
昭 20 年建設会社に就職、昭 23 年長崎県立工業学校教諭、昭 39 年西海学園高校教諭、昭 42 年建設会社就職、昭 45 年一級建築士事務所経営。
復員後建築設計自営今日に至る。

付表 3-1（7） 元海軍

氏名	生年	出身校・専攻	卒年	転官年	最終階級	1972年勤務先	区分	初職
吉田 勝治	1908	名古屋高工・建築	1928		海軍技師	(株)丹羽英二建築事務所参与	民間企業	
吉田 進一	1912	名古屋高工・土木	1935	1945	技術大尉	日本道路(株)取締役技術部長	民間企業	京都市
吉田 知義	1921	北大・土木専門部	1941		大尉	(株)日本水道コンサルタント企画課長	民間企業	第1期海軍予備学生
吉田 虎次郎	1913	京城高工・土木	1935		技術大尉	(株)復建エンジニヤリング道路調査計画室長	民間企業	
吉原 一雄	1912	日大・専門部工科・建築	1933	1943	技術大尉	昭和設備工業(株)社長	自営	横須賀海軍建築部
吉丸 勝吉	1907	熊本高工・土木	1930		技術少佐			鉄道第二連隊
依田 勝衛	1902	早稲田工手・土木	1926	1944	技術中尉	大長崎建設(株)顧問	民間企業	
和田 重	1914	横浜高工・建築	1935		徴用技師	大成建設(株)取締役仙台支店長	民間企業	大成建設

出所）『海軍施設系技術官の記録』刊行委員会編『海軍施設系技術官の記録』同委員会，1972年，461-561頁。
注）(1) 転官年は，文官から武官に転官した年。
　　(2) 表中の「現在」は，1972年を指す。

施設系技術者の戦後

戦後の経歴
運輸省運建で手持の資材機械をもって鉄道の戦災復興に従事，特別調達庁，防衛施設庁を経て，昭39年建設会社に入社，昭44年建築事務所に関わる。
昭21年京都市に復職，昭35年日本道路(株)入社，取締役大阪支店長を経て今日に至る。
昭21年復員，新潟県土木部，昭36年現会社に転出。
昭21年引き揚げ，特別調達庁，防衛庁，日本道路公団を経て，昭44年復建エンジニヤリング入社。
復員後，運建の設立委員として，主として名古屋地方建設部のお膳立をし，設立と同時に民間会社に転じ，神中組，東邦建設，林建設を経て，昭30年会社自営。
昭21年復員後星野組入社，昭25年新川組入社，昭37年山本組，昭41年鹿児島実業高校川内分校勤務，昭43年退職。
昭21年大長崎建設(株)，昭46年同社専務取締役をもって退社。
復員後大成建設に復社。

第 4 章

流転する海軍将校
――海軍機関学校卒業生の戦後――

はじめに

　海軍機関学校は海軍兵学校，海軍経理学校と並ぶ海軍三校の一つである。1874年，海軍兵学寮横須賀分校として設置され，76年に海軍兵学校横須賀分校と改称，78年には海軍兵学校附属海軍機関学校となり，81年に独立して海軍機関学校となった。しかし87年にいったん廃止され，93年にふたたび横須賀に設置された。97年より採用年齢は満16歳以上21歳以下，修業期間は3年4カ月となり，機関術，水雷術，普通学の3科を学んだ。なお1907年より採用年齢は満16歳以上20歳以下とし，20年から修業期間は3カ年に短縮された[1]。

　1914年に海軍工機学校（1897年に海軍機関学校附属から分離された機関工練習所および技手練習所の後身）を合併して練習科とし，学生（機関将校）と練習生（下士卒）を教育する学校となったため，従来の教程は生徒科となった。20年には海軍機関兵曹長のなかから将来特務士官として機関科将校と同等の配置につく者を選修学生として採用することになり，同年11月には1期生25名が入学した。なお文官教官には芥川龍之介（英語担当），内田百閒（ドイツ語），豊島与志雄（フランス語）などがいた。23年9月の関東大震災によって校舎が罹災したため，23～25年には江田島の海軍兵学校内に移り，25年に舞鶴に移転した。26年1月には海軍機関学校本部が横須賀から舞鶴に移設され，附属の練習科は独立して海軍工機学校となった[2]。なお海軍機関学校では最上級生を1号生徒と呼び，以下2号生徒，3号生徒と称された[3]。

表 4-1 期別海軍機関学校卒業者数

期別	年月	人数	期別	年月	人数
1	1894.11	10(0)	31	1922.06	108(16)
2	1895.12	10(1)	32	1923.07	102(15)
3	1896.12	18(2)	33	1924.07	97(8)
4	1897.10	17(2)	34	1925.07	21(3)
5	1897.12	25(2)	35	1926.03	25(4)
6	1898.12	21(2)	36	1927.03	45(7)
7	1899.12	20(4)	37	1928.03	43(5)
8・9	1900.12	46(8)	38	1929.03	49(8)
10	1901.12	37(3)	39	1930.11	36(5)
11	1902.12	61(8)	40	1931.11	34(9)
12	1903.12	67(11)	41	1932.11	34(8)
13	1904.11	61(3)	42	1933.11	35(13)
14	1905.11	30(2)	43	1934.11	37(13)
15	1906.11	44(1)	44	1936.03	40(12)
16	1907.11	52(3)	45	1937.03	58(24)
17	1908.11	61(3)	46	1938.03	69(30)
18	1909.11	66(3)	47	1938.09	75(30)
19	1910.07	63(4)	48	1939.07	74(34)
20	1911.07	58(2)	49	1940.08	78(32)
21	1912.07	60(5)	50	1941.03	76(42)
22	1913.12	59(3)	51	1941.11	93(57)
23	1914.12	44(10)	52	1942.11	115(57)
24	1915.12	49(3)	53	1943.09	111(57)
25	1916.11	35(4)	54	1944.03	173(51)
26	1917.11	39(4)	55	1945.03	318(1)
27	1918.11	48(3)	56	1945.10	463
28	1919.10	48(4)	57	1945.10	542
29	1920.07	64(14)	58	1945.10	656
30	1921.07	65(9)	合計		4,885(664)

出所）水交会協力『海軍兵学校　海軍機関学校　海軍経理学校』
秋元書房, 1971年, 236-237頁。
注）(1) 人数の（　）内は戦死者数。

　海軍機関学校の修業期間は度々変更された。第1〜3期は4年，第4期は3年10カ月，第5〜28期は3年4カ月，第29〜38期は3年，第39〜43期は3年8カ月，第44〜46期は4年，第47期は3年6カ月，第48・49期は3年4カ月，第50〜52期は3年，第53期は2年9カ月，第54・55期は2年4カ月

であった[4]。また1930年3月に舞鶴新校舎が完成した。舞鶴に移転してから終戦時までに34期〜55期の1639名が卒業した（表4-1参照）。また舞鶴移設後選修学生の5期〜24期合計765名が卒業したが，うち283名が戦死した。海軍機関学校への入学は難関であった。例えば33年度生徒（45期）採用試験の志願者数は1719名，採用者は60名であった[5]。

1942年11月に従来の兵科と機関科の区分が廃止されたため，44年10月に海軍機関学校は廃止され，新たに海軍兵学校舞鶴分校となった。その結果，在学中の機関学校55期と56期は兵学校74期と75期となり，機関学校57期と58期として入学する予定だった者は兵学校76期と77期として入学した。44年の海軍機関学校廃止後は海軍工機学校が改編されて海軍機関学校の名称を継承した。また海軍兵学校舞鶴分校の廃校は45年9月30日であった[6]。

本章の目的は海軍機関学校卒業生の戦後の軌跡を追跡することである。海軍機関学校では中学校卒業生（四年修了［四修］，一浪を含む）が2年4カ月〜4年の教育を受けたため，卒業時は20歳前後であった。海軍機関学校卒業生の多くは，敗戦を機に引退するにはまだ若く，自らの戦後をいかにして開拓していったのか，その営為にどのような特徴があり，戦後の産業史，技術史にいかなる影響を及ぼしたのか，これらの諸点を念頭に以下では具体的な考察を行いたい。

1　海軍機関学校の教育と卒業生の進路，留学

1918年8月15日に制定された「海軍機関学校生徒科教育綱領」によると，学術教育科目は，1. 機関術（概説，蒸気機関，電力機関，内火式機関，水圧機関，熱力学，応用力学，機関計画，機関の整理操縦，作図，工作），2. 造船学（艦艇の構造及理論），3. 兵器学（現用兵器の構造及使用法），4. 軍制学（帝国憲法，海軍軍制，刑法，海軍刑法，海軍治罪法，懲罰令，個人並公衆衛生の大要，経理の大要），5. 運用術大要，6. 数学（代数，三角法，解析幾何，微積分），7. 理化学（物理学，工用化学，力学），8. 外国語学（英語，独語，仏語［英語は必修，独語，仏語

表 4-2　海軍機関学校卒業生の期別留学先別留学者一覧

期別	イギリス	アメリカ	フランス	ドイツ	スイス
1	小田切　延寿(1897～1900) 宮川　邦基(1900～1905)				
2	風間　篤次郎(1899～1902)				
3	木村　貫一(1902～04)				
4	大内　愛七(1915)	朝永　五郎(1905～09)			
5	水谷　光太郎(1916～17) 三善　康太郎(1918～20)				
6	西原　博(1905～08)				
7	山下　巍八郎(1917～19)			川路　俊徳(1906～11)	
8	武村　耕太郎(1905～08)				
9					
10					
11	宮本　雄助(1916) 吉岡　保貞(1917～18)	宮本　雄助(1914～16)		西　義克(1910～14)	
12	小野寺　怒(1907～11) 西郷　従親(1913～14, 私費)				
13	赤堀　玄佶(1915～17)		小野　徳三郎(1918)	斎藤　昇(1931～33)	
14	山中　政之(1917～21)				
15	氏家　長明(1910～13)	古市　竜雄(1912～15)			
16					
17	葛　良修(1913～15)				葛　良修(1921～23)
18	都筑　伊七(1919～21)	府録　東作(1915～17) 都筑　伊七(1918～19)			
19	桜井　忠武(1919～22) 木梨　律馬(1921～23)		永江　晋(1934～37)		
20		三戸　由彦(1917～20)			
21				赤坂　卯之助(1923～25)	
22		福田　秀穂(1919～22)			
23	森田　貫一(1924～26)				
24			福地　英男(1926～28)		
25		久保田　芳雄(1921～24)		今泉　英三(1929～31)	
26				脇　太良(1925～27)	
27	北川　政(1923～26)			岸川　覚雄(1930～32)	
28		釜井　勇(1930～32)		秋重　実恵(1927～29)	
29		長嶺　公固(1924～27)	石田　太郎(1932～34)		
30		松尾　祐一(1932～34)			
31		磯部　太郎(1934～36)	今田　敏(1928～30)	奥田　増蔵(1935～37)	
32	吉武　二郎(1932～34)	吉田　正臣(1927～30)	奥本　善行(1934～36)		
33				中筋　藤一(1933～35)	
34	森下　陸一(1930～32)		浅沼　保(1936～38)		
35		今井　和夫(1939～41)	中村　威(1938～40)		
36				葛西　清一(1939～41)	
37	安武　秀次(1934～36)				
38	奥田　憲(1936～38)				
39		伊藤　武夫(1936～39)			
40	山本　益彦(1938～40)				
41	滝田　孫人(1940)				
42		山田　亘(1941)			

出所）宇佐美寛『黒糸縅のサムライたち―海軍機関科士官の一側面―』原書房，2010 年，33-35 頁。
注）(1) 卒業期不明の岩本信太（イギリス，1911～13 年）と山下茂（ドイツ，1923～25 年）が表掲されていない。

はそのうちの一つを兼修]）から構成され，訓育科目は，1．倫理（倫理大要，歴史，講話），2．軍務一般，3．銃隊訓練（小銃拳銃射撃を含む），4．武技（剣道，柔道，遊泳術，短艇境漕），5．体操からなった[7]。

　海軍機関学校首席卒業者（恩賜組）には海外留学の道も開けていた。表4-2には4期生，11期生，12期生，13期生，18期生，25期生，27期生，28期生，29期生，31期生，32期生，34期生，35期生のうちの2〜3名が留学を経験し，その他の期では9・10・16期を除き毎期1名が留学していることがわかる。留学先は当初は圧倒的にイギリス（グリニッジ海軍大学，グラスゴー大学）であったが，15期（1906年11月卒業）の古市竜雄あたりからアメリカ（主にMIT）留学が増加し，一方でフランスやドイツにも派遣されていたことがわかる[8]。

　また海軍機関学校を卒業して機関少尉に任官されたあとの修学，研修状況も多様であった。例えば36期生（1927年3月卒業，45名）の場合，全員が2回に分かれて海軍工機学校普通科学生教程（修学6カ月）を修了し，さらにその後13名が海軍大学校機関学生，7名が海軍大学校選科学生（仏語専修2名，帝大正規学生2名，帝大聴講2名，海軍大学校研修1名），5名が潜水学校機関学生，3名が工機学校専攻科学生，14名が航空整備専攻，特修学生（主として霞ヶ浦，横須賀の各航空隊において研修）などを経験し，その他に2名が海外駐在した（ドイツ1名，イタリア1名）[9]。

2　海軍機関学校卒業生の戦後

1）第1次世界大戦期までの卒業生

　第1次世界大戦までに海軍機関学校を卒業しているということは終戦時には50代以上に達していたことを意味している。彼らは海軍で十分に長いキャリアを積み，アジア太平洋戦争期には指導者層を形成していた世代である。

生産技術協会の活動：渋谷隆太郎（1887〜1973年：18期）

　渋谷隆太郎は横須賀海軍工廠造機部長，呉海軍工廠造機部長を経て1940年10月に広海軍工廠長，同年11月に中将，41年11月に呉海軍工廠長，44年11

月に海軍艦政本部長に就任した[10]。

終戦直後米内光政海軍大臣の指示によって旧海軍技術資料の収集整理に当たる作業が開始されたものの，活動資金50万円は1回しか支給されず，海軍省も廃止されたため，1946年1月に海軍造機工業会解散整理の残金15万円を基金として社団法人生産技術協会が設立され，調査収集作業が継続された[11]。渋谷は生産技術協会の活動を支えただけでなく，海上保安庁や防衛庁の艦船機関の整備に関してもさまざまな助言を行った[12]。

渋谷が中心となって生産技術協会はさまざまな技術資料を関係各方面に提供する一方，自衛艦の建造，整備，保存，検査，修理などに関する規則類作成において防衛庁を支援した。生産技術協会が防衛庁から受託実施したテーマは，旧海軍各種補助機械艦内試験実施標準，自衛艦各種機関部諸装置工作基準（案），自衛艦（潜水艦）船体部整備基準（案），自衛艦推進器つりあい試験実施方策など広範囲に及んだ[13]。

1965年に渋谷は「わが国を核に対して強い国にするにはわが国民をして核に対して十分に勉強させ，核に対する人材を多数養成し，科学的にも技術的にも世界の尖端を行く国にしなければならない。種々の事情で核武装することができないとしても原子力平和利用を最大限に発揮し，核の技術を大いに向上せしめたいものである」との見解をのべた。渋谷によると実力の裏付けのない外交は弱く，実力とは「道義と科学技術の水準高き国民の力」であり，「核の力は国の実力の中核」であった[14]。

最後の海軍艦政本部長であった渋谷は終戦処理を担当し，その後も生産技術協会を拠点にして海軍技術資料の収集保存だけでなく，多方面への技術資料の提供，防衛庁からの受託業務の遂行の先頭に立った。渋谷は海軍技術の戦後への継承・活用に全力を注いだのである。

日本瓦斯化学工業と海軍ネットワーク：榎本隆一郎（1894～1987年：24期）

榎本隆一郎は1924年に九州帝国大学を卒業し，海軍在職中に商工省人造石油課長，四日市海軍燃料廠長，軍需省石油部長，同燃料局長などを歴任，終戦時海軍中将であった。燃料局時代に一緒に働いた金子幸男の勧めで，榎本は人造石油事業史の編纂に従事し，帝国燃料興業（帝燃）から月額500円の手当を

得た[15]。

　続いて徳山時代からの友人である住本誠治博士の提案である絶縁油再生処理事業を実現するために，榎本は元軍需省大臣豊田貞次郎海軍大将に同道を願い，東京電力の高井亮太郎社長を訪問して事業計画を説明した。同社副社長の進藤武左衛門が九大時代の学友であった関係から計画は順調に受け入れられ，榎本は友人である帝燃部長の庄野直介の紹介によって早川鉄工所の早川市蔵社長から借地することができた。一方資金調達に関しては，和歌山中学の同窓生である北代誠弥が復興金融金庫（復金）理事長であり，復金から300万円の借り入れが実現した。工場建設資金は約500万円であったが，残りの200万円は早川から融通され，両3年で完済することができた。こうして榎本は1948年に油科学工業を設立することができた[16]。

　一方，戦時中の海軍の航空燃料合成技術は当時石油化学という名称を用いなかったものの，石油化学の先駆であり，これを利用することによって石油化学工業を推進したいとの希望を榎本は有していた。榎本は海軍技術のうち，メタンの電弧分解によるアセチレン化に関する企業計画を1950年春通産省化学局に提出した。通産省の主務課長である佐藤清一は榎本の燃料局時代からの友人であり，佐藤は海軍技術の追試を提案し，大船に保存されていた旧海軍の実験設備を日本軽金属の新潟工場に移設して再実験することになった。政府の工業化助成金を基礎に，日本軽金属，倉敷レイヨン，三井化学工業が共同出資する形で財団法人瓦斯電弧分解工業試験所が設立されたが，公職追放中の榎本が参加することはなかった。結局追試の結果企業化はあきらめることとなり，52年8月に財団は解散した[17]。

　榎本は次に新潟の東洋合成の工場を譲り受け，江口孝博士（徳山海軍燃料廠時代からの30年来の友人）の技術によってメタノールを産出し，天然ガス化学工業を体系化することを構想した。企業構想実現のために榎本は豊田貞次郎を訪ね，発起人について依頼したところ，豊田貞次郎は友人を推薦し，財界から小林中（富国生命社長，後に日本開発銀行総裁），河上弘一（元日本興業銀行頭取），渋沢敬三，産業界から大原総一郎，佐々木義彦（東洋レーヨン社長），小笠原三九郎（元商工大臣，後大蔵大臣），原料ガス供給の関係から酒井喜四（帝国石油

社長), 新潟県出身者代表として塚田公太 (元貿易庁長官, 後倉敷紡績社長) が決まり, さらに後に岡田正平新潟県知事, 村田三郎新潟市長, 和田閑吉新潟商工会議所会頭, 江口孝, 榎本が加わった[18]。

1951年2月に日本工業倶楽部において発起人の打合せ会が開催され, 通産省からは岡田秀雄資源庁次長, 徳永久次鉱山局長らが参加した。帝国石油から天然ガスの供給を受け, メタノール1日10トンの生産を目標とした。工場は復金から旧東洋合成の遊休工場を5000万円 (復金から借り入れ) で譲り受け, 工場改修費1億円, 運転資金2000万円を見込み, 改修費は資本金5000万円 (発足時500万円) と復金借り入れで賄い, 運転資金は全額市中借り入れとした。同年4月に日本瓦斯化学工業の設立総会が開催され, 榎本社長, 江口専務だけを常勤役員とし, 渋沢敬三, 藤山愛一郎, 中野四郎太 (新潟交通社長), 有沢忠一が非常勤取締役, 佐々木義彦が監査役に選任され, 豊田貞次郎, 塚田公太, 大原総一郎が相談役に就任した。このうち中野と有沢は岡田知事の推薦であった[19]。

以上のように戦後榎本はさまざまな事業計画の実現に取り組んだが, そのいずれにおいても海軍時代に培った広い人的ネットワークが大きな意味を持った。公職追放が活動の制約になったことは事実であるが, 1951年4月には日本瓦斯化学工業の社長に就任した。

生産技術協会と三五会の活動：久保田芳雄 (1895~1991年: 25期)

MITに留学 (1921~24年) した久保田芳雄少将は43年9月に海軍航空技術廠発動機部長, 44年5月に軍需省航空兵器総局第三局長を歴任し, 戦後直後渋谷隆太郎に生産技術協会設立を進言し, 72年の同会解散まで理事, 評議員を務めた。久保田は民間企業では日本高級金属工業, 日立製作所, 神戸製作所, 川崎重工業など, さらに国際特許事務局の相談役や顧問を務め, また海軍機関学校同窓会を創立して会長に就任し, MIT卒業生の会の会長も務めた[20]。

1952年頃, 海軍出身者であり, 「会員は困難なる状況下から立ち上がった, いわば成功者たることとし, いかに小さくとも一国一城の主たること。または大会社ならば, 役員級にのし上がった人」を条件とし, 会員数を35名以内に限定した親睦組織である三五会が設立された。久保田は発足時の世話人幹事であり, 一番の若年であったが, 発足時の会員は牛丸福作元中将 (生産技術協会),

渋谷隆太郎元中将（同上），多田力三元中将（同上），武井大助主計中将（昭和産業社長），榎本隆一郎元中将（日本瓦斯化学社長），西武雄元技術大佐（日本高級金属工業社長），沖信次元海軍技師（東京鍛工社長），佐々川清元技術少将（日本砂鉄社長），名和武元技術中将（三波電機社長），藤井芳郎元少将（萱場製作所重役）などであった[21]。

以上のように戦後の久保田は多数の民間企業の相談役や顧問だけでなく，海軍機関学校同窓会会長，三五会の世話人幹事などを務め，海軍関係者の組織化にも尽力した。

2) 29期～45期生

1894年11月卒業の第1期生から1945年10月卒業の58期生（兵学校77期，在校期間は半年）まで人数を示した前掲表4-1によると，戦間期に卒業した29期生（20年7月卒業）から45期生（37年3月卒業）の総数は893名に達し，そのうちの173名が戦死したため，生きて戦後を迎えることができた者は720名（その他病死等を含む）であった。

付表4-1（1）～付表4-1（8）には29期から45期の終戦時生存者720名のうち420名の1954年10月，63年11月，69年9月現在の勤務先が示されている。420名のうち3時点の勤務先がすべて判明する者は178名しかいない。

水交会という旧海軍関係者の親睦団体がその職業を把握した海軍機関学校卒業生が720名中420名（全体の58％）にとどまったという事実は重い。以下では主として420名の戦後における帰趨を追跡することになるが，その背後には水交会が把握できない約4割の卒業生がいたことに留意する必要がある。

終戦時29期生は45歳前後，45期生は28歳前後であった。従って1954年時点の就職先は29期生が50歳代半ば，45期生では37歳前後ということになる。3時点とも名だたる大企業が並んでいる訳ではない。公職追放の影響は大きく，海軍機関学校卒業生の昭和20年代における就職活動を厳しく制約した。また3時点の勤務先が判明する178名のなかで同一勤務先に継続勤務している者は自営などを除くと55名に留まる。高度成長期に入っても勤め先を変わる者が安定的な職場で勤続する者よりもはるかに多かったのである。

こうした全体動向を念頭に付表4-1（1）～付表4-1（8）を通覧すると，43期生まで米軍関係の諸施設に勤務する者が相当数いることが分かる。勤務先は横須賀基地に限定されない。とくに29・30期生のなかでの米軍関係施設勤務者の多さが際立っている。海上保安庁の外局として海上警備隊が創設されるのは1952年4月であり，それが保安庁警備隊を経て海上自衛隊に発展するのは54年7月であった。復員後，公職追放下で就職先を制約された比較的年齢の高い技術者にとって米軍は数少ない就職先であった。一方，終戦時30歳前後の43・44期生の間では54年時点で海上自衛隊，陸上自衛隊，防衛庁勤務がきわめて多い。終戦後9年を経過して，43期生はふたたび軍事部門に結集するかのようである。しかし同時にその彼らの全員が自衛隊・防衛庁に長期勤続した訳ではなく，定年退職ではなく，中途で民間に転じた者も少なくなかった点にも留意しなければならない。

　付表4-1（8）の最後に登場する松平永芳は祖父が松平春嶽，父が慶民（宮内大臣）であり，海軍機関学校卒業後南方に勤務し，第11海軍根拠地隊（サイゴン）参謀のとき終戦を迎えた。戦後陸上自衛隊幕僚監部，防衛大学校教官，防衛庁戦史部勤務を経て，1968年に退官して福井市長の要請により福井市立郷土歴史博物館長に就任し，78年には靖国神社宮司となった[22)]。

3）40期生

　1931年11月卒業の40期34名のうち新井善志は戦後4つの会社に勤務した。その後小企業2社に勤め，最後は中規模企業（資本金3億円余）に就職した[23)]。伊藤祐可によると「海軍奉職最後ノ第二一空廠一年余ハ全力運転デ全生涯中最高ニ充実シタ期間デアッタ。終戦デ『私』ハ消滅残骸ダケガ残ッタ」，「戦後ハ残骸ノ修復期。会社経営ハ五里霧中デ翌月ノコトサヘ予測デキナカッタ。インフレデ月毎ニ給料ヲ改訂シテ支給スルノニ苦心シタ。給料ヲ貰ウ立場ニナッテホットシタ」[24)]。

　戦後木山正義が日本燃料を設立する際，岳父兼田一郎（16期，海軍中将，元海軍機関学校校長）とともに大蔵省を訪ね池田勇人事務次官および前尾繁三郎主税局長に協力を依頼したが，両氏とは戦時中のアルコール増産事業において

懇意にしていた。木山は戦時中燃料戦備を担当していた関係から2年近く占領軍の調査尋問に応じなければならなかった。木山は「その間生き残った者の義務として，先ず戦没死した同期生の遺族の御世話する事を第一の責務として努力した」。次に燃料関係の技術科士官，技師，技手，工具等の就職斡旋を行い，その数は100名を超え，とくにライオン油脂には10名近くの技術科士官を採用してもらった[25]。

一方，1946年秋に北朝鮮にあった元第五海軍燃料廠の技師，技手，従業員が帰国するが，これらの帰還者を援助するために，木山は彼らの技術を活用する機関車用ピッチ煉炭製造事業を計画した。この計画を恩師の竹井俊郎，親友の上野浩，池田勇人，前尾繁三郎，運輸省鉄道総局長官佐藤栄作らに相談し，47年9月に日本燃料の設立に漕ぎつけ，引揚者を収容した。また48年4月に設置された燃料懇話会は事務局を日本燃料のなかに置いた。同会は燃料国策のあり方について審議建議などを行う組織であり，名誉会長は山梨勝之進海軍大将，会長は柳原博光海軍中将（20期），会員に浜田祐生（兵学校47期），秋重実恵（機28期），原道男（兵51期）らがおり，木山が代表幹事として燃料政策の立案に当たった。燃料懇話会は吉田首相に対して意見書を提出し，また石油連盟社長会の要望に応えて，講和条約後の石油見通しや業界としての対策に関する意見を述べた。一方，海上自衛隊の前身である海上警備隊の発足は52年4月であったが，これに先立っていわゆる「Y委員会」が設置された。旧海軍関係者は8名が参加し，木山が体調のすぐれない秋重実恵の代役を務めることもあった[26]。

古川尚志は1952年に警察予備隊に入隊，65年に防衛庁を定年退職し，同年から80年まで神鋼電機に勤務した。海軍時代は海軍大学校選科学生として東京外国語学校ドイツ語学科で2年，東京帝大工学部（航空原動機）で3年研修した。56年には陸上自衛官から航空自衛官に転官し，西部方面武器課長，整備学校教育部長を経験した後，航空幕僚監部補給課長，装備部長として装備予算を担当した[27]。

八木橋六郎は帰国後東亜石油に勤務して終戦処理に専念し，次に四日市旧海軍燃料廠の払い下げ申請を10数年にわたって行い，その一部を入手すること

ができた。1949年に八木橋はガソリンスタンドの経営に乗り出そうとしたが実現せず，53年には航空自衛隊創設に際して先輩から強力な慫慂があったが結局辞退した。八木橋は東亜石油に18年，共同石油に3年勤務した後，細野工業所と組んで数年間製缶業を自営し，その後先輩が経営する日本容器で約10年間ドラム缶の製造修理を担当した。八木橋は「戦争で死んで当り前，死に損いという観念も併存していたことも事実である」と回想する[28]。

4）46期以降の卒業生

風戸健二（46期）を中心に芦沼寛一（元東京航空計器），伊藤一夫（元海軍技術研究所），黒田徹（元大船海軍燃料廠），舟橋憲治（元海軍技術研究所）らが1946年4月に千葉県茂原に集まって電子顕微鏡の試作研究を開始し，電子科学研究所（沢達取締役社長［元徳山燃料廠長，風戸が機関学校生徒の時の訓育主任］，柴勝男専務取締役［元海軍大佐，風戸の同郷の先輩］，風戸常務取締役）を設立した[29]。

風戸らは伊藤庸二元海軍技術大佐の助言を受けながら電界型の電子顕微鏡の試作に取り組んだが失敗に終わり，次に鈴木重夫博士の助言を得て磁界型の電子顕微鏡の開発に取り組み，1947年10月に完成させ，12月には三菱化成に55万円で納入することができた。電子科学研究所では市中融資を受けることができなかったため，風戸（このときの月給は420円）は47年夏に復興金融金庫に100万円の融資を申請し，12月に95万円が認められた[30]。

1949年に風戸らは茂原を離れ，新たに三鷹に日本電子光学研究所（61年に日本電子と改称）を設立した。当初工場については伊藤庸二の力添えで日本無線が使用していない研究所の一時使用を黙認してくれた。その後日本電子光学研究所は専売公社秦野煙草試験場，北越製紙，東京大学生産技術研究所，科学博物館などから受注し，54年までに20種類の新型電子顕微鏡をつくった[31]。

栗田春生（49期）は1945年12月に第二復員省事務官となり，47年4月に退官した。翌5月に日本汽缶（大阪市城東区）に入社して工務課長となり，49年7月に栗田工業を創立して取締役社長に就任し，67年に同社取締役会長に就任した[32]。栗田が海軍で取得した先端技術である汽缶浄缶剤をベースにした

水処理技術で成長した栗田工業は，56年に三菱化成工業とイオン交換樹脂で提携した[33]。後に元海軍汽缶実験部の水処理担当技師中山寛を招聘し，西宮に汽缶給水研究所を設立，所長に就任してもらい，技術面の強化を図った[34]。

大庭常吉（51期）は1946年7月に馬渕組に入社し，石材部門の東和興業の常務取締役となった。53年10月に湘南菱油を設立し，ガソリンスタンドの展開，廃油類の再生事業等を通して三菱石油の大口代理店としての地位を確立した[35]。なお81年の湘南菱油には代表取締役の大庭常吉以外に堀江文彦（42期），長石一治（46期），岩崎寛（50期），吉田公利（55期），衣笠健（55期），木戸泰介（56期），白戸光二（兵学校76期）の旧海軍関係者が勤務していた[36]。

5）53期生

53期生は2年9カ月の修業期間を終えて1943年9月に卒業した。卒業生111名中戦死者は57名に及んだ（前掲表4-1参照）。

野崎貞雄は2年余の復員輸送業務に従事した後旭川に帰郷した。49期の栗田春生に就職を依頼したところ，1948年初頭に栗田の勤務先である日本汽缶に工具として採用された。従業員50名程度の同社の社長は別府良三（21期，元海軍中将），常務取締役工場長は平松義雄（33期，元海軍大佐），工務課長が栗田であった。先にみた栗田の独立に野崎も同行し，49年7月に栗田工業（資本金30万円）が設立された。同社では人材の充実を図るため，53年より大学，高校の新卒採用を開始し，「新入社員特別教育」と称して3週間の特訓を行ったが，これは機関学校の入校特別教育を模したものであった。「取引関係でお世話になった海軍関係者は枚挙にいとまない」というのが野崎の感想である[37]。

斎藤義衛は1947年に慶応義塾大学に入学するが，48期の内田静雄，50期の清水通，同期の橋元一郎，室井正，海兵72期の向井寿三郎らと一緒だった。62年に日東化学に移り，人事部長として人員整理を経験し，外部での経過報告会で協和発酵の労務課長有馬俊彦（48期）と会い，子会社の日東製紙の処分交渉で萩を訪れた際には，同社の労組委員長である49期の田村賢雄と会うことになる[38]。

佐藤謙は復員業務に従事した後，横浜にあるロック・バージを紹介されたがすぐにやめ，1948年には世田谷の親戚宅に寄留しながらNOKの前身の会社に勤務した。52年に追放が解除され，53年に教職に就いた[39]。

北村卓也は1945年12月に日産自動車に工員として採用された。同時に入社したなかには海軍の技術科士官や陸士出身者もいた。46年1月には戦犯容疑者として巣鴨拘置所に入所した。その後フィリピンのカランバン収容所に移され，2年半の収容所生活を送った。容疑はマニラから東部海岸地区への移動に際しての土地住民とのトラブルであった。48年秋に突然帰国を許され，大学に行くか就職するか迷ったが，経済的事情から日産自動車に再就職した。同社では実験部から中央研究所（追浜航空隊の本館およびその周辺の建屋）へ，次に設計部へと異動した[40]。

6) 54期生

54期生は2年4カ月の修業期間を終えて1944年3月に海軍機関学校を卒業した。従って戦時経験は約1年半である。173名が卒業し，うち51名が戦死した（前掲表4-1参照）。

相沢克美は復員後大学に入学，卒業後商事会社に勤務し，アメリカに4年，インドに4年滞在した。後に商社から機械メーカーに転職した[41]。青木茂一は1946年に日本鋼管鶴見造船所に艤装取付工として入所試験を受け，同所検査課に勤務することになった。その後社員試験に合格して技師となり，61年に造機係長，70年に検査課長となった。さらに重機課長，鋼管課長を経て74年に艤装部艦艇建造室長となり，中小掃海艇の製造に従事した。79年に日本鋼管を退職してロイド船級協会に就職したが，不況のために87年に辞職して日本海事検査協会に就職し，さらに93年にパナマ船級協会（Panama Bureau of Shipping）に転じた[42]。

青山健は終戦後福島の相馬で過ごし，上京してコックをしながら勉強し，1949年に東武鉄道に入社した[43]。秋田正光は農業に従事し，54年に三菱重工業の航空機生産再開のための技術者募集に応募して採用された。56年3月から三菱重工業名古屋航空機製作所に勤務し航空自衛隊納入のF86，F104，F4

の生産に従事した。「眼前の怒濤に直面し，正面からぶつかってその困難を乗越えんとするとき私に勇気を与えてくれましたのは特攻隊として逝ったクラスの友の行為でありました」というのが秋田の回想である[44]。伊東輝夫は47年に大学に入って燃料化学を専攻し，卒業と同時に興亜石油に入社した。以降83年に関連会社社長を退任するまで，東京本社，横浜，麻里市（岩国），大阪の3製油所に勤務した。退職後日揮で4年間海外研修生の技術指導に当たり，その後韓国の製油所建設，イランのLPG工場建設，中国のスラリー（水煤漿）工場建設に協力し，さらにシルバーボランティアとして中国の製油所に派遣された[45]。

石松敏之は1946年5月に九州大学理学部に入学した。「運があって生き残ったのだからとにかくやりたいことをやってみよう」という単純な動機であったが，公職追放令の下では教職への道は閉ざされていた。卒業後就職先はなく，大学院に進んだが，戦時中の名残である特別研究生という給費制度のおかげで生活が保証された。その間に追放令も解除となり，56年4月に九大理学部助手に採用され大学教員の道を歩むことになった[46]。今井勝は京都大学法学部に入学し，京大卒業後富国汽船に入社したが病気のため女子高校の教員となり，57年に相沢克美の紹介で住友商事の航空機部に就職した[47]。

植松昇は1948年末に知人の紹介で日立製作所に入った。一貫して圧縮機などの産業機械の生産に関わった[48]。楳本夏雄は46年4月に知人から化学会社を起業するので手伝わないかとの誘いを受け，アミノ酸醤油など製造販売した。しかし大手メーカーの製品が出回り始めると経営が苦しくなり，50年秋に退社し，興国人絹を経て51年4月に製薬会社である池田模範堂に入った。以来37年間同社に勤め，88年の退社時には副社長であった[49]。太田定夫は大学に進学する経済的余裕もなく，公職追放の身であったため北陸配電に入社した。入社後応接してくれた人事係長から「『君達は中学校卒業という資格でとった。いかに軍歴立派でもそれが通る世の中ではない』」といわれたが，その人物は日本大学出身の元陸軍大尉であった[50]。

沖周は復員後5年ばかり各地を転職し，1952年7月に創設間もない海上警備隊に入隊した。80年に海上自衛隊を定年退職し，81年に池上通信機に入社

した。同社社長は海軍経理学校出身で，防衛庁からの受注も順調に増えていた。91年4月から特許庁の資料分類調査員（非常勤職員）となり，出願書類の技術内容のチェックと分類を行ったが，調査員には海軍機関学校出身者が多かった[51]。奥田定義は進駐軍モーター修理センターで自動車修理工をした後，51年に民間企業に入社した[52]。小合正保は佐世保に帰郷した後，福岡市のコンクリート・パイプ製造会社で働き，47年秋には父とともに土建会社を設立した。48年4月に地元新聞社の記者募集に応募して採用され，54年にラジオ佐世保を創業し，同社は後にラジオ長崎と合併した。57年に長崎に移り，以後33年編成，制作，報道，技術を担当し，86年に長崎放送副社長を辞し，88年まで長崎エアーシステム社長を務めた[53]。

　復員後日雇人夫を続けていたが，四国配電なら公職追放令に関係なく働くことができるという情報を得た尾崎伝は陸軍士官学校出身者2名がすでに入っていることを知り，試験を受けて1947年8月に採用され，84年に四国電力を定年退職した[54]。越智達男は46年暮に県農業会の地方出先機関で金融関係の仕事に就いたが，48年春に四国電力に入社した。その後同期の今井勝にすすめられて上京したものの，再就職先は見つからず，54年から60年までは闘病生活を送り，60年春に地元の電気関係の会社に入ることができ，83年に退職した[55]。小山田健三は東京工業大学の受験に失敗し，49年に再上京してタイムレコーダーの修理販売会社に就職した。その後も就職先の相次ぐ倒産を経験し，52年に海上警備隊に入隊し，78年まで27年間勤務した[56]。

　加藤正は回天特別攻撃隊多聞隊の一員であった。終戦後復員輸送に従事した後家業の農業を手伝い，「会社勤めをしたが，特攻隊時代の考え方が抜け切らず，気持ちよく仕事をできなくて困っていた時」，同期の中川英二の勧めで海上警備隊に入隊し，1976年の定年まで勤務した。59年には米海軍から貸与されたフレッチャー型駆逐艦の機関長を命じられた[57]。加野久武男は47年6月に佐世保に復員し，立命館大学の夜学に通い，公職追放解除後警察界に入り，山梨，長野，兵庫の各県警察本部長を歴任，81年秋に退官した[58]。公職追放解除前であったが，蒲田達太郎は会社諒承のうえで48年3月に産業経済新聞大阪本社に入社し，62年に退社して大陽酸素（海兵66期の川口源兵衛が創業者）

に入社した。資材課長，営業課長を経て68年に技術部長，71年に開発部長となり，同年にダイヤ冷機工業に出向して常務取締役，82年に社長に就任した[59]。

1947年末に復員した川杉秀太郎は人工甘味料ズルチンの闇販売，農機具製造会社，製パン会社，染色工場，和紙製造会社などのボイラマンの仕事を転々とし，53年にガデリウス商会に入社した。海外出張は100回を超え，定年時は環境事業部副事業部長であった[60]。木村倬造は48年に特級汽缶士免許を取得し，49年に三井化学工業関西染料工業所動力課に勤務し，大極東パルプを経て54年に久保田鉄工プラント事業部資材課に就職した。65年に本社資材部に移り，82年に定年退職した[61]。金原忠は53年に保安庁警備隊に入隊し，55年夏から1年間米海軍教育航空部隊で教育を受け，帰国後は鹿屋教育航空隊で旧海軍出身の元下士官兵に実技教育を行った。57年には海上幕僚監部の防衛部訓練課に移り，60年に八戸基地の第二航空隊に転出した[62]。45年10月に北海道に復員した黒沢信次郎は叔父の牧場を手伝い，同年12月に日本開拓公社に入社，47年に北海道に帰り，ふたたび叔父の牧場を手伝った。52年に千葉県下の開拓地に入殖，69年に北海道の牧場が完成し，千葉と北海道で経営を行う黒沢酪農園を設立した[63]。

河野甲一は戦後最初の7年は兼業農家，その後23年間は自衛隊に勤務し，退職後は帰郷して約15年間サラリーマン生活を送った[64]。復員後国仙博志は知人の紹介で札幌の木工家具会社で働いたが，1947年に会社が解散した。そこで椅子専門の会社を作ったが，48〜54年まで結核療養を余儀なくされ，56年に同期生の父の紹介で酪農機械会社に就職し，80年に定年退職した[65]。小山敏夫は名古屋大学工学部金属学科に入学し，卒業後は三菱重工業に入社，定年まで名古屋で勤務した。技術士試験に合格し，退職後は技術コンサルタントとして中小企業の技術相談にのった[66]。坂下摂は熱管理士の国家試験に合格し，48年に日本曹達に入社した。62年に日曹エンジニアリングに出向し，82年にフロイント産業に入社，91年に技術士事務所を開設して粉体技術のコンサルタントとなった[67]。

1946年5月に東京大学工学部に入学した坂田俊郎は応用化学を専攻し，49年に大阪窯業セメントに就職した。76年に本社勤務となったが，それまでは

主として生産，鉱山部門を担当した[68]。佐藤泰正は46年4月に岡山医大に入学したが，当時の大学では陸海軍の復員者は定員の1割以内という制限が課せられていた。同期入学のなかには佐藤を含めて海軍兵学校，海軍機関学校，海軍経理学校出身者が6名いた。卒業後岡山大学の第二外科に入局し，それから間もなく公職追放が解除され，69年に外科を開業した[69]。白倉清熊は東北電力に31年，東北電気工事に8年勤務した[70]。須藤達は48年に佐世保船舶工業に入社し，「予備士官に対し俺達は直系だと威張っていたのが途端に傍系の悲哀を感じる身となり」，54年には北海道釧路に移住し，70年に出光興産の販売店を開業した[71]。高岡司郎は早稲田大学理工学部土木工学科を卒業し，49年に横河橋梁に就職し，以後43年余同社に勤務した[72]。

高田斉は大型冷凍機とその配管設備を製作する工場に勤務し，2年後に父の勧めで女川港に帰って冷凍食品工場に勤めたが，会社が倒産したため母のいる三島に帰り，1953年に日本航空に入社した[73]。谷宏は知人の紹介で中学校教員の職が内定していたが，公職・教職追放によってその道はふさがれた。46年に千葉医大に進学し，卒業後眼科の医局に入ったころ公職追放は解除になったものの，助手は文部教官のために教職追放の関係から給与は貰えず，結局医局を出て眼科医の道を歩み，80年に開業した[74]。続十三生は46年に帰郷して木造船会社で焼玉エンジン部品の製図などを行い，48年に日本製鉄八幡製鉄所に採用された。52年に工作設計課に移り，63年からは電気集塵器の設計を担当し，79年に定年退職した[75]。45年暮れに復員した坪田迅吾は46年春に東京大学に入学し，出版社に就職し，57年に翻訳出版社を設立した[76]。

坪根昌巳は復員輸送に従事した後，1947年2月に呉に帰郷した。大学に行く余裕はなく，水道工事会社で働いたが，会社が51年に倒産した。その後海上保安庁海上警備隊の創設を知り横須賀で入隊し，「戦後七年初めて天職を得たと感じた」。以来海上勤務9年，陸上勤務16年を経て77年に退職し，横須賀の地元の建設会社に就職した[77]。中村喬は47年4月まで復員輸送業務に従事し，47～52年は東陶機器，53～76年は保安庁警備隊・海上自衛隊に勤務し，退職後は総合病院，信販会社に勤めた[78]。47年3月に東北大学工学部機械工学科に入学した中村平は卒業後も大学院特別研究生として2年間研究すること

ができた。52年から84年まで高砂熱学で空調の設計施工を担当し、その後森村協同設計事務所、日本設計事務所に勤務した[79]。中村忠敬は復員後父や兄の手伝いをし、外務省通訳養成所、食品会社に籍を置いた後、50年にトヨタ自動車工業東京事務所に入った。60歳の定年までトヨタ販売、トヨタ自工、関係会社の日本ケミカルに勤務した[80]。

西尾健作は1953年に保安庁警備隊に入隊、翌年7月に航空自衛隊に転官した。航空自衛隊では浜松基地の整備学校の創設に参画したが、整備学校長は大谷三雄一佐（機36期）であった[81]。復員後西迫健造は46年に鹿児島大学水産学部に入学、49年卒業と同時に東京の木下冷凍に入社し、71年に独立して信栄食品を設立した[82]。復員輸送に従事した後46年8月に復員した西山一夫は、上京後代議士の秘書を経て海軍機関学校の元教官（運輸省勤務）の紹介で高島屋飯田に入社し、52年4月の設立と同時に海上保安庁海上警備隊に入隊した。「手練手管を弄しない人間関係と男として打込める仕事と思ったからであったが、現実は海軍消滅以来終戦後の娑婆の荒波を潜って来た人々の集りでは旧海軍とは一味も二味も違った雰囲気だった」。海自退職後は日本長期信用銀行に5年勤務、その後丸紅に転職した[83]。

野辺一郎は九州大学法学部に入学し、その後司法試験に合格して司法修習生を経て検察官検事に任官した[84]。東哲郎は1946年に国有鉄道の自動車区技術掛として就職したものの公職追放令によって48年に退職し、その後日本通運に32年勤務した。東は「戦後職業軍人という嫌悪を覚える名称で世間に爪弾きされ、精神的な苦痛の中から立直らんとして修養書を読み漁ったことは、古稀を迎へた今では懐しい思い出」と回顧した[85]。福島昌哉は46年1月から亜炭炭鉱に事務員として働き、上京して日本鋳鋼会を経て50年に日本鋳鋼に入った。65年に日本鋳鋼が倒産すると友人の招きで明豊ライトシャッターに入社、70年に日鉄化工機に転じ、84年に退職した[86]。復員輸送、機雷掃海を終えて46年夏、藤本信正は帰郷した。九州大学への進学を希望して調べてみると、軍学徒の進学制限のため理学部しか受け入れ余地がないことが判明し、理学部化学科に入学した。公職追放令の関係から研究者の道は選択できず、三菱化成に入社、91年の退職まで40数年勤務した。退職後は経営コンサルタ

ト企業に勤務した[87]。

　別府君雄は 49 期の吉沢功の経営する埼玉ラビットに入社し，その後同社がダイハツ工業の傘下に入ってからも「私が海軍機関学校の出身者であったこともあってか『メーカー』の担当役員や関係者，業界の方々からも能力以上に期待され信頼され極めて恵まれた環境のなかで仕事をさせていたゞけた」と回想した[88]。本田正義は復員後職を探して 1945 年 10 月に海軍省を訪ねると元教官に出会い，勧められるままに復員輸送に従事することとなり，50 年に再度復員した。その後「泡セメント」の技術に出会い，この技術を携えて三好石綿工業に就職した。同社は三菱セメント建材に改組し，本田は東京支店長となった[89]。増田博は 47 年に熊本トヨタ自動車に入社し，その後自衛隊に勤務した後，自動車保険料率算定会に 12 年勤めた[90]。

　松浦靖は北海道大学工学部応用化学科に入り，卒業後は呉羽化学工業に入社，1949 年から 75 年まで勿来工場に勤務，その後東京本社の技術本部長となった[91]。松崎貞雄は 45 年 11 月（12 月カ—筆者注）に第二復員省から充員召集され，46 年 3 月まで復員輸送に従事した。公職追放のため実家で農業の手伝いをし，51 年末に公職追放解除になると友人の紹介で海上保安庁に入庁し，84 年まで勤務した[92]。三根甲子夫は 52 年に警察予備隊に入隊したが，入隊時同期の山本文雄，増田博，北之園新次が一緒だった。64 年に航空学校整備課長，72 年に航空学校整備部長となり，77 年に定年退職した[93]。宮本瀰夫は 46 年から 55 年までに勤務先を 7 回変わり，56 年 3 月に日本飛行機に入社した。海上自衛隊にいた同期の斉藤晃一から生産要員に空きがあるから来ないかとの連絡を受け，第 20 期幹部講習員を経て技術幹部として入隊し，75 年に海上自衛隊を退職した[94]。

　望月末治は 1947 年に東京大学に入学し，50 年 3 月に大阪の荏原製作所の代理店に就職した[95]。矢ケ崎神慈は復員後叔父の農業を手伝い，48 年 1 月に中日本重工業（現三菱自動車工業）の東京都総代理店シルバーモータースに就職した。社長は海兵 60 期の足立次郎であり，矢ケ崎は 59 年に取締役，84 年に西新宿三菱自動車販売の代表取締役社長に就任した[96]。渡辺卓三は 46 年 2 月に東北農機弘前工場に就職し，48 年 3 月に青森市の須藤ポンプ製作所に転じ，

それぞれの戦後については，同窓会誌に依拠しながらやや詳しく検討した。同期生 173 名中戦死者が 51 名という，文字通り生き残った 54 期にとって，戦後も死者は彼らとともにいた。そのことを言葉に出すことは少なかったが，死者の存在が行動指針になっていたことをうかがわせる文章が多数記されている。また戦後の苦難を潜り抜けて海上保安庁海上警備隊に入隊したある人物は，既述のように「戦後七年初めて天職を得たと感じた[99]」とそのときの真情を吐露している。

1949 年 10 月に大戦中にアメリカからソ連に貸与されていたフリゲート艦（1420 トン級）が米海軍横須賀基地に回航されて返還されたが，その艦群保管業務のための日本人従業員が急遽募集され，最初の雇用人員は約 200 名であった。「中将級から海軍のメシの食い足らぬ終戦一等兵まで揃った。アドミラル級十指に余り，佐官級は赤穂義士総勢を上回る豪勢さであった。旧華族の御曹子，いわゆる皇室の藩屏たりし如き仁もあった。陛下の股肱も今や職業軍人という代名詞でさげすまれる嘆きに，憤りの失業者群であった。2 百余名の構成員中，准士官以上でダンビラを佩き号令をかけた連中が半数を越えた」といった陣容であり，この艦群が海上保安庁海上警備隊成立の前提となった[100]。

既述のように「手練手管を弄しない人間関係と男として打込める仕事と思っ」て創設直後の海上保安庁海上警備隊に入ったある海軍機関学校卒業生の海上警備隊に対する印象は，「現実は海軍消滅以来終戦後の娑婆の荒波を潜って来た人々の集りでは旧海軍とは一味も二味も違った雰囲気だった」というものであった[101]。当然のことながら占領は旧海軍関係者に決定的影響を与えた。敗者が勝者の庇護の下でふたたび再軍備の道を歩むということは，単純な戦前回帰ではありえなかった。旧海軍機関将校が防衛庁，海上自衛隊に勤務することは「連続」を体現しているようにみえるが，その間にある占領経験は一人ひとりに大きな「断絶」を刻印したのである。

最後に狭き道とはいえ，若い海軍機関学校卒業者には戦後大学進学の道も開けていたことを指摘しておきたい。大学進学には経済的事情が大きく左右したが，大学での学習経験が元海軍機関将校が民間人に転生するうえで大きな分水嶺となった事例を多数確認することができる。

第4章 流転する海軍将校　145

付表 4-1（1）　海軍機関学校卒業生の戦後

期別	氏名	1954年10月勤務先	1963年11月勤務先	1969年9月勤務先
29	赤羽　竜熊	横須賀米海軍基地	横須賀市米海軍基地	
	熱田　佐太郎	新聞店	日本トーター	日本トーター
	井上　盈	とらやホテル支配人	とらやホテル支配人	とらやホテル支配人
	石田　太郎	デスクールカボウ社	日仏貿易	カンボジア経済協力（株）
	今田　乾吉	飯野重工業	養鶏	
	台　由男	日本フォフト工業	東京温泉（株）	米軍顧問
	大重　静	鹿児島県蒲生町役場助役	鹿児島県蒲生町役場助役	
	河岡　富士松		木村石油東京支社	木村石油東京支社
	梶浦　隆一	共立会病院事務員	共立会病院事務長	共立会病院
	楠田　授一	沖田糧食工業KK	浄光幼稚園	浄光幼稚園
	近藤　萬寿吉	近藤ポンプ研究所	久保田鉄工所枚方ポンプ工場技術部長	久保田鉄工所枚方ポンプ工場
	重広　宗雄	米軍勤務	YBS小田原工場	YBS小田原工場
	島田　増平	中央発條KK顧問	中央発條KK顧問	中央発條（株）
	高橋　長之	磐城セメントKK	豊平製鋼（株）	豊平製鋼（株）
	宅和　進	由利産業常務取締役		
	竹内　梯三	海上幕僚監部技術部		
	中山　栄	山内鉄工所	新潟鉄工	新潟鉄工
	長谷川　英雄	高野建設KK	東京工機	東京工機
	畑　一男	木工場経営		
	半田　金植	朝日生命保険福山支部長	養鶏	養鶏業
	伴内　徳司	共立農機KK	共立農機KK	
	藤島　茂雄		富安工業（株）	富安工業（株）
	古藤　卯太郎	追浜米軍飛行機修理工場	追浜米軍飛行機修理工場	
	松尾　務	テクニカルセクション横浜	テクニカルセクション横浜	
	松永　二郎	仏造KK		
	増田　清吉		厚木米海軍航空基地	厚木米海軍航空基地
	三宅　正彦	磐城セメントKK	西宮イワキセメント販売（株）	西宮イワキセメント販売（株）
	宮川　義平	暁興産専務取締役	日本トーター	日本トーター
	宮崎　四郎	富士谷石油油脂		
	山川　義夫	極東航空KK	全日本空輸（株）補給部長	
	山下　寿一郎	守屋エレベーター	豊岡電業KK	豊岡電業KK
	山田　尨男	東京硝子塗装	大一塗装工業（株）社長	大一塗装工業（株）
	山田　滋郎	陶器上薬製造	陶器上薬製造	陶器上薬製造
	山中　登	高知営林局	高知営林局	高知営林局
	吉武　直行	米軍キャンプ	東陶電装取締役	東陶電装取締役
	渡部　武雄	東洋スピンドル製造KK	片岡機械工業	片岡機械工業
30	有本　寛	長谷川商店	長谷川商店	長谷川商店（株）
	石川　浩	横須賀米軍基地		
	小川　又雄	果樹園	果樹園	果樹園
	小山　清行	共立電機社長		
	大橋　謙一		佐渡汽船（株）支配人	佐渡汽船（株）支配人
	太田　文雄	横浜J.L.C	日本ビジネス社	日本ビジネス社
	岡田　清	横須賀基地SRF	美興商事	横須賀事務用品協同組合
	梶谷　憲雄	生産技術協会	生産技術協会	生産技術協会
	金井　倉太郎	緑自動車興業取締役社長	緑自動車興業取締役社長	緑自動車興業（株）
	川村　宏矢	神戸製鋼所	神戸製鋼所	神戸製鋼所
	河村　松次郎	和泉製菓総務課長	和泉製菓総務課長	和泉製菓
	清本　清	米空軍木更津基地	米空軍木更津基地	米空軍木更津基地
	佐々木　正雄	一丸商会取締役	関東電工	関東電工（株）
	斎藤　昇	斎藤工業常務	斎藤工業常務	斎藤金属工業（株）
	坂尾　満太郎	阿波国共同汽船	東洋パルプ製造所	東洋パルプ製造所
	高岡　羊吾	三重電気会社社長	三重電気会社社長	三重電気会社
	竹内　雄二	漁業		
	檜垣　郁美	富士興業KK	富士興業KK	富士興業（株）

付表 4-1（2） 海軍機関学校卒業生の戦後

期別	氏名	1954年10月勤務先	1963年11月勤務先	1969年9月勤務先
30	松尾 祐一	佐世保船舶工業	佐世保船舶工業	佐世保船舶工業
	松木 正彦	横浜米八軍調達部		
	的場 成浩	西日本商事KK呉支店長	西日本商事KK呉支店長	西日本商事(株)呉支店
	宮沢 省吾	三星商会代表取締役	三星商会代表取締役	三星商会
31	阿部 清		馬淵建設(株)	馬淵建設(株)
	跡部 保		跡部交易産業(株)	跡部交易産業(株)
	石田 睦	浅野ドック	横浜浅野ドック	横浜浅野ドック
	磯部 太郎	東京航空計器	東京航空計器	東京航空計器(株)
	上田 俊次	日本工芸KK	日本工芸KK	
	上野 敏之	東海海運KK	東海海運KK	
	植松 八十五郎	貸舟業	東京航空計器	東京航空計器
	江川 憲治	江川機械		
	奥田 増蔵	ケイブラッシ商会		
	金子 謙二		柏崎輸出真田工業(株)工場長	柏崎輸出真田工業(株)工場長
	樺山 滋人		樺山式調理研究所鎌倉教室	樺山式調理研究所鎌倉教室
	久保木 五郎	金華製作所		
	国末 辰志		天理保育所事務	
	栗田 政喜		(株)道和商店支店長	
	小島 重吉		油科学工業工場長	
	佐藤 六郎		佐藤事務所	秩父林業(株)
	鈴木 儀長	保健と助産研究会		
	田中 千寿	中島熱化学工業	中島熱化学工業	中島熱化学工業
	大道 友雄		日活(株)不動産部次長	日活(株)不動産部
	種子島 時休		民生ジーゼル工業(株)	民生ジーゼル工業(株)
	那須 和			特許庁
	奈良 太郎	東京富士木材貿易	奈良商店	奈良商店
	中島 宣一		光電製作所	
	福島 洋		太陽化学工業	太陽化学工業
	藤野 清秀		東京工学(株)	東京工学(株)
	真山 寛二		川鉄商事カーゴット	川鉄商事カーゴット
	松井 登兵		三菱電機	三菱電機
	宮下 省吾	大阪酸素	新三菱重工神戸造船所技師	新三菱重工神戸造船所
	村角 安三		同和化学取締役	同和化学(株)
	村山 愛七		光陽建設取締役	光陽建設
	森川 敏人	共栄船舶工業KK	帝人製機名古屋支所	
	福田 一郎		電元工業(株)	電元工業(株)
	渡辺 次郎	三光汽船KK	石川島播磨重工	東都鉄工(株)
32	相浦 清			
	粟飯原 孝		米田物産広島支店	
	池上 喜次	東北工業KK		
	石田 磯治		横須賀米海軍基地	(株)呉造船所保証技師
	市村 忠逸郎	ブリジストンタイヤ	寿興業(株)	
	市吉 聖美		日本揮発油KK	日本揮発油(株)
	糸井 勇		四日市市民ホール館長	三重建光社
	上田 博		丸善石油専務	(株)関西石油
	鰕原 栄一		鰕原組	鰕原組
	小比賀 正義	ヂーゼル工業玉島工場	日下部産業	東横製作所
	岡本 利市		浦賀船渠	東京機械研究所
	岡村 徳太郎	中国電力KK		
	緒方 明	尼崎肥料	広栄興業(株)	大阪螢工(株)
	奥 末広		米軍府中基地施設部隊	
	大田 保吉		福屋デパート外商課	
	大槻 正一郎		登米高校	登米高校
	鹿島 竹千代		(株)金鋼製作所部長	
	君嶋 武彦		君嶋製作所社長	君嶋製作所

付表 4-1（3）　海軍機関学校卒業生の戦後

期別	氏名	1954年10月勤務先	1963年11月勤務先	1969年9月勤務先
32	倉本　良民	愛媛県民生部	旭工業所	旭工業所
	河野　通俊		日本モデル都市設備協会	日本モデル都市設備協会
	佐久間　赳	陸奥建設KK	陸奥建設KK	
	斎藤　昌亮		海幕技術部	
	櫻井　金蔵			ロイド船級協会
	篠田　幸三		保証事業会社協会	保証事業会社協会
	柴　繁	日光観光ホテル	日光観光ホテル	石川島播磨重工業(株)名古屋造船所保証技師
	杉浦　匡二		大成合金	座間町立文化福祉会館
	鈴木　俊郎		藤永田造船所	三井造船(株)
	鈴木　晋一郎		農業	農業
	竹谷　慶次郎		三菱神戸造船所保証技師	三菱神戸造船所保証技師
	土屋　幸治		浦賀船渠	
	中川　貞一			東海観光(株)
	長野　敏	斎藤ドラム製罐佐世保工場	山陽ドラム罐工業	山陽ドラム罐工業
	西原　市郎		住友機械工業取締役	能美防災工業(株)
	長谷川　芳郎	東京ミシン工業	東京ミシン工業	商業自営
	日高　安壮		宮崎トヨタ自動車社長	宮崎トヨタ自動車(株)
	肥後　武雄	横須賀米軍基地	丸善舗道(株)	浦賀重工業(株)
	福田　道夫	新明和工業KK福知山工場	藤井製作所	新光機械工業(株)
	堀山　栄			農林業
	本多　繁勝			(株)三木組
	増井　三十四		昭和製作所	特許庁
	松浪　嘉一		弘燃社代表取締役	弘燃社(株)
	松本　総雄	金沢日和興行KK	金沢日和興業KK	高田製缶工業(株)
	丸山　正雄	相模工業KK	東京海上及同和火災保険代理店	東京海上及同和火災保険代理店
	三好　孝平			石川島播磨重工業保証技師
	水越　正作		日幸電機製作所	日幸電機製作所
	宮川　大槻			農業
	宮崎　英次		神崎土木事務所	
	村岡　静雄		八倉印刷	八倉印刷
	目黒　永晁	小松製作所	江川機械	江川機械
	森　栄二			商業
	安田　収蔵	昭和油槽KK	昭和油槽KK	宇田川石油店
	安田　忠吉		扶桑運輸	
	山田　鉄蔵	安芸製紙KK	安芸製紙KK	
	吉田　純二	横須賀米海軍基地	横須賀米海軍基地	
	吉田　二郎	日新機械KK	防衛庁海幕艦船課	笹倉機械製作所
	吉田　正臣	奥村商店	東亜パルプ会社	東亜パルプ会社
33	伊沢　達雄	旭計器KK	旭計器KK	富士電響(株)
	伊藤　喜六		日立製作所呉工場製造部	
	井上　荘之助	コロナ燃焼工業	無煙ボイラー	
	池田　暦蔵	東急横浜製作所	東急横浜製作所	湘南車輛工業(株)
	石井　乙雄		(株)大滝工務店	(株)大滝工務店
	石橋　静男			美の泉民主堂
	江島　武夫			中央軒
	小国　寛之輔	大湊地方総監部	呉造船所	
	大岸　徳治			山内興業高知支社
	岡田　兵一郎		伊藤忠航空整備(株)立川工場	松江精機工業
	加藤　武夫	藤田鉄工所	藤田鉄工所	藤田鉄工所
	金沢　信二	金沢鍍金工業所	金沢鍍金工業所	金沢鍍金工業所
	亀山　要	石炭販売業	石炭販売業	
	黒田　忠仁			水交会長崎支部
	小林　儀作		出光興産(株)徳山油槽所長	出光興産(株)徳山製油所
	佐藤　正	第一工業KK	第一工業KK	第一工業(株)

付表 4-1（4）　海軍機関学校卒業生の戦後

期別	氏名	1954年10月勤務先	1963年11月勤務先	1969年9月勤務先
33	斎藤　明	浦賀農業会	浦賀農業会書記	
	椎名　弘剛	太洋断熱KK		
	島　鉄次郎	北元水産工業KK	北元水産工業KK	
	鈴木　潔	東和興業KK	東和興業KK	東和興業(株)
	田淵　豊		八洲いすゞモーター(株)	石川島播磨重工業保証技師
	高橋　恭三	米軍横浜技術廠	米軍横浜技術廠	
	谷本　政一			東急車輛製造(株)
	千谷　茂			広島電機大学機械工学科
	徳田　徳男	日本特殊鋼業KK	日本特殊鋼業KK	大日本エアゾール工業(株)
	富永　章	米海軍海上輸送部	米海軍海上輸送部	生産技術協会
	中川　渉	丸藤商店	丸藤シートパイル	丸藤シートパイル
	中筋　藤一	北欧映画KK	北欧映画KK	北欧映画KK
	中原　重義		日本ナショナル金銭登録機大磯工場	小山工業(株)
	成尾　浩			埼玉総合職業訓練所
	樽埼　政助	森村興業KK		
	西山　虎一	明治ゴム製造	浅村内外特許事務所	浅村内外特許事務所
	西村　盛雄		三和工業	三和工業
	根岸　幸生	米駐留軍VED	米駐留軍VED	米駐留軍VED
	則武　市雄	コスモス無線	コスモス無線	
	服部　知一	服地販売	服地販売	服地販売
	樋田　均	ミシン販売	ミシン販売業	ミシン販売業
	東　徹夫		御幣島化学工業(株)取締役	
	平松　義雄	昭和石油KK	日本製蝋	清水実業(株)
	福岡　武	田村商事KK	大正海上火災監理部	栗田工業(株)
	福谷　英二		中川防蝕工業(株)	中川防蝕工業(株)
	福屋　正孝	新生日本社		
	藤岡　勇雄			南信食品(株)
	星　忠雄		山形相互銀行米沢支店	大平興業(株)山形支店
	松田　和夫			広島工業大学機械工学科
	松藤　久雄		筑紫工業学校	筑紫工業学校
	南川　俊雄		美波商会	美波商会
	向山　総男		大住商事(株)	大住商事(株)
	安増　昇	永田鉱業KK	永田鉱業KK	
	山内　春雄	電成興業	電成興業	電成興業
	山内　金次郎	I.I.T.コーポレーション	I.I.T.コーポレーション	
	山川　貞市		東海瓦斯化成(株)四日市工場	高田工業四日市営業所
	和田　五郎		八千代産業	八千代産業
34	有吉　亀雄	文具運動用具商	有吉文具	有吉文具
	坂上　五郎		シェル石油	協同石油(株)
	土井　喜一		栗田工業総合研究所	
	馬場　正寿		太平機器(株)	
	林崎　守三	米海軍横須賀基地	米海軍横須賀基地	
	森下　陸一	厚生省引揚援護局審査二課	ゼネラル物産	中国工業(株)
	山上　実		不二工機製作所玉川工場	不二工機製作所
	山口　真弘		弘前高等学校	柴田女子高校
	横田　忠行	商業	商業	商業
35	金崎　義忠	東京重機工業	東京重機工業	東京重機工業(株)
	河島　蔵六	奥戸木材KK	山武ハネウエル計器	山武メンテナンス(株)
	木内　三郎	追分石油店	追分石油店	
	岸本　健雄	住江織物河内工場	ガルフ，オイルコーポレーション	
	後藤　久英	大昭和製紙	大昭和製紙吉原工場	興亜工業
	酒井　鉄太郎	高田アルミニューム製作所	高田アルミニューム製作所	高田アルミニューム製作所
	高野　照典		北陸化・柏工場	
	中村　威	富士自動車KK	国際電気	

付表 4-1 (5)　海軍機関学校卒業生の戦後

期別	氏名	1954年10月勤務先	1963年11月勤務先	1969年9月勤務先
35	福田　計雄	福田商店	福田商店	福田商店
	堀　一郎	茜部農業協同組合	茜部農業協同組合	茜部農業協同組合
	三上　治男	淀川製鋼所本社	淀川製鋼所本社	大阪減速機製作所
	三雲　武	光友中学教諭	光友中学教諭	
36	阿部　勝		日本海重工	日本海重工(株)
	相島　長四郎	長野県社会保険診療報酬支払基金	長野県社会保険診療報酬支払基金	
	青木　竜雄	三洋商会	川崎航空機工業(株)	
	稲田　領		共立精機(株)東京事務所	
	今井　平八郎		住友商事(株)東京支店	住友商事(株)東京支店
	大迫　隼夫	河北印刷KK		
	大谷　三雄	航空自衛隊整備学校長		日本航空機製造
	岡野　彦治	横須賀建設文化会		
	葛西　清一			(株)板屋製作所
	小松崎　勇	建設業	建設業	建設業
	佐藤　勝男	米陸軍東京兵器廠	米陸軍東京兵器廠	特許庁
	田中　勢一		(株)神崎組	(株)神崎組
	武富　温興		市川製糸	市川製糸
	竹内　将人	丸越電機大津作業所	丸越電機大津作業所	日本精工(株)
	谷口　忠光	富士自動車KK	新明和工業(株)	新明和工業(株)
	羽賀　卓爾		神鋼電機山田工場第四製造課長	神鋼電機山田工場
	三田　好美		ノースウエスト航空	ノースウエスト航空
	村松　時夫	高野産業KK	高野産業KK	高野産業KK
37	足立　定男		西田工業(株)	西田工業(株)
	荒野　精		日本航空電子工業(株)	日本航空電子工業(株)
	市原　侃	METEMIR	METEMIR	MOTOMIR
	岩野　直美		東芝鶴見工場	東芝(株)特許部
	魚住　順治		呉地方総監	日本鋼管鶴見造船所
	加藤　香		新関東築炉工業(株)	新関東築炉工業(株)
	川畑　卓		南生建設	南生建設
	黒田　武光		大同生命山形支社	大同生命山形支社
	佐藤　良明		佐藤金属工業	佐藤金属工業
	佐々木　勉		国際事務機工業(株)	国際事務機工業(株)
	鈴木　清臣		浦賀造船所	浦賀造船所
	高橋　正則		大阪造船所	大阪造船所
	高岡　健吉	新潟県民生部世話課	日本ガス化学工業(株)	ユリア商事(株)
	橘　秀雄	日本セル石油		
	林　清三	出光興産KK	出光興産KK	日本水路図誌
	原田　力		ジャパン、エキスプレス門司営業所	東京鉄道荷物(株)
	深水　豊治	アジア航空測量KK	アジア航空測量KK	アジア航空測量(株)
	深谷　勇造		触媒化成工業(株)	触媒化成工業(株)
	福島　忠雄		教材、雑貨商	教材、雑貨商
	福田　宗正		協和カーボン(株)岡山工場	協和カーボン(株)岡山工場
	藤原　一郎		日本アビオトロニクス(株)	日本アビオトロニクス(株)
	古川　三夫	須藤鉱業本部	大阪富士工業	大阪富士工業
	間世田　秀清		三井造船(株)大阪営所	三井造船(株)大阪営所
	八島　春繁		飯野重工業(株)大阪事務所	
	安武　秀次		佐世保造船所	佐世保重工
	山本　勝郎		協和発酵	
	山本　秋里		信越化学工業(株)武生工場	信越化学工業(株)武生工場
38	有川　三平	関東特殊鋼	三興製作所	日本神奈川県支部
	伊勢　貞一	中央汽船KK	大協汽船(株)	ビューローベリタス船級協会
	上田　四郎	東京温泉KK	寿鉄工(株)	日本プラス工業(株)
	金丸　実	科研アドソール工業	日本アドソール工業(株)	日本ウェルバッハ(株)
	喜田　政市	大和産業	大和産業	

付表 4-1（6） 海軍機関学校卒業生の戦後

期別	氏名	1954年10月勤務先	1963年11月勤務先	1969年9月勤務先
38	古賀 七郎	中国電気工事		
	小園 義雄		長崎県工業センター	長崎県工業センター
	柴田 一之亮		浦賀造船所外業部	浦賀造船所外業部
	清水 清直	佐渡汽船	佐渡汽船	佐渡汽船
	田代 鋼人		三菱扶桑自動車	
	田村 占義	果実協同組合	果実協同組合	果実協同組合
	武市 義雄	海上幕僚幹部		ナショナル金銭登録器
	津田 秀夫		富士自動車追浜工場	特許庁
	中川 政雄	東商KK	東商（株）	東商（株）
	永尾 直孝	AFFE	ロイド船級協会	ロイド船級協会
	原田 新	大新商会		
	久馬 武夫	花桜産業KK	三菱扶桑自動車（株）自動車部監理課	三菱フソウ自動車（株）
	福原 穣	関東自動車KK	関東自動車（株）	関東自動車（株）
	古田 豊作	扶桑会	扶桑会	日本鋼管保証技師
	前田 馨	在日兵站司令部	日本鋼管鶴見造船所	日本鋼管鶴見造船所
	松崎 義森		川崎重工業東京支社	川崎重工業東京支社
	松添 正造		呉造船所保証技師	石川島播磨重工業保証技師
	山田 慶紀	宇部興産	宇部興産	国立宇部高専教授
	矢口 良雄	金剛製作所	金鋼製作所	世界救世教団東両支部
	横山 信義		日本飛行機（株）	
	吉川 積	ゼネラル物産	ゼネラル物産	大洋塗装工業（株）
	吉田 毅	福井県市町村職員保険組合	福井県市町村職員保険組合	（株）山崎電機
	吉野 久七	長崎県立五島高校講師	長崎県立五島高校教師	長崎県立五島高校教師
39	石森 市五郎		横須賀米基地艦船修理廠	横須賀米基地艦船修理廠
	上野 武次	川内市会議員	三菱日本重工横浜造船所造機部	菱日重エンジニアリング（株）
	大田黒 忠雄	佐世保工高	佐世保舶工業（株）養成所	佐世保舶工業（株）養成所
	小川 好雄	東邦金属営業部長	鋼豊商事（株）	東邦金属工業
	木下 定輔		折原製作所	折原製作所
	久保 徳男		富士ダイス（株）戸畑工場	富士ダイス（株）門司工場
	小中 秀夫		味の素（株）機関課長	日本アミノ飼料横須賀工場
	小森 重行		小森精機製作所	小森工業（株）
	河野 信良			山香町役場助役
	坂野 鶴一	坂野商店社長		
	菅井 敏夫	亀井商店	仙台トヨペット（株）	
	田代 正雄		味の素（株）	東京三昧（株）
	田村 実	千代田化工建設	千代田化工建設	三興製作所
	高田 収蔵		コーンズ・アンド・カンパニー	コーンズ・アンド・カンパニー
	中井川 正勝	茨城県民生部世話課		住友電気工業（株）
	中尾 忠雄		大手町建物	大手町建物
	平塚 武	カトリック修道院	カトリック修道院	南山大学総務部
	藤永 秀市	酒造業	酒造業	藤永酒造（有）
	真木 速		朝日生命豊島支部城北支部長	朝日生命保険
	三浦 光雄		川崎化成工業	東神南車（株）
	森迫 勝美	播磨造船呉船渠	呉造船所東京本社船舶営業部長	石川島播磨重工業事業本部
	山田 条夫		丸善舗道	石川島播磨重工業東京第二工場
	与倉 三四三		小野田セメント	日本ドリゾール（株）
40	新井 善志	東京マックグレゴー		
	伊藤 祐可	不二栄養工業KK	中国ビーエス福山出張所	
	井上 勇一郎	早良炭坑		
	岩永 賢二	建築会社	川崎重工業	（株）宮前軽金属
	川口 栄一	加藤扇寿堂	川口贈品社（株）	川口贈品社（株）
	木山 正義	日本燃料	日本燃料	日本燃料
	国定 達男	ガデリュース商会	ガデリュース商会	ガデリュース商会
	河野 克次	海上自衛隊函館基地隊	湯浅電池	湯浅電池

付表 4-1（7） 海軍機関学校卒業生の戦後

期別	氏名	1954年10月勤務先	1963年11月勤務先	1969年9月勤務先
40	髙木 文明	米海軍横須賀基地	浦賀船渠(株)浦賀造船所船艇部	特許庁
	縮 平	野沢石綿KK	野沢石綿	
	堤 健男	日本燃料岩国工場	日本燃料岩国工場	日本燃料岩国工場
	統 平	海上自衛隊幹部学校		
	西尾 武夫	合同酒精		
	西田 恒晃	尾西食品	海幕技術部監理課	海幕技術部監理部
	長谷川 正	長谷川織布工場	長谷川織布工場	
	古川 尚志	防衛庁技術研究所		神鋼電機(株)
	松本 千春	全国醸造機器工業組合	全国醸造機器工業組合	全国醸造機器工業組合
	松本 尚	中山太陽堂金属部	神鋼電機	神鋼電機
	森田 英男			オリジン電気
	八木橋 六郎	東亜石油KK	東亜石油(株)	東亜石油(株)
	山本 益彦	防衛庁防衛研修所	海幕付	イースタン興業(株)
41	麻生 保太			
	一ノ瀬 光清	電気工事関係	日東電機製作所	日東電機製作所
	飯川 秀喜		(株)具造船所	(株)具造船所
	大西 好雄	ブルドーザー工業	ブルドーザー工業	ブルドーザー工業
	片渕 啓智	日本ガス化学KK	金色化工所	金色化工所
	木村 昌男	米軍J-104号機関長	日本油槽船(株)機関長	
	喜多見 芳夫	中国精機KK		
	久保 真幸		開拓農協連合会	開拓農協連合会
	倉持 昌信		港南商事	
	小池 与作	日本ニッケルKK	富士製鉄中央研究所	富士製鉄中央研究所
	坂口 西太郎	三津電気ラジオ工場	三津電気ラジオ工場	三洋電気ラジオ工場
	志田 信義	日本ボイラー協会	日本ボイラー協会	日本ボイラー協会
	渋谷 郁男	丸善石油KK	丸善石油(株)	丸善ガス開発(株)
	白水 輝良	三菱古賀山炭鉱	三井玉造船所造機部	三井玉造船所造機部
	滝田 係人	共和産業KK	共和産業KK	共和産業KK
	永瀬 芳雄	渡辺機械工業		石川島播磨重工業航空エンジン部
	西本 寿	小松製作所大阪工場	小松製作所大阪工場	小松製作所大阪工場
	平川 武雄		日本興油工業(株)	日本興油工業(株)
	古館 早麿	天山産業KK		川崎航空機工業(株)
	水田 新太郎	陸上幕僚監部		ヂーゼル機器
	山下 国男	肥後相互銀行	肥後相互銀行	肥後相互銀行
	横山 春夫		広島市水道局浄水課	広島市水道局浄水課
42	入谷 清明		海自第2術校校長	武蔵菱和自動車(株)
	岡田 成正		航自補給統制所	航自補給統制隊
	黒磯 武彦		丸善石油本社	丸善石油本社
	小橋 陸三	昭和製薬品化工	昭和製薬品化工(株)	昭和製薬品化工(株)
	関 重美			明日香工業(株)
	高津 信彦	薬局	薬局	薬局
	野崎 寛安		小野田セメント生産部	日立造船(株)
	松本 三郎			横浜ゴム(株)
	松本 通保			東京理科大学理工学部講師
	山野 平			(株)明治屋本社
43	阿野 三郎	橋興酸素	橋興酸素	広島瓦斯産業(株)
	岩井 正二	ラサール高校講師	純心女子高等学校教頭	純心女子高校
	今泉 豊次	陸上幕僚監部武器課		日野自動車販売(株)
	小沢 六男	浜松航空自衛隊整備学校		
	太田 平八	富士自動車	富士自動車(株)	
	小野 正男	陸上自衛隊第六管区総監部	陸上自衛隊第六管区総監部	京浜精器工業(株)
	後藤 準一	陸上自衛隊武器補給廠立川支廠	陸上自衛隊	高田工業(株)
	島森 孝一	横須賀米海軍基地	横須賀米海軍基地	横須賀米海軍基地
	田村 兼雄			大調和協会
	塚田 正	東部ドラムカン工業		

付表 4-1（8）　海軍機関学校卒業生の戦後

期別	氏名	1954年10月勤務先	1963年11月勤務先	1969年9月勤務先
43	常石　博	防衛大学教官室	海幕総務部	需給統制隊司令
	萩原　行友	海上自衛隊佐世保地方総監部	呉基地警防隊司令	
	蓮沼　進			大阪光音電気(株)
	福岡　太	第一商工KK陶磁器材料製造	第一商工(株)陶磁器材料製造	第一商工(株)陶磁器材料製造
	福田　英夫	防衛庁調達実施本部		日本飛行機(株)
	真下　弁蔵	飯野重工業KK	飯野重工業資材部	舞鶴重工業資材部
	水野　文男	陸上自衛隊施設学校	不動産建設東京支店	不動建設
	山下　壮吉	飯野重工業KK	飯野重工業(株)舞鶴造船所	舞鶴重工業(株)
	吉田　三郎	暁興業		
	米原　実	陸上幕僚部施設課	陸自施設補給処副所長	ドライケミカル(株)
44	有馬　康郎	照国汽船KK	照国汽船(株)	照国汽船(株)
	伊藤　房雄	新日本法規出版	新日本法規出版	土地建物コンサルタント
	浦田　正茂	興人		
	大原　達夫	産業経済新聞社	産業経済新聞社	国内航空(株)
	加藤　静治	駐留軍勤務	三菱造船広島造船所造船検査課	三菱重工(株)広島造船所
	河相　魏之			住友商事(株)
	清崎　泰之	海上自衛隊佐世保地方総監部	海自第一術校教育四部長	海自第一術校教育四部長
	九谷　次雄	陸上自衛隊		
	小長谷　睦治	粉・水飴製造業	肥料・飼料製造販売	肥飼料製造販売
	孝寿　悟	芳文荘	芳文荘	浅村内外特許事務所
	佐々木　滋	不二貿易KK	三興製作所	日本商品(株)
	城谷　正照	蒼竜工業KK	航自補給所整備部長	日本バルカ工業(株)
	鶴　辰美	日本揮発油KK	日本揮発油(株)	日揮ユニバース
	中村　重春	海上保安庁	小松カミンズ	小松カミンズ
	早川　弘之	日本航空整備課	日本航空整備課	日本航空
	福田　栄治	東洋工業KK	東洋工業(株)	東洋工業(株)
	松原　馨一	東和工業KK		
	森田　康	陸上自衛隊		角栄建設(株)
	横山　博	千代田倉庫KK	三菱日本重工業横浜造船所	三菱重工(株)横浜造船所
45	石黒　晴彦	田中産業KK	大東商事名古屋事務所	大東商事
	木崎　輝雄			(株)金鋼製作所
	斎　祐寿		マルイ商会	柴田女子高校
	隈元　勝彦	不二貿易	不二貿易	不二貿易
	桑原　堅志	下関基地隊副長		(株)三和銀行
	高野　正好	海上幕僚監部管理課	海幕	渡辺油化工業(株)
	土屋　太郎	塩釜海上保安部巡視船おじか	海幕総務課	東洋ガラス(株)
	野崎　寛人			(株)大丸
	浜口　玄吉			第2術科学校
	吹野　倫夫	昭光商事KK	日本タイヤバルブ	日本タイヤバルブ
	松平　永芳	防衛大学校教官	防衛庁オリンピック事務所	福井市立郷土博物館

出所）財団法人水交会編『会員名簿』昭和29年10月調，昭和38年11月1日調，昭和44年9月30日調。

第5章

エリート技術者たちの悔恨と自覚
――国有鉄道転入技術者・引き揚げ技術者の戦後――

はじめに

　戦争は膨大な数の技術者を動員し、敗戦によって陸海軍が消滅すると軍需関連技術者、軍関係技術者も民需産業に再就職していった。また敗戦は植民地、占領地の喪失を意味したから、そうした「外地」で働いていた技術者も引き揚げてきて、戦後日本の技術者市場に参入した。終戦を境として旧陸海軍を中心にさまざまな部門から国有鉄道に転入してきた技術者、および引き揚げ技術者の戦後をたどることが本章の主な目的である。

　第1章から第4章にかけて造船・造機・施設関係および海軍機関学校出身者である海軍技術者の戦後の帰趨を考察したが、本章では終戦直後国有鉄道に転入した技術者および日本の技術発展に大きく貢献した日本技術士会[1]に登録された技術士のなかで引き揚げ体験を持つ技術者に注目する。国有鉄道は戦後陸海軍・引き揚げ技術者をもっとも多く受け入れた組織であり、海軍技術者の戦後の転生を検討する好個の対象と思われる。また日本技術士会はそれぞれの技術分野を代表する技術者が集まる団体であり、引き揚げ技術者の体現する技術が戦後にどう継承されたかを考察するうえで重要な組織である。

　1946年3月に大日本技術会（会長は八田嘉明元鉄道大臣・満鉄副総裁）は引き揚げ技術者の救済を目的とする機関の設置を決定した。また科学技術政策同志会（46年6月発足）は引き揚げ技術者の救済を国会議員に働きかけ、同年9月には超党派で構成された議員団から提出された「科学技術振興に関する決議案」が衆議院本会議において全員一致で可決されるが、その第5条は「科学技

表 5-1　国有鉄道への戦後転入技術者（1949 年 11 月 5 日現在）

氏名	出身大学	学部・学科	勤務先	元勤務先	初職採用年度	1959 年勤務先
＊中田　金市	東大	理	鉄道技術研究所	海軍航空技術廠	1925	運輸省運輸技術研究所長
藤田　駿	東大	工・機械	鉄道技術研究所総務部	満洲国	1927	
一瀬　清	旅順工大	工・電気	名古屋工機部豊川分工場	朝鮮	1930	
成田　春人	東大	工・建築	東京鉄道局施設部営繕課長	陸軍	1931	東京建築研究所長
＊江頭　建	東大	工・船舶	鉄道技術研究所第二部	呉海軍工廠	1932	
前川　力	広島文理大	理・物理	鉄道技術研究所第七部	海軍	1932	
疋田　遼太郎	東北大	工・物理	鉄道技術研究所第八部	中央航空研究所	1932	
田中　季雄	早稲田大	理工・機械	車両局工場課	華北	1932	
早川　仁	東大	工・機械	鉄道技術研究所第二部	海軍	1932	鉄道技術研究所研究室長
漢那　寛二郎	東大	工・機械	旭川鉄道局旭川工機部長	満鉄	1932	国鉄名古屋工場長
長沢　進午	東大	工・機械	鉄道技術研究所第二部	中央航空研究所	1933	
中村　良治	東工大	電気	鉄道技術研究所第六部	海軍	1933	
＊佐藤　忠雄	東大	工・冶金	鉄道技術研究所第五部	海軍航空技術廠発動機部	1933	日本特殊鋼製鋼部長
三木　忠直	東大	工・船舶	鉄道技術研究所第一部	海軍	1933	
長岡　清一郎	東大	工・機械	輸送局保安課	朝鮮	1933	
山内　誠二	東大	工・建築	大阪鉄道局大阪工事部	海軍	1933	東急電鉄工務部次長
＊松平　精	東大	工・船舶	鉄道技術研究所第一部	海軍航空技術廠発動機部	1934	鉄道技術研究所車輌運動研究室長
山内　寛一	東大	工・土木	施設局土木課	満鉄	1934	
片山　隆三	東大	工・建築	施設局建築課	逓信省航空局	1934	
内村　豊	九大	工・採鉱	志免鉱業所第八坑長	満鉄	1934	国鉄志免鉱業所副長
宮原　九州雄	九大	工・電気	東京鉄道局大井工機部電車長	満鉄	1935	国鉄吹田工場長
渡辺　悟	九大	工・土木	門司鉄道局門司工事部計画課長	台湾	1935	長崎市建設部長
柏井　豊俊	京大	工・機械	志免鉱業所生産部工作課長	満鉄	1935	国鉄志免鉱業所工作課長
藤田　亀太郎	東大	工・土木	総裁室渉外部技術課長	華北	1935	極東鋼弦コンクリート振興社長
三好　正	阪大	工・電気	技師長附	中央航空研究所	1935	国鉄関西支社調査役
関　一雄	北大	工・土木	大阪鉄道局天王寺管理部保線区長	朝鮮	1935	名工建設会社営業部長
高山　馨	東大	工・建築	大阪鉄道局施設部営繕課長	陸軍	1935	
川口　源九郎	京大	工・土木	東京鉄道局三島鉄道教習所	台湾	1936	奥村組
三田　勇	東大	工・機械	広島鉄道局岡山機関区長	満鉄	1936	同和鉱業技術室長
金松　正世	東京文理大	化学	鉄道技術研究所第四部	陸軍	1936	
肥後　盛史	東大	工・建築	広島鉄道局施設部営繕課長	海軍	1936	
原　朝茂	広島文理大	理・物理	鉄道技術研究所第三部	海軍	1936	鉄道技術研究所物理研究室長
多田　美朝	広島文理大	理	鉄道技術研究所第二部	海軍	1936	
小林　慶男	東工大	機械	車両局客貨車設計課	技術院	1937	
遠藤　佐武郎	北大	工・土木	名古屋鉄道局岐阜工事部	満鉄	1937	防衛大学校教授
岡　新次	北大	工・鉱山	自動車局整備課	陸軍	1937	
波江　真夫	東大	工・建築	施設局建築課	海軍	1937	国鉄大阪工事局建築長
尾形　秀人	阪大	工・電気	鉄道技術研究所第二部	海軍	1938	鉄道技術研究所電気材料研究室長
森　庄一	京大	工・機械	広島鉄道局幡生工機部自動車課	朝鮮	1938	
村中　穣	広島文理大	理	鉄道技術研究所第二部	海軍	1938	
副島　敏夫	京大	工・電気	門司鉄道局鳥栖管理部電気課長	朝鮮	1938	
春成　正	九大	工・土木	門司鉄道局大分管理部施設課長	朝鮮	1938	国鉄東北支社調査役
山内　正男	東大	工・航空	鉄道技術研究所第八部	中央航空研究所	1938	科学技術庁航空技術研究所原動機部長
古屋　茂	東大	理・数学	鉄道技術研究所第六部	中央航空研究所	1938	立教大学教授
高倉　幹夫	東大	工・土木	新潟鉄道局施設部停車場課長	朝鮮	1938	北海道ピーエスコンクリート会社
山根　武郎	東大	工・電気	東京鉄道局大宮工機部調査	中央航空研究所	1938	

第5章 エリート技術者たちの悔恨と自覚　155

氏名	出身大学	学部・学科	勤務先	元勤務先	初職採用年度	1959年勤務先
伊東　正信	北大	工・土木	施設局計画課課長	満鉄	1939	
尾台　三吉	東大	工・土木	新潟鉄道局施設部土木課長	朝鮮	1939	国鉄関西支社監察役
小林　敏英	早稲田大	理工・機械	札幌鉄道局苗穂工機部調査課長	華北	1939	
木村　一郎	東北大	工・機械	大阪鉄道局鷹取工機部	中央航空研究所	1939	
井上　英彦	東大	工・建築	施設局建築課	陸軍	1939	
重松　敦雄	東工大	建築	門司鉄道局施設部営繕課長	海軍	1939	
鈴木　春義	京大	理・物理	鉄道技術研究所第五部	中央航空研究所	1939	科学技術庁金属材料技術研究所
安積　健次郎	阪大	理・物理	鉄道技術研究所第六部	中央航空研究所	1939	運輸技術研究所計測研究室長
榎本　信助	阪大	工・機械	鉄道技術研究所第八部	中央航空研究所	1939	
*赤羽　政亮	東北大	工・化学	鉄道技術研究所第四部	東北大工学部化学工学科	1939	鉄道技術研究所化学試験室長
瀬尾　正雄	京大	理・物理	鉄道技術研究所第七部	海軍	1939	
大塚　丈夫	東北大	工・機械	門司鉄道局運転部機関車課長	海軍	1940	国鉄西部支社調査役
宮崎　義成	東大	工・土木	広島鉄道局岡山管理部施設課保線課長	朝鮮	1940	極東鋼弦コンクリート振興営業部
桑原　辰夫	東大	工・機械	大阪鉄道局機器製作監督事務所	陸軍	1940	
松本　成幹	東北大	工・機械	東京鉄道局八王子管理部渉外課長	満鉄	1940	国鉄四国支社運転部長
多谷　虎男	東大	工・土木	大阪鉄道局大阪工事部	朝鮮	1940	鉄道技術研究所土木機械研究室
久野　精一郎	九大	工・冶金	志免鉱業所竪坑長	海軍	1940	
中島　政清	東大	工・建築	大阪鉄道局施設部建築課	海軍	1940	
塩谷　正雄	東大	理・物理	鉄道技術研究所第二部	中央航空研究所	1940	鉄道技術研究所防災研究室
石黒　政一	阪大	理・物理	鉄道技術研究所第八部	中央航空研究所	1940	
河野　忠義	東大	工・船舶	鉄道技術研究所総部企画課	中央航空研究所	1940	鉄道技術研究所自動制御研究室長
*小野　修一	京大	理・物理	鉄道技術研究所第一部	陸軍航空審査部	1940	鉄道技術研究所
*小犬丸　胤男	東北大	工・金属	鉄道技術研究所第五部	陸軍航空技術研究所	1940	鉄道技術研究所
浜島　毅	九大	工・採鉱	志免鉱業所生産部鉱務課	海軍	1941	
三原　仁男	東北大	工・電気	仙台鉄道局電気部通信課	満鉄	1941	
内田　富彦	九大	工・機械	門司鉄道局吉塚機関区長	満鉄	1941	
津田　敏之	東大	工・建築	広島鉄道局施設営繕課	海軍	1942	鴻池組東京支店
鈴木　平八	九大	工・機械	東京鉄道局大井工機部第二客貨車職長	中央航空研究所	1942	国鉄東京機器製作監督事務所
川村　圭	東大	工・機械	東京鉄道局田端機関区助役	海軍	1943	鉄道技術研究所主任研究員
池田　久夫	九大	工・土木	志免鉱業所	海軍	1943	
佐々木　芳麿	日大	工・機械	仙台鉄道局郡山工機部旋盤職長	満鉄	1944	
石橋　孝夫	東大	工・機械	鉄道技術研究所第二部	陸軍	1945	
桐山　直樹	東大	工・土木	東京鉄道局新橋工事部	運研	1945	京大病院産婦人科教室

出所) 総裁室秘書課『学士職員表』昭和24年11月5日, および学士会編『会員氏名録』昭和18年用, 1943年, 昭和34・35年用, 1959年。
注) (1) *印を付した者の元勤務先は1943年3月末現在。

術者活用の強化, 特に海外帰還技術者の活用措置」であった[2]。引き揚げてきた技術者の再就職問題だけでなく, いまだ帰国できないいわゆる「留用」技術者の問題も戦後長く継続した。

　1947年3月に満鉄中央試験所の最後の所長であった佐藤正典が引き揚げてくるが,「満州, 朝鮮, 台湾などの外地から, つぎつぎに引き揚げてくる科学

表 5-2　日本技術士会登録会員（海外在留経験者，1955 年 7 月末現在）

氏名	生年	出身校・専攻	卒年	経歴
国松　緑	1881	東京帝国大学工科大学機械科	1908	満鉄撫順炭鉱課長，満州合成ゴム工業(株)取締役，米軍調達庁特殊顧問。
山崎　長七	1886	旅順工科学堂採鉱冶金学科	1914	台湾金瓜石鉱山製錬所技師，中日実業公司技師，南満ドロマイト工業(株)社長，大山鋼山代表者など歴任。
山岸　靖一	1886	東京帝国大学工科大学機械工学科	1911	南満州鉄道技師，大連機械製作所常務取締役技師長，荏原製作所専務取締役技師長を歴任，現在は荏原産業(株)社長，発明協会理事。
菅原　恒男	1887	東京高等工業学校	1911	満鉄撫順，満州神鋼金属工業取締役などを経て，現在は富士鋳管鉄工業取締役製造部長。
平山　復二郎	1888	東京帝国大学工学部土木工学科	1912	鉄道院技師，復興局土木道路課長，仙台鉄道局長，鉄道省建設局長，南満州鉄道理事長，満州電業理事長などを歴任，現在は PS コンクリート社長，パシフィック・コンサルタンツ社長。
久保田　豊	1890	東京帝国大学工学部土木工学科	1914	日本窒素専務取締役，朝鮮電業社長，朝鮮鴨緑江水力電気社長などを歴任，現在は日本工営社長，日本産業再建技術協会理事長。
吉田　吉次	1890	東京高等工業学校応用化学科	1915	日華製油技師，日本商事(株)三菱油坊工場長，三菱商事(株)新京支店代理，竜興製油(株)専務取締役などを歴任。
本間　徳雄	1890	東京帝国大学工科大学土木工学科	1915	朝鮮総督府技師，満州国水力電気建設局局長，満州電業(株)副理事長などを経て，現在は(社)日本開発技術協会理事長。
武田　晟	1890	早稲田大学電気工学科	1915	留萌電灯，産業調査協会，満州重工業機械本部長などを歴任，現在は日本興業銀行審査部嘱託。
日高　悌	1891	東京高等工業学校応用化学科	1913	満鉄，大連油脂工業，吉原製油，天津興元化学公司技師長を経て，終戦後は信越油脂製油会社。
木呂子　誠一	1891	東京高等工業学校応用化学科	1912	京城電気技師，日本電気化学工業技師，三井物産技師，三泰油脂工業常務取締役，三江製油社長(満州)などを歴任，現在は安藤製油顧問。
三木　茂	1892	京都帝国大学工学部機械工学科	1922	日本輸送機製作所技師長，日本ゼネラルモータース技術部次長，同和自動車(株)部長，満州重機(株)研究部長などを経て，現在は日本興業銀行，日本開発銀行技術嘱託。
森　正平	1892	旅順工科大学機械工学科	1916	南満州鉄道，南満州瓦斯(株)，関東瓦斯(株)，藤波航空兵器(株)常務取締役，三井物産(株)機械部長を経て，現在は進東物産(株)取締役社長。
千葉　燿胤	1892	旅順工科学堂採鉱冶金学科	1914	山東鉄道淄川炭鉱技術員，三井鉱山(株)鉱務部，三井物産，周杖子水銀(株)社長を経て，現在はビクターオート会社監査役。
沢田　平次	1892	旅順工科学堂冶金科	1916	満鉄参事，満鉄中央試験所研究員，全満炭田炭質調査委員会幹事を歴任。
永野　紋三郎	1892	東京高等工業学校機械科	1913	横浜製鋼(株)支配人，工務所自営，満鉄参事，満業調査役，三菱化成工業工場長，産業復興公団施設局次長。
杉本　松次郎	1892	旅順工科学堂機械科	1914	日綿実業(株)漢口工場，日華油脂若松工場，吉原製油，スマトラ東山農場アチャム園製油工場建設長を歴任，現在は藤本金属機械商会。
森沢　源太郎	1893	秋田鉱山専門学校	1916	久原鉱業，満州鉱山(株)取締役を経て，現在は日昭機製作所(株)代表取締役，鉱山設備工業(株)社長，玉森鉱業(株)社長。
佐藤　時彦	1893	東北帝国大学専門部土木科	1915	鴨緑江水力発電理事，朝鮮水力電気常務取締役，朝鮮電業常務取締役などを歴任，現在は日本工営副社長，日本産業再建技術協会常務理事。
福井　真	1893	九州帝国大学工学部冶金学科	1919	満鉄技師，昭和製鋼所技師，熱経済研究のためドイツ留学 2 回，同社技術部長，研究所長などを歴任。
世良　隆二	1894	旅順工科学堂機械科	1917	電気化学工業(株)，満州電気化工(株)理事，昭和電工(株)嘱託，北海化工(株)顧問を歴任。
高橋　錦一	1894	熊本高等工業学校機械学科	1917	(株)日立製作所技師，(株)満州日立製作所代表取締役，現在は(株)堀切機械製作所顧問。
吉田　重明	1894	旅順工科大学機械工学科	1917	満鉄撫順炭鉱技師，南満州工業専門学校教授，中華人民共和国重工業部太原鋼鉄廠工程師，三和機械事務所技師部長。
貴志　二一郎	1894	東京帝国大学医学部薬学科	1919	南満州鉄道撫順炭鉱研究所長，満州医薬品生産取締役を経て，現在は東邦大学薬学部長。
川村　兌三	1894	早稲田大学理工機械科	1919	東京瓦斯電気工業(株)自動車部，満州同和自動車組立工場長，新京新店長，日本自動車配給(株)部品部次長，日野ルノー販売(株)技術部長を経て。
田原　誠助	1895	旅順工科学堂機械科	1915	台湾製糖(株)技師，南島開発(株)常務取締役などを歴任，現在は鹿児島県経済農業協同組合連合会専務理事。
柏谷　義三郎	1896	京都帝国大学理学部化学科	1922	京大講師，満州医科大学教授を歴任，現在は早稲田大学理工学部教授。

第5章　エリート技術者たちの悔恨と自覚

氏名	生年	出身校・専攻	卒年	経歴
上原　二郎	1896	名古屋高等工業学校土木科	1926	南満州鉄道(株)、朝鮮総督府鉄道局技師、終戦後、(社)復興建設技術協会に入会、同技術部長。
空閑　徳平	1897	東京帝国大学工学部土木工学科	1921	松花江豊満ダムなどを建設、戦後は新潟県などの県営ダム指導。
轟　謙次郎	1897	九州帝国大学工学部土木工学科	1923	復興局技師、朝鮮総督府鉄道局釜山改良事務所長、咸興地方鉄道局長などを歴任、終戦後、復興建設技術協会九州支部長。
玉置　正治	1897	東京帝国大学工学部電気工学科	1922	台湾電力技師、朝鮮鴨緑江水力発電常務理事、朝鮮鴨緑江水力発電常務理事、朝鮮電業副社長などを歴任、現在は日本工営副社長。
工藤　宏規	1897	東京帝国大学工学部応用化学科	1920	日本窒素肥料(株)永安工場長、朝鮮石炭工業(株)常務、吉林人造石油(株)理事、日本窒素肥料(株)取締役を歴任、1947年野口研究所理事長。
千種　虎正	1897	東京帝国大学農学部		静岡県技師、三重高等農林学校教授、満州国開拓総局、水理公会中央会理事、明治大学教授を経て、現在は千種開発(株)経営。
名須川　秀二	1897	東北帝国大学工学専門部土木工学科	1921	日本石油(株)道路部技師、日本舗道(株)新京支店長、満州舗道(株)取締役などを経て、現在は日本舗道(株)専務取締役。
浅川　勇吉	1898	東北帝国大学工学部機械工学科	1923	東北大学金属材料研究所、日本大学工学部教授、満州国大陸科学院研究官、東京帝国大学第二工学部講師、華北交通(株)技術顧問を歴任、日本大学工学部に復帰、現在に至る。
豊田　竜三郎	1898	東京高等工業学校機械科	1920	塩水港製糖(株)技術部長を経て、現在は熱学工業(株)技術部長、日立造船(株)顧問、豊田設計事務所。
植木　藤太郎	1898	工手学校応用化学科	1920	南洋興発サイパン製糖所工場長を経て、現在は植木化学研究所長。
倉員　隆而	1898	東京帝国大学工学部電気工学科	1922	日本窒素肥料(株)朝鮮長津江発電事務所長、朝鮮興南工場電気部長を経て、現在はパシフィック・コンサルタンツ常務取締役。
永井　雅夫	1898	東京帝国大学工学部応用化学科	1922	東海電極製造(株)、常務取締役を経て、朝鮮東海電極常務、満州電極(株)社長、東京カーボン(株)社長を歴任し、現在は(株)炭素研究所社長。
隈部　農	1899	明治専門学校鉱山科	1922	恒山採炭所長、麻山炭鉱長、寧武鉄廠長、西北実業公司技術顧問などを歴任。
玉山　正雄	1899	日本大学高等工学校機械科	1924	東京で諸機械製造工業経営、天津大連交通器工作課長、北京小糸鉄工廠製造部長、小糸製作所技術部材料課長などを経て歴任。
染谷　二男	1900	旅順工科学堂採鉱冶金学科	1921	満鉄撫順炭鉱主任、満州鉱山(株)鉱山課長、辺道開発(株)大栗子採鉱所所長、満州製鉄会社参事などを歴任。
中川　文次	1900	東京帝国大学医学部薬学科	1927	花王石鹸(株)検査課長、製造部長、高圧化学工業(株)取締役、満州国司法部技正、台湾王有機(株)常務取締役などを歴任し、現在は三共化学研究所(コンサルタント)経営。
山本　鋭二	1900	早稲田大学理工学部採鉱冶金学科	1926	メキシコ・ナミキパ鉱山技師、朝鮮総督府燃料選鉱研究所技師、通産省資源庁技官などを歴任。
藤山　政孝	1900	熊本高等工業夜間部土木工学科	1924	熊本市、横浜市技手、華中水電(株)工務課長、三栄興業有限会社専務取締役を経て、現在は上下水道技術研究所長。
赤瀬川　安彦	1901	旅順工科大学採鉱学科	1922	南満州鉄道(株)地質調査職員、満州国政府産業部技正、新京交通(株)専務取締役、新北海道炭鉱(株)代表取締役などを歴任。
伊藤　清一	1902	東京帝国大学工学部土木工学科	1926	陸軍ドイツ技術駐在員、終戦後、(社)復興建設技術協会に入会。
川上　政一	1902	旅順工科大学専門部機械工学科	1924	河村工務所技師、斉々哈爾支店長錦州支店長、宮ノ原作業所長常務取締役工事部長を歴任、現在は第一企業(株)大阪支店次長、国際観光会館作業所長兼務。
秋山　和夫	1903	東京帝国大学工学部土木工学科	1926	東武鉄道(株)、南満州鉄道(株)を経て、終戦後(社)復興建設技術協会に入り、また同協会関東支店。
杉原　博司	1903	旅順工科大学機械工学専門部		イリス商会機械部、安宅産業(株)機械部長、北京小糸鉄工廠設計課長、東洋金属製作所経営、関東軍兵器廠、大日本製薬(株)工務課。
物井　辰雄	1904	東京帝国大学工学部電気工学科	1929	朝鮮水電技師、朝鮮長津江水電電気部設計課長、朝鮮電業(株)工務部長などを歴任、現在は日本工営(株)専務取締役、日本産業再建技術協会理事。
近藤　信一	1904	東京帝国大学工学部土木工学科	1928	鉄道省技師、外地派遣となり、終戦後、運輸省に復帰、退職後、復興建設技術協会に入会。
吹田　九郎	1904	東京帝国大学工学部鉱山冶金学科	1933	日本鋼管鶴見製鉄所技師、青島製鉄青島製鉄所技師、秋田製鋼技師などを歴任。
鈴木　重仲	1904	旅順工科大学工学専門部機械工学科	1924	満鉄、鞍山製鉄、中央試験所、斉々哈爾鉄道建設事務所機械係長、華北交通北京鉄路局機械課長などを歴任、終戦後、新海上ビル管理部技術部長などを経て、現在は第一実業(株)に勤務。
田村　豊	1904	旅順工科大学電気工学科	1930	東京市電気局技手、満州工廠電気課長、昭和電工電気課長、グランドハイツ営繕課を経て、田村電気技術事務所自営。
柴　弘人	1905	東京帝国大学工学部	1930	陸軍技術将校、陸軍科学研究所、陸軍造兵廠、1940〜44年伊独国

氏名	生年	出身校・専攻	卒年	経歴
池田 義雄	1906	三重高等農林学校農業土木科	1927	技術駐在官，帰朝後大宮造兵廠々長，松村電研(株)専務．
永尾 正	1907	明治専門学校応用化学科	1929	朝鮮総督府技手，朝鮮農地開発営団技師をへて，引揚げ後は工務所自営，現在は千種開発(株)勤務．
				満州ペイント(株)，南満州電気(株)，満州電業(株)，日本発送電(株)，九州電力(株)を経て，現在は日本オルガノ商会調査役．
林 功	1907	日本大学附属中学校	1924	江南産業(株)昭和舟艇研究所長，(株)江南造機械造船部長，(株)揚子公司技術部長などを歴任，現在は東洋空調和(株)取締役社長．
浅井 一彦	1908	東京帝国大学法学部	1932	1933～45年滞独，その間，一時日産自動車，満州重工業に勤務，45年に(財)石炭総合研究所を設立．
高木 政司	1908	日本大学専門部工科土木科	1933	満鉄三棵樹工務区長，満鉄副参事，日本大学工学校友会事務局長．
瀬古 新助	1908	日本大学工学部土木工学科	1937	興亜院嘱託，電気技師，陸軍航空本部嘱託，日本大学教授，東邦電化技師長などを歴任，現在は中央開発(株)社長．
城間 朝吉	1908	南満州工業専門学校電気工学科	1929	南満州電気(株)，満州電業(株)，撫順発電所長，終戦後は日本発送電力部電気工事係長を経て，現在は九州電力(株)火力部次長．
水尾 常雄	1909	金沢高等工業学校応用化学科	1931	前田精化工業技師，朝鮮食糧営団技師を経て，現在は房総油脂工業(株)取締役技師長．
柴田 料	1910	日本大学工学部機械工学科	1933	共立機械(株)設計係員，浦賀船渠，満州軽金属，大陸科学院機械工作工場主任，東京科学機器工場長などを歴任，現在は東京工機(株)技術部長．
南 務	1911	浜松高等工業学校電気科	1933	満州電信電話(株)技師，大阪警察管区本部無線通信課長補佐などを経て，現在は山陽放送(株)技術部長．
大野 祐武	1912	東京帝国大学工学部土木工学科	1937	満州国水力電気建設局，明楽工業(株)九州支店，建設技術研究所などを経て，現在に至る．
川北 智三	1912	東京帝国大学工学部造兵学科	1935	海軍技術士官，海軍航空技術廠，海軍航空本部，1943年に独国駐在，終戦後，運輸省鉄道研究所を経て，防衛庁海上幕僚監部武器課長．
白川 正之助	1912		1934	南満州鉄道(株)技術員，副参事．
糟谷 恒雄	1916	東京高等工業学校応用化学科	1940	上海自然科学研究所副研究員，長崎魚市(株)小浜製塩工場工場長，(株)東京製作所内勤，太平物産(株)機械課長を歴任，現在は東洋空気調和(株)監査役．
小松 信一郎	1917	東京工業大学応用化学科	1942	満州軽金属(株)を経て，現在は(株)川上研究所取締役．

出所）日本技術士会編『日本のコンサルタント』1956年版，1955年，1-105頁．
注）(1) 終戦前に帰国した者を含む．

者たちを，国の研究面に活用するため，新しい組織の一大研究機関を，東京につくってみたらという構想」を企画した．これに対して八田嘉明・佐藤応次郎両元満鉄副総裁は後援を約束し，東京大学の亀山直人や三菱化成工業の中原省三などの指図を仰いだものの結局この構想が実現することはなく，佐藤自身も48年6月に大阪府立工業奨励館館長に就任した[3]．

本章では最初に終戦直後に国有鉄道に転入し，その後国鉄に残留した者，他に転じた技術者に注目する．表5-1に示された79名がそうした人々であるが，名簿資料の性格から基本的に大学卒技術者に限定される．表5-1を検討する場合の前提として，公職追放令による陸海軍技術科士官（武官）のパージの影響に留意する必要がある．表5-1は1949年11月5日現在のリストであるが，戦後国有鉄道に転入し，その後公職追放令によってパージの対象となった技術者はここには現れない．

次に 1955 年 7 月末現在で日本技術士会に登録された技術士のなかで戦前・戦中期に「外地」体験を有する技術者をまとめたのが表 5-2 である。戦前・戦時中に帰国し，厳密な意味で終戦による「引き揚げ」技術者とはいえない技術者も含まれているが，大半は敗戦によって職場を失い，日本に引き揚げてきた人々である。表 5-2 から明らかなように彼らの学歴も総じて高い。その意味で本章は陸海軍から，また「外地」から戦後日本の公的部門や民間部門に転じた「高級」・「エリート」技術者に注目することになる。

そうしたエリート技術者たちがいかなる戦争体験，外地体験を抱えながら戦後の人生を切り開いていったのか，一人ひとりの歩みをたどってみたい。

1　国有鉄道転入技術者の戦後

1）植民地・戦時・敗戦体験

1948 年 10 月 2 日に運輸省大会議室にて開催された「機関車罐に関する研究座談会」において，低質炭の燃焼のための火格子面積に関する議論のなかで長岡清一郎は「わたしども朝鮮にいまして，相当悪い石炭をたいていました。それで火格子面積を大きくする必要があつて，火格子面積と伝熱面積との比が大体 45 くらいでやつていたと思うが，それで十分こなせたと思います[4]」と発言した。朝鮮総督府鉄道局運転課技師として長く勤務した長岡にとって[5]，現場経験の原点は朝鮮時代にあった。

小田急の特急 SE 車，新幹線車輌の設計で著名な三木忠直は海軍航空技術廠で急降下渡洋雷爆撃機「銀河」，次に「桜花」の設計に従事した。1944 年夏，和田操廠長から「グライダー爆弾の案を持ってきたものがある」との連絡を受けた三木たちは，特攻隊がまだ編成されていなかったが，「技術者としては，このような必死の兵器を造ることは，むしろ技術への冒瀆であるとさえ感じていたが，わが国の総合国力と，急速に下り坂にある戦勢を考え合わせるとき，最後には，ある部分はこれで行かざるを得まい，部隊の要望するものを要望するときに間に合わせなければ……と，その火と燃える熱に動かされた[6]」とい

う。

　桜花は試作命令として50台が発注された。設計スタッフは「飛行機部山名正夫技術中佐設計課主任（元東大教授，現明大教授）のもとに，私が主務設計者で全般，服部六郎技術少佐（現ブリヂストンタイヤ常務取締役）が主として構造，北野多喜雄技師（現日本電装常務取締役）が空力，鷲津久一郎技術大尉（現東大教授）が性能関係を分担し，空技廠の一室に籠城した[7]」。

　しかし三木は「自分の設計した飛行機で何人の命が失われたかと思うと，つくづくいやになったんです。そこで終戦後は戦争に関係のない技術に行こうと思って，運輸省の鉄道技術研究所に入りました。警察予備隊の技術部長にという誘いもあったんですが断りました[8]」と証言している。こうして戦後の三木は戦時経験をたえず振り返りながら軍事技術ではなく民生技術の可能性を模索していた。その延長線上に新幹線に連なる技術開発があったのである。

　次に終戦を「満洲」（以下，括弧省略）で迎えた鉄道技術者についてみてみよう。終戦直後の1945年8月19日早朝，南満州鉄道新京本社に呼び出された漢那寛二郎は，局長から本日ソ連軍の最先遣部隊が京白線（新京―白城子）を下って午後4時に新京に初入場するという通知を受けているが，旅客列車が妨害によって脱線転覆させられている，中国人従業員は復旧要員として応じないため，機関区，客貨車区および保線区等の日本人従業員が復旧作業を行っているが目途が立っていない，そこで車輌課員と機関区の新手を引率して応援に出動してほしいとの命を受けた。漢那は20数名の復旧要員とともに現地に赴いたが，途中中国人街で襲撃を受け，1名の負傷者を出した。ようやくたどり着いた漢那たちは京白線で脱線転覆している客車を操重車を使って立体交差している下の京浜線（新京―哈爾浜）に落として京白線を開通させた。ところがその京浜線を先遣部隊を乗せたソ連の列車が進行してきた。京白線と京浜線を聞き間違えたのか，両線からソ連軍が来るのか，原因は分からなかったが，自動小銃を突き付けられながら漢那たちは約2時間で京浜線を開通させたという[9]。

　「家族とも決死の決別をし，生きて日本へ帰れるとも考えて居なかった[10]」漢那は無事帰国することができ，表5-1にあるように国有鉄道に職を得た漢那は1949年には旭川工機部長，59年には名古屋工場長を務めていた。

2）鉄道技術研究所転入の経緯と鉄研改革

　中田金市の国有鉄道入社の経緯は以下のようであった。「海軍省も勿論残務整理部門を除いて廃庁となり，私も九月には解雇されてささやかながら食糧増産の仕事に精を出していた。そんなある日，突然鉄道技術研究所長の使の方が来られ，鉄道技術研究所に招かれたのである。私は折角，百姓になりかかっているのだからとお断りした。又来られたが之も断った。ところが三度目には，中央航空研究所（花島孝一［元海軍航空技術廠長］所長—引用者注）の人達を引受けたが，指導する人が足りないので，お願いするわけだが，こちらかに聞き(ママ)に行かせるから，指導してやってほしいと言われるのである。（中略）之には本当に参ってしまい，お引受けした次第であった[11]」。

　中田は1946年5月に鉄道技術研究所（以下，鉄研と略記することがある）の嘱託となり，同年9月に同研究所の第二理学部長に就任した。中田によると中央航空研究所から鉄研に移った研究者は100名を超えていたが，機械関係は第一理学部，物理・化学関係は第二理学部，材料関係は第三理学部に編入された。第一理学部長は近藤俊雄，第三理学部長は川村宏矣であり，中田を含めて3名とも花島孝一の指導を受けた元海軍航空技術廠部員であった[12]。

　中田が第二理学部長を引き受ける際に鉄研の中原寿一郎所長から「『日本は今は航空関係の研究は禁止されているが，将来必ず再開される時が来る。理学部の人達はその時に供えて技術の保持に努めてほしい。決してダダクサに使っ(ママ)てはならない』」といわれたという[13]。しかしその後元武官は公職追放の対象となり，文官であった陸海軍技師および文官から武官に転官した者は鉄研に残留することができた。その結果，近藤俊雄や川村宏矣は鉄研を去ることになり，海軍技師からの転官であった中田は残留することになった。公職追放となった綿林英一（元海軍少佐）は，中田金市，松平精，三木忠直らは「海軍技師からの転官であったので，そのまま鉄道研究所に継続勤務されて大きな業績をあげられたのは，運命のなせる業であろう」と回顧した[14]。

　中田は近藤俊雄の公職追放については直接触れず，「近藤君は東大の機械科出身だったが，卒業するとすぐ海軍の造兵官になったので，GHQに遠慮して身を引いて貰ったようだ[15]」とのべるに留めている。

松平精によると戦後陸海軍から鉄研に入所した人が「一堂に集まったとき何人いましたか，数百人はいましたね。とてもすごい人数でびっくりしたんです」といった状況であった。鉄研の池田正二第一部長の話によると，平山孝運輸次官から「陸海軍の連中の技術を，日本としては温存する必要があるから，ぜひ，国鉄でまず採用しなさい」との勧めがあったという。また中央航空研究所から移籍した河野忠義によると「その後，公職追放令が出て，優秀な人材がパージされ」，さらに1949年のGHQの指示による定員法によって鉄研の要員も大幅に削減された[16]。

以上のような外部技術者の大量転入について，1941年から鉄研（当時は官房研究所）で工作機械を研究していた伊藤鎮は「終戦直後の研究は，混とんとし，外地からの帰還者と失職部外者等を，唯一の技術温存のプールとして迎えたが，品物の消費性向に格段の差があり，驚くばかりであった[17]」と回顧した。異なる研究文化を背負った外部の人材を大量に迎え入れる側の戸惑いが語られているように思われる。

1949年12月に鉄研は研究単位として，従来の部制に代えて研究室をおき，研究室長の職制を設けた。この制度改革は大塚誠之所長のときに行われたが，それを実質的に主導したのが後に企画室長になる河野忠義であった。河野によると「いままでの研究というのは，屋根裏の研究室で1人でコツコツ研究をやっていた。それが研究という意識でもあつたのですが，近代的な研究体制というのは，個人の力ではなくて組織の力でなければ，大きな研究は完成しない。そういう研究の組織化をやつていきますために一番大きな障害は部制という壁である。（中略）所長の下に当時30ばかりの研究室を直結しますと，どうしても，それをうまくコーディネートして研究のプランニングをやるグループを，所長のスタッフとして組織しなければならないということで，企画室ができたわけです」といった意図から研究室制が導入された[18]。

河野は1956年にも鉄研の研究室編成について基本的な考え方を提示した。「研究室はいわば常に移動している科学の軍隊の多少とも一時的なキャンプなのである。その科学研究の組織においても大いに警戒すべきことは研究室や研究機関が化石化することである[19]」としたうえで，電電公社の電気通信研究所

のように実用化部門と研究部門を明確に分離するのではなく，本社における関係技術部局と常に密接な関係を保つ研究室と研究のみを行ってその成果を所内の他研究室に提供する研究室の両方を有する鉄研では両者の整備・強化が必要というのが，河野の主張であった[20]。

3) 戦後の軌跡

航空技術者

表5-3に示されているように山内正男は東京帝大工学部航空学科卒業後，逓信省航空局，同中央航空研究所を経て1945年12月に鉄研第一理学部に就職した[21]。ここでガスタービンと初めて出会い，50年4月に運輸技術研究所に転じ，52年11月に同研究所原動機部長に昇任した。55年10月に総理府に出向し，航空技術研究所原動機部長となり，翌56年5月に科学技術庁航空技術研究所原動機部長，57年3月に同所空気力学部長併任となった。

山内は1964年8月に航空宇宙技術研究所科学研究官に昇任，68年11月に同所長となり，76年7月に退職した。その後80年6月から84年6月まで宇宙開発事業団理事長を務めた。

1947年から1号ガスタービンの研究開発に取り組んだが，これは戦時中に高速魚雷艇用エンジンとして石川島芝浦タービンで製作され，終戦時に土中に埋められていたものを掘り出し，研究用実機とするというものであった。これを契機にして全国でガスタービンの研究が開始され，航空再開までのガスタービン技術の発展に寄与した。

1955年10月から山内は航空技術研究所原動機部長として，ジェットエンジンの試験研究用施設を整備し，大きな研究成果を上げた。57年3月からは空気力学部長として遷音速風洞の建設に尽力した。また山内は日本ガスタービン学会長，日本航空宇宙学会長として学会の発展に貢献した。

1939年に京都帝国大学理学部物理学科を卒業して中央航空研究所に入った鈴木春義は終戦まで高速空気力学の研究に従事し，46年には理学博士の学位を取得した。しかし終戦後は航空工学の研究が禁止されたため，金属の塑性変形と加工の研究に転向した。鉄研を経て52年には運輸技術研究所の溶接冶金

表 5-3　山内正男の略歴

年月	略歴
1938 年 3 月	東京帝国大学工学部航空学科卒業
同　年 4 月	逓信省航空局技手
1940 年 4 月	逓信省中央航空研究所研究官
1945 年 12 月	運輸省鉄道技術研究所技師
1952 年 11 月	運輸技術研究所原動機部長
1953 年	工学博士
1955 年 10 月	総理府航空技術研究所原動機部長
1964 年 8 月	科学技術庁航空宇宙技術研究所科学研究官
1968 年 11 月	科学技術庁航空宇宙技術研究所長
1976 年 8 月	新技術開発事業団監事
1979 年 9 月	宇宙開発委員会委員
1980 年 6 月	宇宙開発事業団理事長
1984 年 6 月	宇宙開発事業団顧問

出所）「故山内正男氏略歴」(『日本ガスタービン学会誌』第 39 巻第 1 号, 2011 年 1 月)。

研究室長を命じられた。52〜53 年に鈴木はフルブライト留学生としてアメリカ・ニューヨーク州のレンセラー工業大学（Rensselaer Polytechnic Institute：RPI）の金属工学科に学んだ。鈴木は RPI での留学を終えた後も運輸技術研究所溶接部での研究を続け，57 年に科学技術庁金属材料技術研究所に移った。60 年に鈴木たちは溶接学会のなかに特殊溶接研究委員会と溶接冶金研究委員会を組織し，産学連携の共同研究を積極的に展開した。61 年に溶接学会副会長の鈴木は米国溶接視察団（20 名）の団長を命じられ，二週間にわたって米国の著名な溶接工場，研究所および大学を視察した[22]。

鉄研を経て運輸技術研究所に転じた疋田遼太郎は 1957 年に刊行された論文で，戦後における航空技術の空白について，「昭和 20 年，航空事業も航空機の製造や研究も，航空関係の活動は，すべて禁止されてしまった。そのため，航空技術者は他の部門に転向し，施設や資材は廃棄されたり，他に転用されたりして，全く虚脱状態におちいった。この空白状態は，昭和 27 年まで，7 年間続き，わが国の航空技術は手痛い打撃を受けた。昭和 27 年からの約 5 年間は，もっぱら技術的な遅れをとりもどすことに費されたが，まだ当分，この状態を抜け出すことはできないであろう[23]」と述べた。

海外の技術動向を概観した後，疋田は日本の現状について「ジェット練習機 T-33 およびジェット戦闘機 F-86 の国産化が進んでいる。また昭和 31 年から，新しいジェット練習機の設計，製作が開始され，本年中には試験飛行が始められる予定である。ジェットエンジンは昭和 28 年ころから設計，試作が始められ，現在までに，かなりの運転試験が行われた。（中略）研究機関としては，昭和 30 年航空技術研究所が発足し，遷音速風どう，ジェットエンジンの研究設備等，本格的な研究設備の建設が始められた。その他，防衛庁，運輸省，通産省等の航空研究設備も次第に充実し，大学，民間会社等の施設を合せると，昭和 35 年ころまでには，一応の研究態勢が整って来るものと思われる[24]」との展望を示した。

戦後鉄研を経由して運輸技術研究所に転じた航空技術者に山内正男，鈴木春義，疋田遼太郎がいた。その後山内は宇宙開発事業団理事長に就任し，鈴木はアメリカ留学を経て科学技術庁金属材料技術研究所に転じた。疋田はアメリカにおける航空機研究を紹介しつつ，航空機関連の研究を継続した。

建築技術者

戦後の国有鉄道はさまざまな種類の陸海軍技術者を受け入れた。そのなかには建築関係の技術者もいた。

1945 年 5 月 25 日の空襲による火災によって東京駅の屋根や天井が損壊した。屋根の復旧工事では陸軍から鉄道省建築課に移籍した高山馨が五平の木材（長方形の断面の木材）を組み合わせジベルと釘で接合した工法による木造トラスの構造設計を行った。これによって旧 3 階建から 2 階建への復旧工事が 47 年 3 月に完了する[25]。

高山馨は戦時中に張間 40 メートルを超える木造の大建造物を次々に建築し，その功績から陸軍技術有功章を授けられた。この技術の大きな貢献は，鉄を節約できることであった。高山の技術的貢献を解説する文章の中で，成田春人は「此の様にして節約された鉄がそれ丈多く爆弾となり弾丸となつて敵米英を叩き得るのだと考へると痛快でもありその功績の大なのに思ひ至ると共に，我が国木構造に一手法を導入された点，建築界への貢献も亦少くない[26]」と記している。

表 5-4 成田春人の略歴

年	略歴
1908	生まれ
1931	東京帝国大学工学部建築学科卒業 外務省文化事業部
1933	東京帝国大学営繕課
1938	陸軍航空本部技師
1945	運輸省
1946	東京鉄道局営繕課長
1950	日本国有鉄道施設局建築課長
1952	日本建築学会総務理事
1957	東京建築研究所所長
1961	東京建築研究所社長
1962	工学博士
1970	日本建築学会財務運営委員会委員長 東京理科大学講師
1976	鉄道建築協会会長
1982	東京建築研究所会長
1988	東京建築研究所相談役
1992	逝去

出所:「名誉会員 成田春人先生ご逝去」(『建築雑誌』第107巻第1327号, 1992年5月) 85頁。

終戦直後の1945年10月, 伊藤滋鉄道省建築課長から「鉄道に来てくれるような良い建築技師が軍にいないだろうかと相談を受けた」太田和夫は成田春人を陸軍航空本部に訪ねた。成田は同僚の井上英彦と高山馨を誘うことを約束し, 同年12月に3人が鉄道省に入ることになった[27]。

井上英彦によると木造の格納庫建築のために木造大張間構造の実現が求められ, 陸軍航空本部では木材の接合部の処理を釘とジベルの2つとし, 釘は高山馨, ジベルは成田春人が中心となって担当することとなり, いずれの工法も成功して鋼材の節約に貢献したという[28]。表5-4にあるように成田は1950年に国鉄施設局建築課長となり,「鉄道建築の総帥の地位につ」いた。国鉄の建物の多くは木造であり, 成田は建築物の不燃化に取り組み,「不燃化の成田さん」として知られた[29]。

化学技術者

1941年3月勅令第158号をもって鉄道技術研究所官制が公布され, 大臣官房から独立して鉄道技術研究所が設立された。鉄研は庶務課, 第一〜第六部, 試作工場から構成され, そのなかの第四部が鉄道用材の化学的試験研究を担当した[30]。

赤羽政亮は1939年に東北帝国大学工学部化学工学科を卒業し, 同大学助教授として研究活動に従事した。46年に鉄研に入り, 第四部研究室に勤務し, 51年6月無機材料研究室長を経て57年6月に化学試験研究室長に就任した。赤羽は博士論文「ボイラスケールを対象としたケイ酸水溶液の研究」によって60年8月に東北大学から工学博士の学位を授与された。赤羽の博士取得に

よって鉄研では理学博士が5名，工学博士が20名となった[31]。

赤羽のように戦後に鉄研に入所した科学技術者は鉄研のなかでは少数者ではなかった。既述のように鉄研は1949年12月に研究単位として，従来の部に代わって研究室をおき，研究室長の職制を設けた。52年4月末現在で研究室長および主任研究員は71名を数えたが，そのうち終戦後に他所から鉄研に転入した研究室長・主任研究員は48名に及び，その内訳は海軍19名，陸軍10名，中央航空研究所9名，外地からの引き揚げ者4名（前職は満鉄，京城帝国大学，華北交通，朝鮮総督府鉄道局），その他6名（赤羽はそのうちの一人）であった。赤羽を含めて戦後他所から転入した科学技術者が鉄研の運営に決定的影響を与えたのである[32]。

2　日本技術士会会員技術者の戦後

前掲表5-2に示された技術者のほとんどは1910・20年代に大学を卒業しており，前掲表5-1に示された技術者よりも一世代，二世代上の世代であり，終戦時に40歳以上の者が大半である。

最年長の国松緑は撫順炭鉱課長，満洲合成ゴム取締役を経て引き揚げ，戦後は「米軍調達庁」（特別調達庁カ）「特殊顧問」に就任している。旅順工科学堂採鉱冶金学科を1914年に卒業した山崎長七は台湾金瓜石鉱山製錬所，中日実業公司を経て南満ドロマイト工業（34年7月設立）専務取締役[33]，社長などを歴任して引き揚げてきた。

平山復二郎はパシフィックコンサルタンツ社長，倉員隆而は同社常務取締役，久保田豊は日本工営社長，佐藤時彦と玉置正治は同社副社長，物井辰雄は同社専務取締役を務めた[34]。

1915年に東京帝国大学工科大学土木工学科を卒業した本間徳雄は卒業と同時に朝鮮総督府土木局に赴任し，大同江土木出張所所長を経て25年7月に京城土木出張所所長に就任した。33年に43歳の本間は満洲国に移り，同年5月に国道局第一工務処長に就任，39年4月に水力電気建設局長に就任するが，

同局の下には3地方工程処が置かれ,その一つである豊満工程処の処長が空閑徳平であった。43年3月に第四代満洲土木学会会長(平山復二郎が第二代会長),44年4月に満洲電業副理事長に就任した本間は敗戦直後の45年9月に資源委員会東北電力総局顧問に就任し,翌46年3月に中華民国国立東北大学工学部教授兼任となった[35]。

1948年3月に59歳の本間は帰国し,豊建設会社を経て49年に東京都水道局技術顧問となり,小河内ダム建設に関係したが,6名の技術顧問のなかには久保田豊もいた。53年12月に本間は社団法人日本開発技術協会を設立し,理事長に就任した。55年に同協会はラグマン発電所(アフガニスタン)実施設計を受託するが,本間は安達遂法政大学教授(元朝鮮総督府調査官)らとともに現地調査を行った。63年3月に日本開発技術協会は株式会社開発コンサルタント(資本金500万円,2007年に開発虎ノ門コンサルタントと改称)に改組され,本間が社長に就任した[36]。

満鉄撫順炭鉱研究所長などを歴任して約20年満洲にいた貴志二一郎は,引き揚げ後は薬学教育者に転じた[37]。旅順工科学堂機械科を卒業後,台湾製糖技師,南島開発常務取締役を歴任した田原誠助は,戦後鹿児島県薩摩郡の佐志村農業協同組合の第二代組合長を務めた。経営の才覚に優れた田原は共同購入,共同販売のメリット,農業資機材の安価購入の意義を説いた[38]。

満鉄,朝鮮総督府鉄道局技師を経験した上原二郎,朝鮮総督府鉄道局咸興地方鉄道局長を務めた轟謙次郎,陸軍駐独技術員だった伊* 清一,満鉄に勤めた秋山和夫,鉄道省技師として外地派遣となった近藤信一は戦後いずれも社団法人復興建設技術協会に入った[39]。

1921年に東京帝国大学工学部土木工学科を卒業した前述の空閑徳平は九州送電の塚原ダム建設,37年に着工された松花江の豊満ダム(堤高91メートル)の建設を指揮したが,終戦後帰国の途上,朝鮮の朝鮮窒素肥料興南工場では日本技術者連盟のリーダーとして活動した[40]。

1952年,建設技術研究所に所属していた空閑は,「戦争が終ってから早くも7年たった。終ったと云うが敗けたのである。然も撤底的(ママ)に敗けてしまった。今日では世の多くの人は戦争は軍部がやったのだ,敗けたのは軍部のやり方が

悪かったためだと云う。果してそうだろうか。敗戦の責は軍部と共に国民全部が負うべきで，特に我々建設技術者は建築機械技術関係に於て，其の質，量，及び之を駆使する能力がアメリカに非常に劣っていたことも，物量の劣勢による不利を更に不利に導いたことを思わねばならない[41]」と回顧する。「昭和10年我国最初の移動ケーブルクレーンを塚原に採用したが，当時かゝる新しい機械を使うことには相当の反対もあった」，「ジョンソンのバッチャープラントについては，松花江のダムに之を採用することを提案して，直木（倫太郎―引用者注）局長の承認を得ながら他の理由で実現せず，終戦後私共の研究所で研究，製図，昭和24年暮名古屋で私が講演した時は未だ雲の上の話のように大多数が聞いて居たが，今日では其の真価が認められて何処も彼処も之を採用し出した。ブルドーザーについては昭和12年初めて之が活躍しているところをアメリカで見た時，恥かしながら私は其の名前も知らず，Bull Dozerと手帳に書いて貰ったが，昭和13年松花江に輸入して使ったものが我国及び外地の建設に使った最初ではなかったかと思う」と述べた後，空閑は「各研究所，試験所，及び各メーカーに於て，更に一般の研究を近められ，一日も早く，せめてアメリカの今日に追付く努力が必要であろう」と結んでいる[42]。

1960年に空閑は鹿島建設堰堤部長の職にあったが，昭和初期と現在のダム構築の違いを主としてコンクリートダムを事例に解説した。「昭和十年九州送電に入り，塚原ダムの建設を引受け，ここで思い切った近代化を図り施工法を改めたのだが，ダム構築の工法が大体現在のものに近づいたのはこの塚原の工事からで，塚原こそは日本のダム構築法を一変させたといつても過言ではないと思う」として塚原ダムの意義を空閑は強調した。そのうえで「戦後は重機の使用が盛んになり，工事の規模もまた大きくなつて，アメリカ式の工法が取り入れられ，今日では昭和初期とまるで変つてしまつて，当時を思えば全く今昔の感に堪えぬものがある」との感慨を吐露している[43]。

工藤宏規は1920年に東京帝国大学工学部応用化学科を卒業し，日本窒素肥料（日窒）に入社した[44]。工藤は25年4〜12月にイタリア，ドイツ，フランス，イギリス，およびアメリカを視察し，27年からは朝鮮の興南工場の建設に参画した。31年10月から36年2月には日窒石炭部長として永安工場を建

設し，ルルギ式石炭低温乾溜およびその副産物回収工場を操業した。工藤は36年3月〜39年8月には朝鮮石炭鉱業の常務取締役として阿吾地の石炭直接水素添加工場の設計建設運転に従事した。39年9月〜42年8月には吉林人造石油に移り，人造石油工場の設計建設に着手し，42年9月に日窒に復帰，スマトラでのアルミニウム工場，ジャワでの製糖工場から苛性ソーダ工場への転換，さらにはジャワ，スマトラ地域の水力発電，運河計画，地上地下資源の調査や開発計画の立案に従事した。

1946年4月に南方から引き揚げた工藤は日窒企画部担当重役として水俣工場の肥料増産計画を立案した。47年3月に財界追放によって日窒取締役を辞任し，野口研究所理事長に就任する。48年3月に貯水池式電源開発を唱え，同時に野口研究所に調査部門を新設して日本産業復興計画および各地の開発計画を立案する。50年7月に工藤は只見川総合開発計画を発表し，54年11月には帝国石油常務取締役を兼任した。56年3月に帝国石油常務取締役を辞任し，電力中央研究所常任顧問となり，同年6月下旬から約2週間，松永安左エ門と鮎川義介[45]に随行してインドネシアに赴いたが，7月18日に急逝した。

急逝する直前の工藤宏規は「石炭は日本においても生産力の限界に近く，これでは成長していく日本の産業をまかないきれない。のみならず日本商品をコスト高に導く。これに比し重油は割安であり，エネルギー源を石炭より石油に転換すべき時が来ている。電気事業も踏切つて重油発電に切替えよ」との意見を開陳していたという。また工藤が松永，鮎川とともにスマトラに赴いたのは，トバ湖600万キロの開発と周辺の木材資源の利用工業化計画立案の一環であり，賠償問題解決の一試案を持っていたという[46]。

スマトラのトバ湖の豊富な水力については戦時中に久保田豊や工藤がすでに注目しており，久保田は陸軍が編成したスマトラ島開発調査団団長として水力地点の実地調査を行っていた[47]。1953年9月，戦後初めて海外に出た久保田はタイでシラチヤ築港計画を調査し，次にインドネシアでジュアンダ博士（後首相）にトバ湖開発とアルミニウム精錬事業を提案した[48]。工藤らのインドネシア訪問はそれから約3年後のことであった。

名須川秀二は「終戦，十数年道路造りと飛行場造りに専念していた私は旧満

州から引揚げてきたが, 数年ぶりに対面する日本の道路の荒れかたは, それはひどいものであった」,「荒廃した国土の復興, 中でも産業経済の再建には道路の復旧整備が急務であり, それをやるのが道路技術者の使命であるとの思いが, 私の胸中を交錯していた」と終戦直後を振り返っている。戦後民間有志によって高速道路建設促進会が組織された。大津敏男元樺太庁長官, 近藤謙三郎道路審議会委員, 森豊吉内閣観光審議会委員, 大嶋司朗, 鈴木堅蔵などが中心メンバーであり, 名須川も1951年10月に同会に参加した[49]。

1956年に日本道路公団が発足するが, 初代総裁の岸道三は満鉄の調査事務所にいたことがあり, 名須川とは旧知の間柄であった。挨拶に来た名須川に対して岸は「一生懸命勉強して, 立派な高速道路を造るように努力してほしい。満州の吉林市で造ったような国辱道路は造りなさんなよ」といったが, これは32年に満洲は寒冷地ばかりと思い込んで設計した失敗を指していたという。

名神高速道路建設には世界銀行借款が導入されたが, このときアメリカの業者も入札に参加させるという条件がついていた。これに対して日本側業者は日本だけで担当したいとの要望を岸総裁に提出し, 試験工区(山科工区4.3キロ)の出来栄えをみて国際入札にするかどうかを判断することになった。山科工区では土工関係は鹿島建設, 舗装関係は日本舗道が施工することになった。この工事は世銀調査において合格し, 工事データをとりまとめていたアメリカのコンサルタントからも絶賛されたという[50]。

1908年に大連に生まれた浅井一彦は10歳まで同地で過ごし, 32年に東京帝国大学法学部を卒業後大倉組に就職し, 33年からドイツに派遣され, 37年に帰国した後日産自動車の工場で工員として働き, 38年には満洲重工業開発に転じた[51]。39年にふたたび渡独した浅井はベルリンのシャルロッテンブルグ工科大学鉱山学部に入学して冶金学・鉱山学を学ぶ一方, エッセン公立石炭研究所で石炭組織学の研究を行い, 同時にルール石炭鉱山フリードリヒ炭鉱などで実地研修を修めた。

1945年5月のベルリン陥落にともない同地を離れ, 佐藤尚武の尽力で7月に帰国した浅井は12月に石炭総合研究所(炭研)を設立して所長に就任した。炭研の理事長は浅原源七(後日産自動車社長), 理事は佐野秀之助東大工学部教

授であり，7名の所員は1名を除いて東大理学部および工学部の新卒者であり，事務員3名は満洲重工業開発の本店秘書課から移籍した職員であった。浅井は47年に発足した石炭庁石炭増産協力会の技術部会専門委員として鉄柱の導入を提唱し，53年には第1回国際石炭組織学会に日本代表として出席，55年に第1回全国炭鉱技術会賞を受賞した。

1937年に日本大学工学部土木工学科を卒業した瀬古新助は逓信省電気局に入るものの，興亜院兼務となった[52]。興亜院では黄河や永定河の治水，利水計画策定のための基礎調査に従事した。瀬古は戦時中に帰国して日本大学専門部で水理学を教え，土質実験室を引き受け，同時に陸軍航空本部の指導官を委嘱された。

戦後，大学教員適格審査委員会の委員に就任した瀬古は興亜院勤務，陸軍航空本部嘱託といった自らの戦時中のキャリアを考え，「軍に協力した先生方をパージする委員となったものですから，気持ちが悪くてね。これは人を審査する方じゃなくて審査される方じゃないかとね[53]」との思いを深くした。

戦後復興に貢献するために農地・水力・地下資源開発を行う会社を設立しようと考えた瀬古は東京大学講師の内海清温に相談したところ建設コンサルタントになることを勧められ，1946年に中央開発を設立した。土質調査をする専門業者はほとんどなく，農林，通産，電力関係の仕事が増えていった。地質調査の内容，価格が業者によって大きく異なったため，土質工学会のなかに土質試験や地質調査の標準価格を設定する委員会が組織され，瀬古は業界代表として参加した。それを機会に56年に業界団体である地質調査業協会が設立された。60年代になると瀬古は地質調査技師の水準を確保・向上させるために地質調査技師試験を始めた。

瀬古の大きな技術的功績の一つにウェルポイント工法[54]の導入がある。1953年に竹中工務店の名古屋での現場で瀬古たちがはじめて実施したウェルポイント工法はその後普及し，64年の新潟地震の際，同工法で地下水位を下げながらケーソンを沈めて基礎を作った新潟火力発電所に被害がなかったことが注目された。「大学を出て張り切って来るんだけど，会社に来ると労働組合の一員でしかないといいたがるのがいる。労働組合も結構なんですよ。だけど，

おれは労働者として金をもらってるんだといったけちなことでなくって，エンジニアとして社会に大きな貢献をしようじゃないかと，そのかわり大きな貢献をする限りにおいては，大きなフィーと大きな尊敬を得る権利があるんだと，若い人にはそれくらいな気宇をもってもらいたい[55]」というのが瀬古のメッセージであった。

満洲から引き揚げてきた後，日本発送電に入り，その後九州電力に勤務した城間朝吉は，火力部計画課長として1951年8月に輸入プラントを担当することになった。この九州電力苅田1号機は56年4月に営業運転を開始するが，城間は53年から59年にかけて3回延べ1年半アメリカに滞在することになった[56]。関西電力の多奈川発電所と並んで戦後初のオールプラント輸入であり，日本の火力発電の技術レベルを一挙に引き上げた新鋭火力として注目された苅田発電所の所長に就任した城間は，発電所の立ち上がりの状況を詳細に解説している[57]。

大野祐武は1937年に東京帝国大学工学部土木工学科を卒業し，ただちに満洲国水力電気建設局に入り，豊満ダムの建設に携わり，その功績に対して満洲国政府から勲章を授与された[58]。応召後沖縄の孤島で終戦を迎え，引き揚げ後は明楽工業，ユタカ建設，建設技術研究所，福井県庁に勤務し，その間に戦後初期の内谷アースダム，真名川総合開発における雲川ダム，笹生川ダム，中島発電所を手がけ，57年に電源開発（電発）に入社した。59年に大野は紀伊半島山間部の十津川建設所長として赴任し，風屋ダム，二津野ダム，十津川第1・第2発電所を完成させた。

1962年4月，日本政府とペルー政府との間で同国タクナ県の発電および灌漑計画の実施に関する基本契約が結ばれ，大野はコンサルタントである電発の初代ペルー事務所長として赴任した。アリコータ第1・第2発電所を完成させた大野は67年に現地で急逝する。

前掲表5-2の最後に登場する小松信一郎は1942年9月に東京工業大学応用化学科を繰り上げ卒業し，満洲軽金属製造に入社した。引き揚げ後46年10月に川上研究所に入社し，49年に株式会社川上研究所（法人に改組）取締役製造部長，66年に川研ファインケミカル（64年に川上研究所が社名変更）常務取締

役,69年に専務取締役,73年に取締役社長に就任した。66年4月に白梅学園短期大学教授,72年4月に触媒工業協会理事,74年2月に日本石鹸洗剤工業会理事,83年4月に触媒工業協会会長に就任するなど,小松は業界活動でも活躍した[59]。

おわりに——技術ナショナリズムの共有

　新技術の集大成ともいうべき新幹線開発において旧陸海軍技術者が大きな役割を果たしたことはよく知られている。新幹線開発のために鉄道技術研究所では1957年に研究テーマ別に8研究班が設けられるが,8名の研究班長のうち4名が海軍航空技術廠,1名が陸軍技術本部出身者であった[60]。軍事技術から民生技術への見事な転換として語られることが多い事例であるが,もちろんこうしたサクセスストーリーが軍民転換のすべてではない。いったん鉄研に受け入れられたものの技術科士官であったために公職追放の対象となり,新しい職場を求めなければならなかった技術者もいた。

　川村宏矣もその一人であった。1901年に高知で生まれた川村は21年に海軍機関学校を卒業し,その後海軍大学校選科学生として東北帝国大学工学部金属工学科を32年に卒業し,海軍航空廠飛行機部部員,海軍航空技術廠材料部長を経て,航空本部第一部第二課長として終戦を迎えた。戦後旧材料部の部下の就職に尽力した川村は先にみたように鉄道技術研究所第三理学部長に就任するものの,公職追放の対象となって鉄研を離れ,その後日本車輛製造顧問,理化学材料を経て53年に神戸製鋼所に就職した。神戸製鋼所時代の大きな仕事としては,フランスからの鋼の熱間押出技術の導入,ソ連からの鋼の連続鋳造技術の導入などがあった[61]。

　川村は「一時的にはいっさいを虚無のなかに追いやった昭和20年8月15日の,あの終戦宣言の瞬間,頭にまず浮んだのは,いったいこれからの自分の一生に10年がいくつあるだろうか,ということであった。自分の健康状態,年齢その他から判断して,この10年が,うまくゆけば3回はとれるだろうとい

う見通しのついたとき，あたかも暗夜のなかにひとつの燈火を認めた思いで，『ようし，やってやれ』という元気が身にあふれた」，「今後の30年間はそのいっさいを復興のために役立たせねばならないと決心がついたとき，心の負担は急に軽くなった思いであった」と回想している[62]。

川村は戦時中の技術動向を「工業技術は戦時中，一部では異常な発達をとげたとはいえ，一般平和産業では後退を余儀なくされたことも多かったし，外国の事情も不明であった。しかし戦後ふたたび外国との交流が再開されると，この戦時の空白期間にとうていわが国のおよばない優秀な技術が開発されつつあることも，あきらかとなった」と総括した。

川村は鉄鋼業を中心にして戦後の技術動向を，「国内の各企業は，競ってその技術の導入に狂奔し，外国技術導入時代が昭和30年代までつづく（中略）戦後最初の10年間で，ようやく敗戦の深傷から回復の基礎をつくったわが国の工業技術は，この基礎を土台として前進の態勢を示しはじめてきた」，「昭和30年代は研究開発勃興の時代ともいえる。研究所の新設，研究者の増員によって研究力増強につとめる一方，経済力の回復にともなって工場施設の拡充に力が注がれた。しかも戦争によって多くのものを失ったわが国では，おもいきった新方式を採用することができた」と整理する[63]。

1955年から67年にかけて川村の海外渡航は20数回に及び，モスクワだけで16回に達した。その大部分は技術導入に関するもので，取扱件数は30件を超えた。とくに印象に残る技術がフランスのCEFILAG社のユジーンセジュルネ法（熱間押出技術）とソ連の連続鋳造技術の導入であった。川村は技術導入の業務に携わりながら「つねに屈辱を感じ，技術者としての責任を問われる思いにせめられ，何とかしてこのような状態を脱却する時機の早いことを念願していた」という。67年現在，輸入技術からの脱却の時機は到来しつつあるのであり，これからは「みずからのものを出すとともに，外国の優秀な技術は入れ，これに自己の技術を加えてさらに高度のものとしてゆくこと」が肝要というのが川村の見解であった[64]。

以上の川村だけでなく，新幹線開発に携わった人々，鉄道技術研究所の組織改革を担った河野忠義，航空技術者から出発して航空宇宙技術研究所所長，宇

宙開発事業団理事長を務めた山内正男，終戦を機に航空工学から塑性変形・加工研究に転じた鈴木春義，「不燃化の成田さん」と称された成田春人，野口研究所理事長の工藤宏規，久保田豊や平山復二郎らの開発コンサルタント，ダム建設の技術革新を主導した空閑徳平，高速道路の建設を担った名須川秀二，石炭掘削技術の革新を主導した浅井一彦，土質調査の革新をもたらした瀬古新助，新鋭火力発電所の建設に携わった城間朝吉，中国，日本，ペルーとダム，発電所建設に取り組んだ大野祐武らに共通するのは強烈な技術ナショナリズムである。

　技術ナショナリズムの根底には敗戦国日本の技術的後進性への痛切な自覚と後進性からの脱却こそ生き残った者の使命とする意識があった。総力戦に敗れたのは兵科将校だけの責任ではなく，われわれ技術者の責任も大きい。その力不足を挽回するためにこそ海外から学び続けなければならないし，さらには導入消化した技術に日本独自の要素を加えていくべきというのが，彼らに共通する宿願であったように思われる[65]。それが生き残った者としての死者への取るべき態度という思いを，彼らは共有していたのであろうか。

　そこには敗戦という結果責任への彼らなりの覚悟が集約されているといえよう。しかし同時に何故戦争に至ったのか，戦争は国内外に何をもたらしたのかといったプロセスへの彼らなりの丁寧な視線を確認することは難しいように思われる。満洲から北朝鮮を経て日本に帰還した空閑徳平が見たものは何だったのか。引き揚げ体験，陸海軍の消滅にともなう軍民転換のプロセスについて，本章が取り上げることができたのはごく少数の事例であり，その背後には史資料に登場しない無数の技術者が存在したことを銘記すべきである。彼らの存在が死者とともに本章が注目した人々の戦後の行動を無言のうちに見守っていたのであろうか。

第6章

戦後防衛政策への展開
——海空技術懇談会の設立とその活動——

はじめに

　本章では多くの海軍技術者を構成員とする海空技術懇談会の活動を取り上げる。同懇談会は戦後の再軍備計画，防衛生産のあり方について積極的な発言を続けた。同懇談会の中心メンバーは海軍兵学校出の海軍将校であったが，その趣旨に賛同する海軍技術者も多数同懇談会の活動に個人ベースで参加した。

　終戦時に海軍省軍務局長であった保科善四郎海軍中将は，終戦の際に米内光政海軍大臣に呼ばれて次の3点を託されたという[1]。「(一)海軍の再建　(二)新日本建設に海軍技術の活用　(三)海軍伝統の美風を後進に伝える」。第2点目について，保科は「海軍の技術者を主要平和産業会社特に造船会社に推薦したが各会社は快く受入れて呉れた[2]」とする。第1点目については，保科は「米海軍に多くの知己を有する野村吉三郎海軍大将の出馬を懇請し快諾を得たので保科は其の補佐役として海軍の再建に効果的全努力を傾注し得た。此の海軍再建の作業には幾多の制扼があり難事業であったが（中略）防衛庁創設の際陸軍と並んで同時発足が出来た」とする。

　保科によると，「全海軍を結束し海軍の技術を表看板とし，海空技術の振興は勿論一般兵術の研究を実体とする」海空技術懇談会が1952年7月11日に設置された[3]。同懇談会の顧問は野村吉三郎，伍堂卓雄，玉井喬介の3名，幹事は保科，福留繁（元連合艦隊参謀長），名和武（元艦政本部第三部長），富岡定俊（元軍令部第一部長），愛甲文雄（元航空本部課長兼軍需省課長），大井篤（元護衛総司令部参謀），池上二男（元航空本部課長），久住忠男（南西方面艦隊参謀），関

野英夫（元連合艦隊参謀），泉雅爾（元軍令部部員）の 10 名であり，幹事会は週 1 回，総会は月 1 回開催された。

　世話人の一人である杉本修によると，海空技術懇談会設置の経緯は以下のようであった。1952 年初頭より野村吉三郎を中心にして，保科善四郎，杉本修，古市竜雄，福留繁，沢達，田中保郎，愛甲文雄らが集まって戦後日本における防衛生産のあり方について討議しようということになり，大木建設にあった保科の事務所に会同した。会議は最初水曜日にもたれたため水曜会と呼ばれた。会の運営には軍需産業に関わる財界有力者の支援が必要ということで三菱重工業元社長の玉井喬介に協力を依頼し，玉井から快諾を得たという[4]。

　一方，愛甲文雄の回想によると，1951 年の終わり頃より国内外から野村吉三郎，保科善四郎らに対して再軍備問題についていろいろと質問が寄せられた。また海軍兵学校 51 期（23 年卒業）の間でも再軍備について 10 数回の研究会が持たれた。愛甲は保科に呼ばれ，再軍備問題について思想の統一を図るための資料を整備するために世話人になってほしいと伝えられたという。数回赤坂の保科の事務所に野村元大将，福留元中将，保科元中将，名和武元中将，大井篤元大佐，池上二男元大佐，愛甲元大佐が集まって打合せ会を開催した。それを踏まえて海空技術懇談会が設立された[5]。

　防衛産業のあり方について調査を進めるに際して，石坂泰三と古田俊之助の支援が必要との玉井の意見に従って，保科と杉本は古田と面会して協力を要請した。調査機構の名称としては当初国防技術協会との案もあったが結局「海空技術懇談会」に決定した。「海空」には関係者の海軍・空軍の二軍創設の思いが反映していたものと思われる。1952 年 7 月には日本興業銀行の市ヶ谷寮に野村，玉井，保科，杉本らが集まって発会式が行われた。同懇談会は技術調査だけでなく，「極東米海軍と連絡をとり，陪養発註(ママ)に対して民間企業に協力することを任務とした[6]」。

　付表 6-1（1）〜付表 6-1（8）は 1957 年 5 月現在の海空技術懇談会会員 401 名を一覧したものである。また表 6-1 には同懇談会の世話人 24 名が示されている。付表 6-1（1）〜付表 6-1（8）にあるように海空技術懇談会の会員数は 52 年 7 月の創設時の 138 名が 57 年 5 月には 401 名に急増した。海空技術懇談

表 6-1　海空技術懇談会世話人

氏名	旧海軍役職	1952 年	1957 年
保科　善四郎	軍務局局長	○	○
愛甲　文雄	航本課長兼軍需省課長	○	○
有賀　武夫	艦本六部長	○	○
福田　啓二	艦本四部長	○	○
福留　繁	連合艦隊参謀長	○	○
古市　竜雄	横廠長	○	○
原　道男	軍需局課長	○	○
早川　仁	航本部員	○	○
林田　綱雄	艦本課長	○	○
細谷　信三郎	横廠長	○	○
池上　二男	航本課長	○	○
橘田　鼎道	二火廠部員	○	○
木山　正義	軍需局局員	○	○
名和　武	艦本三部長	○	○
大井　篤	護衛総司令部参謀	○	○
岡　幸昌	二技廠部員	○	
大八木　静雄	技研噴進部長兼東大教授	○	○
坂本　義鑑	艦本部員兼航本部員	○	○
沢　達	東京監督府	○	○
清水　文雄	豊川工廠長	○	○
杉本　修	空技廠飛行機部長	○	○
田中　保郎	艦本二部長兼航本四部長	○	○
寺井　邦三	航本課長	○	○
和田　操	航空本部長	○	○

出所）海空技術懇談会編『海空技術懇談会名簿』（昭和 32 年 5 月調製），および河村幸一郎編『保科善四郎白寿記念誌　至誠動天』財団法人日本国防協会，1989 年，190-195 頁。

会では調査室を作り，毎月第二・第四木曜日に調査室のメンバーが保科事務所に集まって研究を続け，調査成果は「海空技調」というタイトルを付した冊子論文の形で政界，財界，官界，言論界等の有力者に配布された[7]。なお 79 年現在の調査室メンバーは，保科善四郎，愛甲文雄，池上二男，大井篤，泉雅爾[8]，久住忠男，関野英夫，永井昇[9]，久原一利，平野孝雄，筑土竜男[10]，石榑信敏[11]，田尻正司の 13 名であった[12]。海空技術懇談会の活動に対して，当初富岡定俊や伊藤庸二はあまり積極的でなかったが，両者とも次第に保科に傾倒するようになり，懇談会の活動を支援するようになったという[13]。

海空技術懇談会の設立に際して,「海空技術懇談会設立について（二七,七,一一）」と題する以下の説明書が作成された[14]。

> 今般かつて海軍省,艦政本部,航空本部,施設本部その他旧海軍各部に勤めて居りました有志があつまって,海空技術懇談会を設立しました。本会設立の趣旨は野村吉三郎氏等に対し,国の内外より,わが国における海空技術の振興に関し種々問いあわせがありますので,この種相談に応じ,公正妥当な回答を出すことの出来る態勢を整えようということにあります。
>
> 国防産業及び技術の振興に関する各種の団体が,最近次々と成立の運びにあります。これら団体との関係については,本会の特異性を確保しつゝ,相互密接に協力することのできるよう次第に解決して参りたいと存じております。

杉本修が海空技術懇談会に関係するようになると,広田寿一社長,竹迫常栄副社長,日向方斎専務らの厚意によって住友金属工業から援助を受けるようになった。また内外通商（後に大倉商事と改称）の原一郎専務と杉本は小学校以来の友人であったが,原の厚意から杉本が約2年間防衛産業に関する助言を行うことで同社から援助を受けた。さらに杉本は日本ステンレスの望月重信社長からも防衛産業に関する助言を行うとの名目で,1955年から約2年間援助を受けた[15]。こうしたさまざまな支援を受けつつ,海空技術懇談会は活発な活動を続けていくことになった。

1 海空技術懇談会と経済団体連合会防衛生産委員会の連携

『石川一郎追想録』(1971年)のなかで,保科善四郎は「海軍大臣米内光政大将の意を体し防衛力再建の難事業と取組み,海空技術調査会を創設し,海軍の総力を結集して防衛力再建案を作製しましたが,何と申しましても防衛生産力を再建することが先決であるのに,これはわれわれの力だけではとうてい困難なので,昭和二十七年六月,当時の経団連会長石川一郎氏をお訪ねして協力を

求めましたところ，実に気持よく快諾されました[16]」と述べている。

周知のように経済団体連合会（経団連）は特需生産，防衛生産の整備強化を図って1952年8月に日米経済提携懇談会（51年2月設置）を経済協力懇談会に改組し，その下に防衛生産委員会を設置し，同委員会に審議室を設置した[17]。審議室の委員長は植村甲午郎経団連副会長，幹事は千賀鉄也防衛生産委員会事務局長，委員は保科善四郎元海軍中将（海軍省軍務局長），原田貞憲元陸軍中将（軍需省航空兵器総局第一局長），吉積正雄元陸軍中将（陸軍省軍務局長）の3名であり，さらに技術参与として多田力三元海軍中将（海軍航空本部第二部長，海軍航空技術廠長），清水文雄元海軍中将（豊川工廠長），福田啓二元海軍中将（海軍艦政本部第四部長），大幸喜三郎元陸軍中将（小倉造兵廠長）の4名が参加し，技術参与ではないが，菅晴次元陸軍中将（陸軍省兵器局長，後に日本兵器工業会副会長），原乙未生元陸軍中将（相模造兵廠長）が参加した[18]。

防衛生産委員会審議室の活動について，別資料は「実際に計画案を作るのは常務委員である保科善四郎元陸軍中将（ママ），原田貞憲同，吉積正雄同，技術参与である多田力三元海軍中将，清水文男（ママ）同，大幸喜三郎（ママ）同，近藤市郎（ママ）同，福田啓二同らを中心とした旧軍人グループである，彼らの構想をその部下であつた池上二男，多田清，馬淵長逸，愛甲文男（ママ），岡野忠治ら元佐官クラスが画き上げて各委員会で検討するわけである[19]」と指摘する。ここに登場する保科善四郎，多田力三，清水文雄，福田啓二，近藤市郎，池上二男，愛甲文雄の7名全員が海空技術懇談会の創設時からの会員であり，岡野忠治は元陸軍大佐であった。

海空技術懇談会のメンバーであり，経団連防衛生産委員会の名田清（軍需省総務部々員，1935年4月〜38年1月にアメリカ出張）は，54年夏時点で「経団連防衛生産委員会に於ては海空技術懇談会と緊密な連繋を保ちつゝ，航空機の生産が許可された一昨年初夏より，之が問題点の究明，解決策の樹立提唱に努力を続けて来[20]」と述べている。踵を接して設立された海空技術懇談会と防衛生産委員会は当初から緊密な関係にあったのである。

防衛生産委員会事務局長，審議室委員・幹事であった千賀鉄也によると審議室は総勢20名程度，専門委員が20名程度いた。審議室での検討を踏まえて，陸上兵力30万人，艦艇29万トン，航空機2750機（三，三，三プラン）の防衛

力を想定した，経団連試案「防衛力整備に関する一試案」が1953年2月に発表された。千賀自身後年に「経団連試案は多分に戦争中の動員問題が頭に残っている人が考えたものですよ。これを合理的に説明するということは非常にむつかしい。(中略) 米軍にはこういう案もありますよということで説明した。いずれ政府はどう決めるかわかりませんけれども，MSA援助資金を大いにふんばってくださいという交渉の手がかりにはしたと思います」，「国際関係の人はいないし，はなはだ失礼かも知れないが，要するに旧軍人のノスタルジアで，戦略的分析が欠けている。経団連試案というのは，ほんとうは言い過ぎなんで，正確には防衛生産委員会試案です」と回顧した[21]。

経団連試案によると，上の防衛力を6カ年で整備すると想定すると，総額2兆9000億円，年平均4800億円が必要となった。このうち日本の財政が負担できるのは全体の56％，残りの44％は現物または資金援助の形でアメリカに依存せざるを得ないというのが結論であった。これが実現すれば日本の防衛費負担は総計1兆6250億円，年平均2700億円に抑制することができ，1953〜58年の国民所得に対する防衛費の割合は3.8〜4.9％程度となり，イタリア，ベルギー，オランダと同水準となるという試算であった[22]。

2　保科善四郎の活動

海空技術懇談会には長い前史があった。冒頭にみた米内光政海軍大臣の保科軍務局長に対する海軍再建の指示にもとづき，保科は第二復員局の長沢浩庶務課長 (元軍務局第一課長) と同吉田英三資料課長 (元軍務局第三課長[23]) に対し，再軍備，海軍計画案の作成を命じていた。そうしたなかで朝鮮戦争の勃発に伴い，警察予備隊令が1950年8月に公布施行され，海上保安庁 (48年5月発足) が増強された。51年1月24日には新海軍再建研究会 (いわゆる野村機関) が極秘裏に設立された。野村吉三郎元海軍大将を中心にして保科を主任幹事とし，研究員は富岡定俊元少将 (史料調査会長)，山本善雄元少将 (第二復員局)，大井篤元大佐 (GHQ参謀第二部[G2]歴史課)，長沢浩元大佐 (第二復員局)，吉田英

三元大佐（同左），渡辺安次元大佐（同左），永石正孝元大佐（同左），寺井義守元中佐（同左），宮崎勇元中佐（同左），高橋義雄元中佐（同左）の 10 名，顧問は山梨勝之進元大将，小林躋造元大将，長谷川清元大将，吉田善吾元大将，沢本頼雄元大将，左近司政三元中将，堀悌吉元中将，榎本重治元海軍書記官の 8 名であった[24]。

さらに周知のように内閣直属の秘密組織である Y 委員会が設置され[25]，1951 年 10 月 31 日から 52 年 4 月 25 日まで 28 回にわたる定例会が開催された。同委員会の構成は，海軍関係者 8 名（山本善雄元少将，秋重実恵元少将，初見盈五郎元主計大佐，永井太郎元大佐，長沢浩元大佐，吉田英三元大佐，森下陸一元大佐，寺井義守元中佐），海上保安庁関係者 3 名（柳沢米吉海上保安庁長官，三田一也，山崎小五郎）であった。同委員会は 52 年 4 月の海上保安庁海上警備隊の創設とともに解散した[26]。

1952 年 10 月に吉田茂内閣が成立すると，吉田と親交のあった伍堂卓雄元商相・元海軍技術中将は保科善四郎元海軍中将および清水文雄元海軍中将と相談し，意見書を吉田に提出した。これを受け取った吉田からは具体案を至急提出するようにと要請があり，伍堂は保科，清水，愛甲文雄元海軍大佐，池上二男元海軍大佐，岡野忠治元陸軍大佐と検討のうえ，「防衛生産再建に関する意見書」を 53 年 1 月 13 日に吉田総理に提出した。内容はほぼ先の経団連試案と同じである。意見書の骨子は，想定兵力は「陸軍二九万人，海軍三〇万トン，空軍二八〇〇機」，「朝鮮戦争による特需生産能力は時機を見て防衛生産の再建に転用する」，「その施設は軍工廠を一〇〇％活用する」，「高度の技術は米軍の技術を導入する」，所管機関として内閣に特需調整委員会を作るというものであった。しかし 53 年 5 月に吉田内閣が解散したため，この計画が日の目を見ることはなかった[27]。

1953 年 8 月に改進党に呼ばれて講演した際，保科は相当突っ込んだ発言をしている。「海軍省がなくなると同時に海軍をやめまして，それから今日までまったく自分達の力で，同憂の士とともに防衛力の研究をして参りました。そのヘッドに野村さんがおられるわけであります（中略）第三次世界大戦を防止する最良無二の方法は，日本と西ドイツが強くなつて，アメリカのバックによ

つてソビエトとの力のバランスをとる状態にならなければならぬことであります」,「いろいろ研究した結果我の保有すべき最小限の兵力は, 大体海軍三十万トン空中兵力二千八百機, 陸軍が十五箇師団で約三十万になると思います」と主張した。「幸いにして経団連の防衛生産委員会がこの問題を取上げることになつたので私は今その中に入つてこの問題の研究をいたしておる」としたうえで, 先の経団連試案の防衛費負担を示し, これは1931年頃の水準であるとした[28]。

防衛生産能力を維持するためには武器輸出が不可欠であるが,「世界最高水準の兵器を生産して, そしてこれを彼ら(東南アジア諸国—引用者注)が喜んで受入れる態勢にもつて行ないと, アメリカがかりにそういう場所を与えてくれても, ドイツなりイギリスなりとの競争に耐えられないということになることは必定」というのが保科の判断であった。「艦艇を建造する能力が九万三千トンであります。もちろん若干の設備を要するものがありますけれども, ほとんど金はかかりませんので, 艦艇の建造は技術者(ママ)など最新のアメリカのものを輸入すれば, 設備としてはこれで間に合います」,「航空機は(中略)二千八百機の第一線機を保持するためには, 大体九百五十機の補充を必要とするのですが, これは現在ある五大製造会社を復活することによつて十分に余力があります」,「兵器並びに火薬は, これはほとんど陸, 海軍の工廠がつくつておりましたので, これは一応民間会社ででき得るものの全部と, そしてさらに元の陸, 海軍の工廠をほとんど全部復活しなければ, 兵器火薬は防衛力並びに東南アジア方面の需要に応ずることができないわけであります。この陸, 海軍の工廠をどういう形で復活するかこれはわれわれの中正な立場で研究した結論によると, 施設と土地は国有にしまして, そし(ママ)アメリカのMSAの援助による設備を新しくしまして, 民間の経営者に経営せしむる国有民営の会社にすることが一番よろしい」とした。艦船, 航空機は従来の民間企業をMSA援助で強化し, 砲弾等の兵器火薬については国有民営方式を採用するというのが1953年8月時点での保科の見解であった[29]。

保科は続けて「元の海軍の技術研究所とかあるいは横須賀の海軍航空技術廠大船の海軍燃料廠等の研究実験の設備も復活する必要があります」とし, 研究

開発面でも国の主導性発揮を主張した。最後に防衛力を担う人材であるが，「結局旧軍人の最もいい人を抜いて幹部にいたしまして，国民の信頼に応じ得るような，役立つような，防衛軍をつくる必要がある」というのが保科の結論であり，「まあ現在は軍隊ではないといいましても，いずれは陸軍，海軍，空軍になるものだろうと予想しておられるだろうと思います。それなのにどうも警察官が師団長になってみたり，また一度もブリッジに立ったことのない人が軍令部総長に相当するものになつている」として現時点での防衛政策を批判した。「よい旧軍人はむしろ貴重なる国家の財産である。それを野原に捨てておくということは実に残念」というのが保科の偽らざる心情であった[30]。

講演後の質疑応答においても保科は，「今の保安隊にいる素人にはそれがわからない，やはり昔それだけの苦労をした人が見ると，すぐに新兵器がわかる。だから昔の技術者なり経験者は十分に善用されたいのです」と旧軍人の登用を繰り返した。また「防衛問題について経団連で研究されたものが発表されておりますが，そうすると社会党あたりに，あれは経団連が金もうけのためにあんなものを研究しているのだと宣伝される危険性がある」との発言に対して，保科は「あの研究は，民間でやるべきことではない。政府がやることも入っている。それを政府がやらないから一応研究しているので，全然自分たちの利害の問題とは離れております」と応じていた[31]。

海空技術懇談会調査室に参加した久住忠男によると，「保科先生が衆議院議員[32]として出られたころから，われわれの研究は保科さん御自身の政治活動の資料として使われるようになった[33]」と証言しているが，設立以来，経団連防衛生産委員会審議室と密接な関係を維持してきた海空技術懇談会調査室は1955年以降の保科の政治家としての活動を支える役割も果たしたのである。また保科自身，「衆議院出馬を決意の際も，心からなる支援を惜しまれなかった。私は石川氏の義に堅く，強き御態度に，いまなお感謝の念を禁じ得ない[34]」として石川一郎を追悼している。

保科の政治家としての登場に次のような指摘がある。「保科善四郎は，全滅したはずの帝国海軍の将兵たちのオール代表として背広をきて国会にまかり出た。参議院では陸の宇垣一成が死んで，海の野村吉三郎が残り，衆議院では海

の保科善四郎,真崎勝次,陸の辻政信,堀内一雄あり,軍人政治家五人衆といったところである」,「彼はいち早く野村吉三郎を会長とする『海空技術懇談会』なるものを組織し,往年の艦隊航空の権威者たちを糾合して,新時代の海空軍の在り方について一つの成案を打ち出した。この懇談会は,陸の『服部機関』に匹敵するものといわれ,今日の海上自衛隊の大方の構想もこの辺から出ているらしい。保科が海上自衛隊の黒幕といわれるのも故なしとしない[35]」。

保科の国会における最初の発言は,1955年7月27日の衆議院内閣委員会における国防会議の構成等に関する法律案に関するものであった。日本社会党の石橋政嗣の「反対の理由の第一は,いまさら言うまでもないことでありますが,この法案が明らかに憲法に違反するという一事であります。この法案の根拠法規たる防衛庁設置法が違憲の法律である以上,これは明瞭」との見解に対して,保科は「元来われわれ日本という国に住んでいる以上は,国家の安全と存続とを保持することは,われわれ国民の基本的な重大使命である(中略)国防会議の必要性につきましては,世界各国,特にわが国と関係の深い民主主義諸国においては,すでに構成せられておることは御承知の通りであります。(中略)国防会議というものは,自衛隊を持とうが持つまいが,国家が本質的に要求しておるものであります。(中略)議論となっておりました国防会議違憲論とか,国防会議設置過早論とか,軍閥再発論とか,再軍備強行手段説等とかいうようなものは,その論拠を全く失うことになったものと信ずるのであります」として激しく反対した[36]。

1955年に自民党政務調査会の初代国防部会長に就任した保科は,同年12月16日に「自由民主党政務調査会国防部会答申」を発表した。本答申において防衛力目標として,地上兵力約30万人,航空兵力約2500機(輸送機,練習機を含む),海上兵力約30万トン,海上航空兵力500機を掲げた。また答申は防衛庁を省に昇格することを主張し,その理由として「わが国が,独立国家としての体制を着々回復しつつあるとき,防衛業務を総理府の外局にすぎない無力な地位に放置したることは,許されない。それは,わが国の独立意欲および防衛意思の薄弱を反映するものであり,暗黙裡に内外に与える印象は好ましくない。むろん,自衛隊員の志気に与える影響にも大いに関係がある」とした[37]。

1956年2月23日の第24回国会衆議院内閣委員会において，保科は「私は現行憲法は，国民の自由意志によらざる占領憲法であるということは，何人も否定することはできないと考えております。もちろん民主主義と平和主義あるいは基本的人権の尊重に対しては，これは当然だとは考えますが，その権利あることのみを強調いたしまして，義務に関することを落としている点，特にソ連や中共ですらも憲法に明記しているような国家を守るというような義務を規定していない点は，非常に遺憾であると考えております」としたうえで，「わが国は人口九千万，国民総生産が八兆円に達し，東洋においては第一等の科学技術力並びに工業力を持っておりますから，相当の寄与をすべきであると考えるのであります。しかるにわれわれは軍隊は出したくないとか，あるいはそれはほかの国々で出してくれ，われわれは援助と便益を提供するくらいでごめんをこうむりたいというようなことでは，世界の常識は決して許さぬと考えます」と持論を展開した。

　これに対して鳩山一郎首相は「軍隊の程度につきまして疑問があると思います。(中略)国際連合に加入するのには，自衛のための軍隊だけでもって十分だと考えております」と応じた。さらに保科は軍隊の指揮権について，「旧軍隊は何ゆえに悪かったかということを，その急所を一言で私は申しますならば，これは統帥権の独立ということがその重大なる原因であったと考えるのであります。(中略)私は軍隊指揮権を厳に行政権の一部に属するものとして取り扱わなければならないと信じておるものであります」と主張し，これに対して，鳩山は「自衛力に対する最高指揮権は国会に対して責任を負う内閣が持つべきものであると私は考えております」と答弁した[38]。

　1961年に保科は「現在の防衛庁には過去の軍工廠といったものはなく，研究開発にせよ装備にせよ，すべて民間に依存せざるを得ないのである。言葉を換えていうならば，民間の協力なくしては，何もできずすべて計画だおれになる心配があるのである」，そこで同年5月に「政党，官庁，業者の3者が話し合う場として防衛装備国産化懇談会が誕生した」として防衛装備国産化懇談会設置（61年5月22日）の意義を説明した[39]。

　防衛装備国産化懇談会は政界関係者10名（予算，防衛，運輸，通産関係国会

表 6-2 防衛装備国産化懇談会の意見書・提案（1961 年 9 月～63 年 5 月）

件名	作成年月日
（ 1 ）研究開発の契約改善に関する意見	1961 年 9 月 21 日
（ 2 ）小銃の国産化に関する意見	1961 年 9 月 21 日
（ 3 ）ATM（対戦車誘導弾）の開発試作に関する意見	1961 年 9 月 21 日
（ 4 ）主要武器類の調達方式に関する意見	1961 年 9 月 21 日
（ 5 ）水中武器試験場の早期設置に関する意見	1961 年 9 月 21 日
（ 6 ）飛行艇の研究開発予算に関する意見	1961 年 9 月 21 日
（ 7 ）ナイキ，ホークの維持補修等の調査に関する意見	1961 年 9 月 21 日
（ 8 ）防空警戒管制組織の整備に関する意見	1961 年 9 月 21 日
（ 9 ）F-104 の生産に要する資金事情について	1961 年 11 月 24 日
（10）P2V-7 対潜哨戒機の継続生産について	1961 年 11 月 24 日
（11）YS-11 型輸送機の防衛需要に関する意見	1962 年 2 月 9 日
（12）防衛装備国産化の基本的方針に関する意見	1962 年 2 月 9 日
（13）防空警戒管制組織の開発，改善，調達，維持補修等に関する意見	1962 年 7 月 10 日
（14）ミサイルの開発，生産，調達，維持補修等に関する意見	1962 年 7 月 10 日
（15）船価の改善に関する意見	1962 年 7 月 10 日
（16）弾薬類の製造，調達に関する意見	1962 年 8 月 2 日
（17）兵器類の輸出に関する意見	1962 年 8 月 2 日
（18）F-104 の生産資金に対する緊急措置について	1962 年 9 月 21 日
（19）旧軍港市における自衛隊施設の確保に関する意見	1962 年 10 月 24 日
（20）F-104J 戦闘機の継続生産に関する意見	1963 年 5 月 8 日

出所）経済団体連合会防衛生産委員会編『防衛生産委員会十年史』1964 年，275-281 頁。

議員），各省庁関係者 9 名（大蔵省，運輸省，通産省の大臣および事務次官，防衛庁長官および政務次官，事務次官），業界関係者 10 名（経団連副会長，防衛生産委員会委員長および関係工業会会長 8 名），合計 29 名で構成された。会長には衆議院議員船田中，代表幹事には保科が就任し，懇談会を主導した。また幹事会は国会議員 3 名，関係省庁局長 6 名，防衛生産委員会審議室委員 6 名，関係工業会事務局長 6 名，合計 21 名をもって構成され，代表幹事である保科が幹事会を主宰した。議案は幹事会で審議され，成案を得てこれを懇談会に諮り，意見書が会長から総理大臣，関係各大臣，自民党三役に建議された。提案と意見書を合わせると，その数は 1963 年 5 月までに 20 件に及んだ[40]。20 件の提案および意見書の題目を示すと表 6-2 の通りである。

例えば意見書「(16) 弾薬類の製造，調達に関する意見」では，「企業の自力による施設の維持も一般産業の活況に伴って逐次困難になろうとしており，将

来の防衛目的のための最低線を下まわるに至る惧れがある」とされ，そこで「一貫した方針による企業の計画的かつ効率的な活用，経済方式，契約方法の改善等について速かに措置するよう提案」したものであった[41]。朝鮮戦争時の特需生産で復活した弾薬類の生産であったが，防衛庁調達額が生産能力を大きく下回り，一方で高度成長の進展とともに社内の民生品生産が急増するなかで，企業収益を損なうことなく弾薬類生産をいかに安定的に確保するかが課題となっていたのである。

また意見書「(17) 兵器類の輸出に関する意見」は，「兵器の輸出に対する政府の態度が極めて消極的であるために，引合は相当に増加しているにもかかわらず輸出が成立するものは甚だ少ない」としたうえで，「兵器は需要が少なく，かつ進歩が急速で，量産期間が短いという防衛生産特有の経済的難点を克服するために兵器輸出が必要」と主張した[42]。

防衛装備国産化懇談会が設置された1961年5月は62年度予算編成の開始時期と重なった。同年度は第二次防衛力整備計画（二次防）の初年度であったため，懇談会では二次防の帰趨を決定する62年度予算の実現を目指して精力的な活動を展開した[43]。

1961年に自民党国防部会長であった保科は，「精鋭強靭なる防衛力を建設し，維持するためには，陸，海，空各自衛隊の装備は従来のような米軍の次等の艦艇，兵器等の貸与又は供与に依存することは出来ない。各自衛隊の装備は，みづからの手によって，その大部を生産し，補給を持続し得るのでなければ，自衛隊は決して強靭にして信頼し得る防衛力とはなり得ないのである。徒らに陸上自衛隊の頭数を揃えたり，艦艇，航空機の数を増加したりすることを主眼とした従来の防衛力建設方針は速に是正して，防衛生産の裏付けをもった真の防衛力の建設に移行せねばならない」と主張し，「防衛産業は原則として民有民営の経営形態とすべきであるが，これは高度の生産技術を必要とするのみならず，それ特有の政治的，経済的危険性があるから，国として資金，税制，技術，設備等の各般に亘って特別の育成措置を講ずる必要がある」としたのである[44]。

先にみたように1953年8月時点では兵器火薬生産に関して国有民営方式を提唱していた保科であったが，その後の国有論の後退を踏まえてここでは民有

民営方式を打ち出していた。

3 海空技術(懇談会)調査室および海空技術調査会の活動

1952年7月の設立以来海空技術懇談会は活発な活動を続けた。「海空技調」の通し番号が付された調査資料が大量に作成され,その数は79年までに590号に達した[45]。先にみた55年12月発表の自民党国防部会答申での防衛庁の省への昇格に関連して,56年2月に海空技術懇談会調査室は『防衛庁の省昇格と総理大臣の自衛隊指揮権』(海空技調第49号)と題する文書を公表した[46]。この文書は,防衛庁が省に昇格した場合,総理大臣に自衛隊の最高指揮権を存置させるためには憲法改正が必要になるのではないかという意見に反駁する内容になっている。同調査室は「日本の防衛行政を担当する中央官庁がいつまでも現在のように総理府内の一つの庁として,下級で弱体なままでいてもよいとは考えられない。もうすでに省に昇格すべき段階にきている[47]」との認識であった。

閣僚は閣議では総理大臣と同格であり,防衛担当大臣の上に,さらに総理大臣を自衛隊の最高指揮官とするのは現行憲法では具合が悪いとする意見に対して,本文書はそうした議論は行政長官(各省大臣)としての資格権限と,国務大臣の資格権限を混同しているとして批判する。「防衛庁長官は,国務大臣たるものから任命されるが,行政長官としては総理大臣の指揮監督下にある。この関係は防衛庁が省に昇格しても,何等変わらない」,「国家あっての憲法である。国防が主人であり,憲法は国家にとって如何に重要なものであろうと,所詮,国家の道具にすぎない。道具によって国家が自縄自縛することは馬鹿げたことである」というのが調査室の立場であった[48]。

海空技術調査室は1962年に同年度の防衛予算に関して,防衛予算の国民所得に対する割合を1.44%とし,1人当たり国民所得が同規模のイタリアの比率が4.1%であることを紹介しつつ,「我が日本の此の比率が一・四%に過ぎないことは健全な独立国として極めて不満足とすべきではあるまいか[49]」と疑

問を投げかけている。

　海空技術調査室は 1965 年に『四〇年度防衛予算』(海空技調第 409 号) を公表した[50]。同調査室は国民所得に対する防衛費の割合をイタリア 4.5 ％, アメリカ 11.3 ％, ソ連 13.4 ％, スウェーデン 5.8 ％, フィリピン 3.2 ％ と試算したうえで,「わが国のように世界を驚かす程の国力発展を成しとげた国が, 依然として 1.36 ％ 位の防衛費しか充当していない現状は, 世界のどこにも類例をみない異状であり, 世界に奇異の感を与えずにはいられないであろう」とする[51]。

　また海空技術調査室は「防衛機器の研究開発が, 防衛力強化発展の基礎をなすものであり, かつ, わが国工業技術の進歩を促す重大な役割をもっていることを思うとき, 40 年度の (防衛庁―引用者注) 技術研究本部の政府予算原案は誠に寂しい極みである。政府当局の防衛機器の研究開発の重要性に対する認識がいまだ著しく不足していることを物語るものといわざるを得ない[52]」と主張した。

　1962 年 3 月に自民党政務調査会内に「安全保障に関する調査会」が設置され, 保科善四郎が調査会の副会長兼報告書起草小委員長を務めた。益谷秀次会長が健康上の理由からほとんど出席できなかったため保科が実質的な推進役を務めた。65 年 10 月に保科から自筆メモを渡された久住忠男はこれにもとづいて報告書原案を作成するように命じられた。調査会の中間報告は 66 年 6 月に発表されたが, 久住によると, 本中間報告はそれまでの消極的, 受動的な自民党の安全保障政策に総合性を付与し, 基本理念を確立させた点で画期的なものであった[53]。

　また 1966 年初頭, 自由民主党の安全保障調査会が安全保障および防衛問題に関して党員の学習を促すために, 海空技術調査会に対して「海空技術調第 1 号」から同第 436 号までの送付を依頼した。安全保障調査会はこのなかから比較的恒久性のあるテーマでかつ政治家の参考になるものを選定し, 自民党安全保障調査会編『日本の安全と防衛』(原書房, 1966 年) として刊行した[54]。同書の「序文と発行のことばをかねて」では同調査会が多くの協力者を得ることが難しく, そうしたなかで「いくつかの熱心な協力者グループのうちに, 海空技

術調査室の人たちがあった。これらの人たちは，当調査会創設の当初から協力してくれたばかりでなく，本書の序篇となっている『自由民主党安全保障調査会の中間報告』を始めとし，いくつかの文書の起草にも協力していただいた[55]」として海空技術調査室への謝辞が述べられている。

続いて海空技術調査会では，1972年に創立20周年を記念して『日本の安全と防衛』の続編ともいうべき『海洋国日本の防衛』を刊行した。同書の「出版および編集のことば」において，「当調査会は，あくまで研究調査を建前とするものであり，純然たる調査研究ということ以外，何らかの目的なり方針なりをもって，宣伝はもとより，いわゆる啓蒙などというようなことも，考えているわけではない[56]」と述べている。『海洋国日本の防衛』は5編27章から構成されているが，各章の執筆者は大井篤，池上二男，平野甚七，泉雅爾，関野英夫，久住忠男の6名であった[57]。

1967年に海空技術調査会は現在日本は造船世界一であるが，将来もその地位を維持するためには原子力船に進む必要があるとしたうえで，そのためにはウラニウム235の濃縮が必要であり，アメリカは必要な核材料（プルトニウムやウラニウム235）を提供するだろうと予想した。「しかし，こうした重要な資材を一つや二つの国に頼るということになると，その材料提供国に生殺与奪の権利をにぎられることになる[58]」というのが海空技術調査会の主張であり，それを避けるために資源確保に全力をつくさなければならないとした。

海空技術調査会は1971年に「自主防衛と対潜問題」論文を公表して対潜問題の重要性を訴えた[59]。「日本が西太平洋の公海において，自国の生存上必要な海上交通を確保するため，対潜安全海域設定の潜在力をもてば，アメリカおよび自由諸国は，増大しつつある共産側潜水艦の脅威に対して，大きな安心感をうることができ，共産側潜水艦の行動を抑制し，紛争勃発を抑止する大きな要因となるだろう[60]」というのが，ここでの主張であった。

なお海空技術調査会の対潜構想に関しては，国防会議事務局の日本兵器工業会に対する1969年度委託調査「対潜水艦作戦（ASW）の現状と将来」のなかで詳細に展開された。またこの時期「一民間の調査研究機関」である「海空技術調査室」と「海空技術調査会」の名称が使われているが，両者は実態として

同一のものであった[61]。

　海空技術調査会の創設時からの熱心なメンバーの一人に名和武がいた（前掲表6-1参照）。名和は調査会には電気の専門家の池谷増太と二次電池の専門家である山司房太郎を同道した。とくに名和は二次電池と燃料電池に熱心であり，防衛装備国産化懇談会に持ち込んで予算化するようになったのも名和の要望を反映したものであった。懇談会の部会長には愛甲文雄が就任し，名和たちの要望を取りまとめて予算化するのに約2年半を要した[62]。

4　海空技術懇談会会員の構成

　付表6-1（1）～付表6-1（8）にあるように1957年5月時点での海空技術懇談会会員401名のうち勤務先が判明する者は359名であるが，そのうち防衛庁・自衛隊勤務が88名と群を抜いていた。会員が2名以上勤務する民間企業，団体を表掲すると表6-3の通りである。

　海空技術懇談会会員が3名以上勤務する19企業・団体のうち旭電機工業[63]，経団連分室・防衛生産委員会審議室，日本燃料[64]，史料調査会[65]，船舶設計協会[66]を除く14社は防衛生産委員会の艦船，兵器，航空，燃料のいずれかの委員会の構成メンバーであり，元海軍軍人の商社マンが勤務する伊藤忠商事，住友商事，第一物産も市場対策委員会のメンバー企業であった。

　海空技術懇談会への入会は個人ベースで行われたが，同会は結果として防衛生産企業に勤務する元海軍関係者が数多く集まる場でもあったのである。

　なお旧海軍技術者の集まりとして海空技術懇談会が唯一のものであった訳ではない。例えば1955年に山口信助が安立電気に入社することになったとき（山口の57年時点の勤務先は三菱電機，付表6-1（7）参照），主要電気事業会社に勤務する旧海軍出身者約10名で月例懇談会（幹事は神戸工業の山田豊，山田も海空技術懇談会のメンバー，付表6-1（7）参照）が組織されており，山口を同懇談会に紹介したのは山口の海軍機関学校の先輩である古市竜雄であった[67]。こうしたインフォーマルな組織がさまざまな形で存在していたものと思われる[68]。

表 6-3 海空技術懇談会会員の勤務先一覧（1957 年 5 月）

企業名	人数	委員会別
飯野重工業(株)	6	艦船
(株)日本製鋼所	5	兵器
(株)光電製作所内史料調査会	5	
日本飛行機(株)	5	航空
浦賀船渠(株)	4	艦船
川崎重工業(株)	4	艦船
東京航空計器(株)	4	航空
神鋼電機(株)	4	航空
旭電機工業(株)	3	
(株)藤永田造船所	3	艦船
経団連分室・防衛生産委員会審議室	3	
新三菱重工業(株)	3	艦船
新明和興業(株)	3	航空
船舶設計協会	3	
日本燃料(株)	3	
日本無線(株)	3	航空
丸善石油(株)	3	燃料
三井造船(株)	3	艦船
三菱造船(株)	3	艦船
石川島重工業(株)	2	艦船
伊藤忠商事(株)	2	市場対策
海空技術懇談会調査室	2	
外務省	2	
鹿島建設(株)	2	
(株)石川製作所	2	
(株)小松製作所	2	兵器
(株)東京計器製造所	2	艦船
(株)東京螺子製作所	2	
(株)二光電機製作所	2	
(株)北辰電機製作所	2	電気
萱場工業(株)	2	航空
栗田工業(株)	2	
神戸工業(株)	2	航空
佐世保船舶工業	2	艦船
住友商事(株)	2	市場対策
生化学研究所	2	
生産技術協会	2	
第一物産(株)	2	市場対策
富士自動車(株)	2	
民生電気(株)	2	
合計	112	

出所）前掲『海空技術懇談会名簿』および経済団体連合会防衛生産委員会編、前掲書、315-319 頁。
注）(1) 経団連防衛生産委員会の各委員会構成企業は 1964 年 6 月現在。

山口はこの月例懇談会が機縁で古市と月に 2 回程度会うことになったが、その際に古市から「今度の会はどうしようか、米軍に頼んでどこか見せて貰うか、誰かをお招きしてこういう問題の話をして貰おうか、自衛隊のために何かしなければならないことはないか、特別の情報はないかというような相談[69]」があったという。海空技術懇談会のメンバーは個々人でさまざまなネットワークを形成しながら、軍事問題を含めた技術的課題に取り組んでいた様子がうかがわれる。

おわりに

海空技術懇談会はサンフランシスコ講和条約発効後の 1952 年 7 月という日本の再軍備、特需生産、防衛生産のあり方が本格的に議論されるようになった時期に、野村吉三郎、保科善四郎を軸にして旧海軍将校・技術者を結集した組織であった。設立当初から経団連防衛生産委員会と密接に連携し、陸海空自衛隊の装備規模、それを支える防衛生産のあり方に関して積極的な発言を行った。

海空技術懇談会の会員数が設立時の138名から57年5月には401名に急増している点に注目したい。401名のうち職業・勤務先が判明するのは359名であるが，そのうち88名は防衛庁・自衛隊勤務であり，海空技術懇談会会員が複数名勤務する民間企業・団体に所属する会員の総数は112名であった。そうした民間企業の多くは経団連防衛生産委員会の艦船・兵器・航空委員会を構成する防衛生産企業でもあった。

　周知のように朝鮮戦争の勃発にともなう特需生産という形で日本の軍需生産は再開されるものの，戦争終結後特需は急縮し，MSA援助も期待したほどでなく，防衛庁発注は特需で膨らんだ生産力を維持できるほどの規模ではなかった。一方で武器輸出の道は基本的に閉ざされていた。国防，防衛生産に深い関心を有する関係者の危機感は強く，こうしたなかで1955年に自民党初代国防部会長に就任した保科善四郎を中心とした海空技術懇談会はその規模を拡大させた。

　もちろん旧海軍技術者のすべてが再軍備，防衛生産の拡大を支持した訳ではない。しかし一方で艦船，航空機，陸上兵器などの兵器生産を担う防衛生産企業が日本経済のなかに着実に定置され，その存在感を高めるなかで一部の旧海軍将校・技術者が国防，防衛生産，武器輸出のあり方について積極的な発言を続けたことも事実であった。旧海軍将校・技術者がフォーマル，インフォーマルに集まる場はさまざまにあったが，そのなかで海空技術懇談会は経団連防衛生産委員会，自民党などと連携しつつ独自の位置を占め続けた。

　防衛生産委員会事務局長の千賀鉄也自身は後年に1953年に公表された経団連試案は「旧軍人のノスタルジア」と言い切っているが，こうした海空技術懇談会や経団連防衛生産委員会の一つひとつの活動の蓄積が，いったん再軍備を否定した日本社会がふたたび防衛生産を受容するうえで大きな働きをしたのである。

付表6-1（1） 海空技術懇談会会員一覧（1957年5月）

氏名	勤務先	旧海軍役職	創設時会員
相生 高秀	防衛庁海幕航空班	三四三空副長	
愛甲 文雄	経団連分室 防衛生産委員会審議室	航本課長兼軍需省課長	○
青木 滋	海上自衛隊術科学校	波二一〇潜 艦長	
青木 竜雄	川崎航空機工業（株）	艦本部員	
青柳 宗重		通信学校長	
秋重 実恵	日本燃料（株）	軍需局長	○
秋山 正英	防衛庁装備局武器課		
朝隈 彦吉	月刊『防衛』	工機学校長	
浅田 昌彦		軍務局局員	
芦田 収	日産火災海上保険（株）	兵備局局員	
足立 助蔵	丸善石油（株）	津工廠長	
阿部 清	馬淵建設（株）	第二相模野空副長兼教頭	
新井 政太郎	三井造船（株）	艦本部員	○
荒川 信	萱場工業（株）	二一空廠長	
荒野 精	日本航空電子工業（株）	航本部員	
有賀 武夫	（株）東京計器製造所	艦本六部長	○
在原 耕平		航本造兵監督官	○
有馬 玄		医務局課長	○
安藤 平八郎	防衛庁海幕技術部		
飯河 晶	三井造船（株）	艦本部員兼航本部員	
井内 四郎	川崎重工業（株）	潜戦参謀	
庵原 貢	海上自衛隊自衛艦隊	人事局局員	
井川 一雄	丸安食料品（株）	軍需局部長	
池上 二男	経団連分室 防衛生産委員会審議室	航本課長	○
池田 芳久	防衛庁技研第六部	機雷実験部部員	
池谷 増太	旭電機工業（株）	空技廠電気部長	○
石川 潔	三菱石油（株）川崎製油所	一燃廠研究部部員	
石川 半七	岡本工作機械製作所	光廠製鋼部長	○
石黒 進	防衛庁海幕航空委員会	艦隊参謀	
石田 捨雄	防衛庁海幕防衛部防衛課	対潜校教官	
泉 雅爾	日本兵器工業会事務局	軍務局局員	○
磯 恵	大阪金属工業（株）	寒川工廠長	○
磯部 太郎	東京航空計器（株）	運輸本部課長	○
一瀬 信一	日新商事（株）	二五根拠地隊司令官	
斎尾 慶勝	（株）日本製鋼所	鈴鹿工廠長	
伊藤 素衛	防衛庁防衛研修所	一〇航艦参謀	
伊藤 武夫	防衛庁技研第四部		
井上 健男	太田哲三公認会計事務所	駐独監督官	
井上 勇	クイーンベルピアノ（株）	航艦参謀	
井星 英	防衛庁海幕調査部二課	航本総務部二課	
今井 平八郎	住友商事（株）航機課	艦本部員	
今田 乾吉	飯野重工業（株）舞鶴造船所	舞鎮参謀副長	○
井村 賢	不二越鋼材工業（株）東京事務所		
祝原 不知名		警備戦隊司令官	
上田 博	丸善石油（株）	艦本課長	
植松 八十五郎	東京航空計器（株）	空技廠部員	
魚住 順治	海上自衛隊幹部候補生学校	艦本部員	
臼井 淑郎	水交会	ソ連大使館附武官	
台 由男	日本スイフト工業（株）立石工場	航空隊司令	
榎本 重治	外務省条約局第四課	書記官	
榎本 隆一郎	日本瓦斯化学工業（株）	二燃廠長	○
及川 礼次	及川会計事務所	セレベス経理部支部長	
大井 篤	海空技術懇談会調査室	護衛総司令部参謀	○
扇 一登	扇矢資材（株）	独逸駐在武官	
大島 与八郎	飯野重工業（株）舞鶴造船所	艦本部員	○
大薗 大輔	浦賀造船（株）	艦本部員	○

付表 6-1（2） 海空技術懇談会会員一覧（1957 年 5 月）

氏名	勤務先	旧海軍役職	創設時会員
大谷　三雄	防衛庁空幕装備部	航戦参謀	
大庭　常吉	東和興業(株)	舞鶴海兵教官兼幹事	
大野　一郎	大阪製鎖造機(株)	大阪警備府長官	○
大野　薫	青森天然瓦斯開発(株)	東京監督長	○
大野　義高	海上自衛隊幹部学校研究部	一三航空戦隊司令部	
大橋　恭三	新電元工業(株)	一二航艦参謀副長	
大松　勝蔵	海上自衛隊術科学校横須賀分校	人事局局員	
大森　仙太郎		水雷学校長	
大八木　静雄	三菱造船(株)	技研噴進部長兼東大教授	○
岡　幸昌	防衛庁空幕装備部二課	二技廠部員	○
岡崎　文勲	木挽館六七二号室	海軍省出仕兼軍令部出仕	
岡田　憲政	横須賀地方総監部技術部		
岡太　直	防衛庁装備局航空機課		
岡田　貞寛	飯野海運(株)	セブ根拠地隊主計長	
岡村　純	三菱商事(株)機械部	高座工廠長	○
奥　末広		二空廠部員	
奥田　憲	富士自動車(株)	軍需省航空兵器総局管理課	
小倉　真二	日協産業(株)	駐泰武官	
柿本　権一郎	(株)二光電機製作所	連合通信隊司令官	
景平　一雄	丸善石油(株)	一燃廠廠長	
葛西　清一	エアブラウン・マックファレン社	一〇方面艦隊	
梶谷　憲雄	生産技術協会	一燃廠総務部長	○
片岡　明幸	阿南法律事務所内	航本部員兼軍需省軍需官	
片山　有樹	造船協会	艦本四部基本設計主任	○
勝田　兼重	中央火薬火工(株)	船岡工廠長	
勝田　尊信	三菱造船(株)	川棚廠部員	
加藤　達三郎	住友電気工業(株)総務部	警備隊主計長	
加藤　博	(株)日立製作所	九三六空飛行隊長	
加藤　癸巳雄	浦賀船渠(株)浦賀造船所設計部	横廠部員	
金井　要治	防衛庁技研企画室	空技廠部員	
上坂　正勝	防衛庁調本	航本部員	
上出　俊二	海空技術懇談会調査室	航空隊司令	
亀田　正	津田駒工業(株)	大本営参謀	
川上　陽平	防衛庁装備局航空機課	航空廠部員	
川北　健三	防衛庁技研第八部		
川橋　省三	海上自衛隊八戸航空隊	七二航戦司令部附	
川原　隆	防衛庁海幕技術部武器課	艦本部員	
川村　宏矣	(株)神戸製鋼所	軍需省課長	○
干川　芳太郎	民生電気(株)	空技廠計器部長	○
北畠　卓	防衛庁海幕技術部航空機課	空技廠部員	
橘田　鼎道	由良染料(株)	二火廠部員	○
木下　五郎	海上自衛隊鹿屋航空隊	高知空飛行隊長	
君嶋　武彦	(株)君嶋製作所	舞鎮参謀	
木村　健二	鹿島建設(株)	航本課員	
木山　正義	日本燃料(株)	軍需省局員	○
久住　忠男	内閣官房調査室	南西方面艦隊参謀	
清原　審郷	非現業共済組合連合会稲田登戸病院	医務局局員	
久原　一利	防衛庁海幕調査部調査第二課	支那方面艦隊	
久保田　芳雄	生産技術協会	軍需省局長	○
栗田　春生	栗田工業(株)		
栗原　悦蔵	同和金属工業(株)	報道部長	
栗原　真	(株)東京螺子製作所	空技廠発着機部長	
黒田　麗	第一物産(株)	技術研究部長	○
桑原　虎雄	新明和興業(株)	航戦司令官	
源田　実	臨時航空訓練部	軍令部部員	
国府田　清	(株)湘南工作所	船舶参謀副長	

付表 6-1 (3)　海空技術懇談会会員一覧（1957 年 5 月）

氏名	勤務先	旧海軍役職	創設時会員
木暮　寛	大洋商事(株)	横空飛行長	
小堺　正実	新三菱重工業(株)船舶部東京船舶課	空技廠部員	○
小島　岱	横浜造船車輌(株)	艦本部員	
小島　秀雄	日独協会	駐独武官	
小林　仁		大阪警備府長	
小林　勇一	伊藤忠商事(株)航空機部	航空戦隊参謀	
小福田　租	防衛庁技研企画室	空技廠実験部員	
小別当　惣三	海友親和会	中国武官府	
小堀　錦文	炭鉱鉄枠工業(株)	艦本部員兼航本部員	○
小宮山　勇	(株)日本電子光学研究所	上海根拠地隊参謀	
子安　栄春	東京食品(株)	軍需局局員	○
是枝　良英	防衛庁海幕防衛部	一特基	
近藤　市郎	ヤンマーヂーゼル東京支店	横廠造機部長	○
近藤　嘉一	防衛庁海幕技術部武器課	航本部員兼軍需省軍需官	○
斎藤　昇	斎藤工業	軍令部課長	○
酒井　進	東急航空(株)八重洲営業所	潜戦参謀	
坂本　義鑑	建装工業(株)	艦本部員兼航本部員	○
桜　義雄	陸上自衛隊通信学校	艦隊参謀	
佐々川　清	東北電化工業(株)	技研部長	○
佐薙　毅	防衛庁空幕	軍令部部員	
佐藤　勝也	八欧無線(株)	駐泰武官	
佐藤　強介		三火廠長	○
佐藤　佐		警備隊司令	
佐藤　良明	日本合金(株)	施設本部総務部	
鮫島　素直	安立電気(株)	軍令部課長	
沢　達	(株)電子科学研究所	東京監督部	○
沢村　通正	沢村電気工業(株)	技研所員	○
沢本　頼雄		海軍次官	
三並　貞三	カナダ木材(株)	名古屋監督長	
塩山　策一	飯野重工業(株)	艦本部員	○
実松　譲	日本政治経済調査会	軍令部参謀	
柴山　末男	防衛庁海幕調査第二課	五十鈴通信長	
渋谷　市郎	(株)東京螺子製作所	神町空飛行長	
渋谷　竜稈	(株)光電製作所内史料調査会	連合艦隊参謀	○
志摩　清英	富士通信機製造(株)	高雄警備府司令長官	
清水　文雄	(株)日本製鋼所	豊川工廠長	○
城谷　正照	防衛庁防衛研修所戦史室	一三航戦参謀	
新庄　太郎		大湊警備府参謀	
末沢　慶政	木村石油(株)	軍務局部長	
菅沼　洋		軍需省軍需官	
鋤柄　健吾	(株)小松製作所川崎工場	艦本部員	○
杉岡　師男	(株)日本製鋼所	艦本課長	○
杉本　修	輸送機設計研究協会	空技廠飛行機部長	○
鈴木　英	海上自衛隊第一警戒隊群	航本部員	
鈴木　聡	飯野重工業(株)舞鶴造船所造機部	二二空廠部員	
鈴木　正一	伊藤忠商事(株)航空機部	七二五空司令	
鈴木　忠良	防衛庁海幕技術部	海軍省電信課長	
鈴木　俊郎	(株)藤永田造船所	軍需局課長	○
鈴木　由次郎	日東産業(株)	航空隊司令	
関野　英夫	(株)光電製作所内史料調査会	連合艦隊参謀	○
千藤　三千造	日本カーリット(株)	二火廠研究部長兼東大教授	
相馬　六郎	所沢兵器廠	佐世保工廠長	
十川　潔	海上自衛隊鹿屋航空隊	軍令部第一二課部員	
曽田　隆示	(株)北辰電機製作所	艦本課員兼航本課長	○
蘭川　亀郎	三共電機(株)，精立工業(株)	艦本部員	
高木　章		空技廠部員	○

付表6-1（4）　海空技術懇談会会員一覧（1957年5月）

氏名	勤務先	旧海軍役職	創設時会員
髙木　達也	防衛庁技研第六部		
髙田　収蔵	コーンズ商会	航艦参謀	○
髙田　利種	(株)生化学研究所	軍務局次長	
髙橋　楠正	日本飛行機(株)	空技廠飛行機部設計係部員	
髙橋　修一	日本無線(株)	技研部員	○
髙橋　千隼	日本飛行機(株)	航本課長	○
髙橋　武弘	東亜燃料工業(株)	一燃廠部員	
髙橋　盛造		横廠部員	
髙橋　義夫	神鋼電機(株)企画室	航本部員	
髙橋　義雄	横須賀地方総監部総務部	八艦隊参謀	
髙原　久衛	東京航空計器(株)狛江工場	技研所員	○
髙山　捷一	防衛庁空幕装備部技術第一課		
多久　丈雄		海兵教官	
田栗　正博	防衛庁海幕防衛部航空班		
武井　大助	昭和産業(株)	経理局長	○
竹添　善雄	海上自衛隊第十一護衛隊きり	横須賀連合陸戦隊参謀	
多治見　一郎	(株)多治見製作所	横廠部員	
多田　力三	日本ジェットエンジン(株)	空技廠長	○
伊達　勝一	(株)日本製鋼所	艦本部員	○
田中　保郎	日本鋼機(株)	艦本二部長兼航本四部長	○
田中　稔	U・Sコンサルタント	空技廠部員	○
谷川　清澄	防衛庁海幕副官室	大分空水雷長	
渓口　剛介		駐満海軍部	
渓口　泰麿	海上自衛隊幹部学校		
玉川　廉人	(株)日本製鋼所赤羽工場	艦本部員	○
田丸　直吉	沖電気工業(株)芝浦工場	在独監督官	○
田村　久三	(株)石川製作所東京研究所	艦本課長兼航本課長	
千葉　慶蔵	中央仮設鋼機(株)	警備隊司令官	
長　益	防衛庁技研臨海試験場	水路部部員	
塚田　正	日本飛行機(株)	空技廠飛行機部工場主任	
塚田　英夫	昭和飛行機工業(株)	一一空廠飛行機部長	○
土屋　要	日本レンズ工業(株)	艦本部員	
角田　吉雄	旭ダウ(株)		
津村　孝雄	日本無線(株)	艦本部員	○
寺井　邦三	(株)東京計器製造所	航本課長	
寺岡　謹平		航空艦隊長官	
寺崎　隆治	防衛庁防衛研修所	呉鎮先任参謀	
寺田　仁郎	荻村精器工業(株)	航本部員兼軍需省軍需官	
土井　喜一	東京芝浦電気(株)	艦本部員兼軍需省軍需官	
統　平	防衛庁海幕総務課	人事局員	
陶波　陸郎	防衛庁装備局武器課	一〇一工作部部員	
遠山　嘉雄	(株)藤永田造船所	艦本部員	
徳川　達成	(株)津上製作所	呉工廠部員	○
戸塚　武比古	山陽火工(株)	豊川工廠火工部長	
戸塚　道太郎		横鎮長官	
渡名喜　守定	(株)世界文化社	軍令部部員	
富岡　定俊	(株)光電製作所内史料調査会	軍令部一部長	○
富沢　豁	東京航空計器(株)狛江工場	空技廠部員	○
冨田　敏彦	海上自衛隊自衛艦隊	第一二突撃隊銚子派遣隊長	
友近　頼義	滝沢産業(株)	艦本課長	
外山　三郎	防衛庁海幕	海兵教官	
長井　純隆	生化学研究所	軍令部部員	
長井　太郎	新宿活字(株)	教育局課長	
長井　弘介	出光興産(株)	軍令部部員	
永石　正孝	防衛庁海幕調査部調査一課	航本課長	
中尾　源吾	(株)東京理化工業所	航本部員兼軍需省軍需官	

付表 6-1（5）　海空技術懇談会会員一覧（1957 年 5 月）

氏名	勤務先	旧海軍役職	創設時会員
長沢　浩	防衛庁海上幕僚監部	軍務局第一課長	
中島　親孝	厚生省引揚援護局	総隊司令部	
中筋　藤一	北欧映画（株）	軍需省軍需官	
中瀬　浜	自由学園	軍令部第三部員	
永瀬　芳雄	海上自衛隊術科学校	航本部員	
中野　和雄	妙高企業（株）	軍需省軍需官	○
永野　治	石川島重工業（株）田無工場	航本部員	○
中野　実	旭電機工業（株）	艦本部員	○
中村　威	富士自動車（株）	航空隊副長兼教頭	
中村　寛	史料調査会	呉人事部部員	
中村　健二	不二貿易	海上護衛隊参謀	
中村　小四郎	新三菱重工業（株）	艦本四部第一設計主任	
中村　治光	防衛庁技研第六原動機班	航本部員	
中村　止	新立川航空機（株）	二一空廠長	○
永盛　義夫	防衛庁技研第六部	在独造兵監督官	
名田　清	経団連分室　防衛生産委員会審議室	軍需省軍需官	○
鍋島　茂明	横須賀米軍基地	施設本部長	○
名和　武	旭電機工業（株）	艦本三部長	○
新美　政義	旭化成工業（株）	二火廠部員	○
西尾　秀彦		海上護衛参謀長	
西島　亮二	信和工業（株）	艦本部員	○
西村　三郎	航空自衛隊幹部学校	航戦参謀	
沼川　浩三		九五八空分隊長	
沼崎　貞三		機雷実験部員	
野崎　貞雄	栗田工業（株）		
野間口　兼良	エアゾル工業会	軍需省軍需官	○
野村　将三		通信学校長	
野村　直邦	山元商事（株）	海軍大臣	
野元　為輝	日本戦友団体連合会	航空戦隊司令官	
羽賀　卓弥	神鋼電機（株）	航空廠噴進部部員	
萩原　旻四	舞鶴地方総監部総務部	徳山防備隊副長	
橋口　義男		空技廠部員	○
橋本　逸夫	防衛庁海幕技術部武器課	海上護衛総司令部参謀	
橋本　以行	川崎重工業（株）	伊号潜水艦長	
畑　敏男	（株）宝工業社	艦本第四部	
服部　豊彦	野崎産業	駐独武官	○
花島　孝一		中央航研所長	○
花輪　誠一	日本航空（株）運航部	空技廠部員	
浜崎　諒	民生電気（株）	空技廠部員	○
浜田　裕生		軍務局課長	○
浜本　一郎	石川島重工業（株）第二工場研究所	航本部員	
早川　貞吉	泰邦実業（株）	横須賀軍需部長	○
早川　仁	鉄道技術研究所	航本部員	○
林　邦雄	三井造船（株）本社技術部	呉廠部員	
林　幸市	（株）石川製作所東京研究所	艦本部員兼航本部員	
林　武治	日本航空工業会	軍需省軍需官	○
林田　綱雄	日本電気（株）	艦本部員	
原　重政		霞ヶ浦航空廠長	
原　道男	日本燃料（株）	軍需局課長	○
伴内　徳二	共立農機（株）	航本課長	○
樋口　昌大	横須賀地方総監部技術部実用試験所	横空実研部部員兼空技廠部員	○
久安　敏夫	防衛庁調達実施本部	航本出仕軍需省軍需官	
菱川　万三郎	新中央工業（株）	艦本一部長	
日高　新郎	白石基礎工事（株）	横浜運輸本部	
姫野　修	防衛庁海幕装備部防衛課	一戦隊司令部	
平岡　碌	第一物産（株）機械第二部	機関学校長	

付表 6-1（6） 海空技術懇談会会員一覧（1957年5月）

氏名	勤務先	旧海軍役職	創設時会員
平野 孝雄			
平松 義雄	昭和石油(株)製造部工務課	大阪警備府参謀	
平松 良次	防衛庁海幕技術部武器課	光廠廠員	
広幡 増弥	浦賀船渠(株)	艦本部員	
武市 義雄	横須賀基地警防隊	兵備局員	
深町 譲	ミヤコ、トラベル、サービス	通信隊司令	
深水 豊治	アジア航空測量(株)	航本部員	
福井 静夫	史料調査会	舞鶴廠部員	○
福井 又助	横須賀米軍基地艦船修理部	佐廠造兵部作業主任	○
福岡 武	大東商事(株)	軍令部部員	
福田 啓二	船舶設計協会	艦本四部長	○
福田 良三		支那方面艦隊長官	○
福田 烈		艦本出仕	○
福地 誠夫	防衛庁海幕総務部	人事局員	
福留 繁	渡辺経済研究所 (株)京三製作所	連合艦隊参謀長	○
福屋 正孝		軍需省軍需官	
藤井 芳郎	萱場工業(株)	広工廠長	○
藤村 義朗	日本電子(株)	駐瑞武官	○
藤本 春季	全国農村工業農協連	一燃廠部員	○
藤本 正男	神鋼電機(株)		
藤森 開一	北海道大学医学部生理学教室	空技廠廠員	○
降幡 敏	(株)二光電機製作所	通信学校長	○
古市 竜雄	緑屋電気(株)	横廠長	
古沢 猛弥	(株)大船機械製作所	空技廠部員	
古館 早磨	防衛庁防衛研修所	軍需局員	
古橋 才次郎	関東塩業(株)	報道部部員	○
星出 隆臣	海上自衛隊幹部学校	神津艦長	
保科 善四郎	衆議院	軍務局長	
細谷 信三郎	広造業(株)	横廠員	○
堀田 政義	萩村精器工業(株)	空技廠員	○
堀 夷	防衛庁技研第七部	艦本部員	
堀 光一	TODインスペクター	呉廠砲熕部長	
保利 信明		医務局長	
堀 元美	浦賀船渠(株)浦賀造船所艦艇部	呉廠部員	○
堀内 茂忠	三菱造船(株)	九〇一室司令	
本多 伊吉	安野紡織(株)	軍需省軍需官	
本林 富二郎		空技廠航空医学部	
前田 盛敏	三井精機工業(株)	川棚廠部員	○
牧田 覚三郎	日新火災代理店	舞鎮長官	○
蒔田 義郎	鶴見醤油(株)	砲熕検査官	
牧野 茂	船舶設計協会	艦本部員	○
牧野 隆太郎		空技廠部員	○
牧山 幸弥	防衛庁技研五部	呉廠造兵部部員	
正木 生虎	(株)京三製作所	艦本部員	○
真下 弁蔵	飯野重工業(株)	軍需局員	
増田 三千郎	日本航空整備(株)	空技廠部員	
増本 大吉	神鋼電機(株)山田工場	空技廠部員	
増山 忠実	佐世保船舶工業(株)技術部	高雄工作部部員	
又木 武		横廠員	○
松井 宗明	防衛庁技研第四部	技研	
松浦 陽恵	航空技術研究所	軍需省軍需官	○
松枝 五郎	防衛庁技研企画室	空技廠雷実験部	
松枝 司蔵	神戸工業(株)	艦本部員	
松尾 実	(株)北辰電機製作所	艦本一部長兼航本三部長	○
松尾 道雄	防衛庁空幕技術第二課	空技支廠爆撃部部員	
松笠 潔	旭興業(株)	空技廠発動機部長	

付表6-1（7）　海空技術懇談会会員一覧（1957年5月）

氏名	勤務先	旧海軍役職	創設時会員
松木　通世	日本埠頭倉庫(株)	大津空司令	
松崎　彰	三明貿易(株)	大阪警備府参謀長	
松崎　純生	舞鶴地方総監部		
松下　武雄	中国火薬(株)	一火廠総務部長	
松本　喜太郎	川崎重工業(株)	艦本部員	
松本　三郎	防衛庁技研第六部業務班	一一空廠発動機部部員	
松元　秀志		軍務局局員	
松山　寛慈	愛知製鋼(株)	空技廠製鋼部長	
黛　治夫	清水建設(株)	化兵戦部長	
三沢　裕	防衛庁防衛研修所戦史室	三航艦航空参謀	
三代　一就	日本無線(株)	軍令部員	〇
三井　再男	キヤノンカメラ(株)	艦本部員	〇
皆川　清		駐独監督官	〇
宮川　義平	暁興業(株)	航本課長	〇
宮崎　俊男	川崎重工業(株)	葛城艦長	
宮崎　勇	外務省欧米局第二課	軍令部員	
向山　均	科学装備研究所	横廠造兵部長	〇
村上　房三	愛知時計電機(株)	二火廠長	
目黒　永晃	(株)小松製作所川崎工場	施設本部部員	
桃田　利雄	日本エアキャリアサービス(株)藤沢工場		
森　栄	海上自衛隊第二護衛隊はるかぜ	上海根拠地隊参謀	〇
森　精三	防衛庁技研目黒研究所	技研	
森　富士雄	菱三電機(株)	艦隊参謀	
森永　健三	新明和興業(株)	航本課長	〇
森脇　俊彦	防衛庁海幕調査部二課	海兵生徒七五期	
矢ケ崎　正経	(株)藤永田造船所	横廠造船部長	
矢口　瑞夫	防衛庁陸幕第一部人事課	一航艦参謀	
矢島　弥太郎	三波工業(株)	呉廠部員	〇
矢杉　正一	飯野重工業(株)	艦本部員	
安武　秀次	佐世保船舶工業(株)技術部	舞鎮司令部	
安場　保雄	中外商事(株)	技研音響兵器部長兼磁気兵器部長	
柳原　博光		一燃廠長	〇
山口　信助	三菱電機(株)	一燃廠長	
山口　正之	防衛庁海幕通信課	戦隊参謀	
山口　盛義		航空戦隊参謀	
山崎　信次	船舶設計協会	艦本部員	〇
山下　達喜	古河電気工業(株)横浜電線製造所	警防隊司令	
山田　寿吉	一華産業(株)	舞廠経理部長	
山田　正	海洋協会	航本部員	
山田　武		航本部員	〇
山田　豊	神戸工業(株)	軍需省課長	
山司　房太郎		電池実験部長	〇
山名　正夫	東大工学部	空技廠部員	〇
山ノ上　庄太郎	東京高速印刷(株)	航本部員	〇
山桝　滋郎	防衛庁海幕技術部武器課	呉廠砲熕部員	
山本　秋里	信越化学工業(株)	航空艦隊参謀	
山本　一彦	防衛庁装備局武器課		
山本　益彦	防衛庁海幕技術部管理課	兵学校教官	
山本　親雄		七二航戦司令官	
山本　沢二	鹿島建設(株)	名古屋監督官	
山本　善雄	住友商事(株)	軍務局長	
山本　勇	防衛庁海幕調査部第一課	省副官兼大臣秘書官	
横田　元	海上自衛隊舞鶴練習隊	駆逐艦艦長	
横山　信義	日本飛行機(株)	軍令部部員	
吉井　道教	内外輸送(株)	航空戦隊参謀	
吉田　英三	横須賀地方総監部	軍務局局員	

付表 6-1（8）　海空技術懇談会会員一覧（1957 年 5 月）

氏名	勤務先	旧海軍役職	創設時会員
吉田　善吾		海軍大臣	
吉田　俊雄	防衛庁海幕調査部第二課	軍令部部員	
吉田　利喜蔵	小網商店横須賀営業所	運輸本部総務課長	
吉富　茂馬	新明和興業(株)	航空隊司令	
吉松　田守	防衛庁海幕調査部	軍務局局員	
竜　三郎	新三菱重工業(株)	艦本部員	
和田　操	日本飛行機(株)	航空本部長	○
渡辺　伊三郎	日本揮発油(株)	三燃廠長	○
渡辺　貢	富士美工業(株)	艦本部員	○

出所）表 6-1 に同じ。
　注）(1) ○印は創設時会員。

終 章

軍民転換の歴史的特質

　本書での検討を通して明らかになった諸点を整理してみたい。第1章では海軍で艦艇建造に携わった元造船官の戦後の軌跡を追跡した。造船官という他に転用の難しい専門職からの軍民転換は，海軍における他の技術領域，例えば造機，電気，施設などと比較しても相対的に難しかっただろう。彼らが戦後の職場として民間造船所を志向したのは当然であった。しかし終戦直後の民間造船所も苦しかった。帝国海軍は突然消滅し，海運業再建の目途も立っていなかった。そうしたなかで相対的に船殻関係の学卒エンジニアが少なく，流動化した競争構造のなかで飛躍を図りたい播磨造船所，石川島重工業，日本鋼管といった企業は元造船官の採用に積極的であった。それに比較して学卒技術者をすでに多数抱える三菱重工業，川崎重工業，三井造船に元造船官が新たな職場を見出すことは難しかった。

　元造船官は商船建造の先頭に立っただけでなく，海外営業の前線に立って船舶輸出を牽引する役割を担った者もいた。また福田啓二，福田烈，西島亮二などに代表されるように，シニアの元造船官のなかには特定企業に就職することなく，海軍での豊富な経験を踏まえて，戦後日本造船業の技術的メンターとして電気溶接，ブロック建造法，生産管理の近代化を主導する人びともいた。

　元造船官のもう一つの重要な進路として艦艇建造，修理の分野があった。朝鮮戦争の進展以降日本における再軍備が浮上し，1954年7月には防衛庁，自衛隊が発足する。戦前・戦中には海軍艦政本部第四部で設計を行い，海軍工廠で一番艦を建造した後問題がなければ民間造船所でも建造されるという体制が確立していたが，海軍が消滅した後，防衛庁技術研究本部での自衛艦・艦艇設計体制が整備されるまで，日本造船工業会および経済団体連合会防衛生産委員

会に支援されながら，牧野茂らが主導する国際船舶工務所，船舶設計協会に結集した元造船官が艦艇設計業務を担当した。また海軍工廠も消滅したため，艦艇建造は民間造船所が担った。54年には三菱造船，新三菱重工業，川崎重工業，三井造船，石川島重工業の5社によって艦艇研究会が発足し，同会はその後護衛艦技術研究会（KR会）として活動を続けた。艦艇修理に関しては米海軍の横須賀基地艦船修理廠（SRF）の存在にも留意する必要がある。ここでも多数の元造船官が勤務した。公職追放令の対象となった元武官の就職活動は大きく制約され，彼らの就職が自由になるのは追放令解除後であった。防衛庁，自衛隊が設立されるまでの期間，SRFは元造船官にとって貴重な職場であった。SRFで学んだ新技術は元造船官のネットワークを通じて，戦後の艦艇建造に活かされることになった。

　第2章では元海軍造機技術者を取り上げた。1960年時点で造機関係の元士官が3名以上勤務する国家機関，民間企業の勤務者数順位は防衛庁・自衛隊，日立製作所，石川島播磨重工業，国鉄，三菱日本重工業，日本鋼管，三菱造船，飯野重工業，新三菱重工業の順であり，元造船官の場合と違って三菱三重工も造機技術者の採用に積極的であったことが分かる。

　またヤンマーディーゼルなどにとっては造機技術者の採用は決定的意義を有した。トヨタ自動車工業においても造機技術者は重要な役割を果たした。防衛庁・自衛隊を含めて造機関係の技術者は元造船官よりもより広い輸送機械・産業機械・電機などの分野に第二の職場を求め，そこで活躍した。彼らの多くが強調したのが内外の技術格差を埋めるための共同研究の意義であった。海軍自身が組織者でもあった軍官産学の本格的な共同研究は戦時期から開始されていたが，研究条件が日々悪化する戦時中と，職場環境が大きく変化し，研究環境も次第に整備されていく戦後では共同研究の前提条件が大きく異なった。セクショナリズムを打破する共同研究の推奨は，元造機士官たちの戦時期に対する悔恨がその背後にあったのである。

　第3章では海軍施設系技術者，土木建築技術者の戦後の歩みを検討した。戦後の初期条件として，元海軍施設系技術者の場合，本格的占領行政が開始される前に，運輸省運輸建設本部（運建）が設置され，海軍施設本部が組織として

丸ごと運建に移行した点を指摘できる。その意味で施設系技術者は組織として集団で「軍民転換」を実現したのである。こうした例は他になく、その後の土木建築技術者の結束力の強さはここにもその一因があった。運輸建設本部はその後、旧内務省国土局などを移管して設立された建設院と統合して建設省となる。運輸建設本部からは一部の技術者が国鉄、特別調達庁に移動した。

　高度成長期の元海軍施設系技術者の職場としては、建設省、公社公団、国鉄、防衛庁、地方自治体、民間企業、自営業、教員などと多彩であったが、国家・地方公務員を退職した後多くの土木建築技術者は民間企業に再就職した。元海軍施設系技術者が取り組んだ課題は、製塩施設、ダム、水道、工業用水道、高速道路、原子力発電から再処理施設、防衛庁・自衛隊施設、バスターミナル、建物のメインテナンス、団地、都市計画、幹線街路網、軽量コンクリート、治水事業ときわめて多彩であった。そのいずれもが高度成長期のインフラ整備、都市計画、防衛施設、建物高層化などを支える基本技術であった。

　第4章では個別技術の専門家ではなく、海軍機関学校卒業生の戦後の動向を検討した。海軍兵学校と海軍機関学校の卒業生が将校であり、造船、造機、造兵の技術科士官は将校相当官と呼ばれて将校と区別された。もちろん海軍機関学校卒業生の戦後を安易に類型化することはできない。戦前・戦時期以来の高官や民間人との太い人脈を活かして戦後に新たな企業者活動を展開できた榎本隆一郎や木山正義のような人物は例外的存在であっただろう。40歳台半ばで終戦を迎え、公職追放によって就職先を制約された元海軍機関将校にとって米軍関係施設は数少ない大口就職先であった。一方で第43期（1934年11月卒業）・44期（36年3月卒業）の比較的若い世代の卒業生にとって、困難な占領期を経て自衛隊、防衛庁への就職の道が開けたことは大きな意味があった。

　1944年3月卒業の54期生は同期生173名中51名が戦死するという過酷な経験をした世代である。文字通り生き残った54期生は戦後も死者とともにいたといえよう。44年に東京帝国大学法学部を繰り上げ卒業し、海軍兵科予備学生（四期）を経て海軍少尉に任官し副電測士として「大和」に乗り組んだ吉田満は、「ほとんどすべての日本人が、それぞれの場でともかくも死を賭けて戦ったという過去が事もなげに無視され、自分が戦ったという事実の重さ、割

り切れない苦しさ，憤りが，一夜にして消え失せたことに，なにか欺瞞のようなものを，探りあててはいた。しかし，そうした違和感の核心をつかむには，戦中派世代の体験は，一面的であり過ぎた。しかもわれわれは，つねにある『うしろめたさ』の感覚を免れることができなかった[1]」と78年に記した。「戦後日本の一つの帰結である高度成長路線の推進にあたって，戦争経験世代は，実務面の主役としてはたらいてきた[2]」が，戦時期に海軍機関学校を卒業した者の多くも「うしろめたさ」を抱えながら，戦後復興，高度成長を担う主役であった。

また狭き道とはいえ，経済的事情が許せば，若い海軍機関学校卒業者には大学進学の道も開けていた。大学での経験がその後，元海軍機関将校が民間人に転生するうえで大きな分水嶺となった事例を確認できる。

第5章では考察の対象を海軍技術者から拡げて，終戦直後に国有鉄道に転入し，その後も国鉄に残留した技術者，他に転じた技術者，さらに「外地」から引き揚げてきた技術者の戦後に注目した。その軌跡を追いかけた科学技術者のなかには鉄道技術研究所の組織改革を主導した河野忠義，航空技術者から出発して航空宇宙技術研究所長，宇宙開発事業団理事長を務めた山内正男，国鉄施設局建築課長として建物の不燃化に取り組んだ成田春人，野口研究所理事長の工藤宏規らがいた。

彼らに共通するのは強烈な技術ナショナリズムである。総力戦に敗れたのは軍人だけの責任ではなく，技術者の責任も大きい。彼我の技術格差を解消するためには海外から学び続けなければならないし，それを導入消化したうえで日本独自の要素を加えていくべきであるというのが彼らの共通認識であった。そこには敗戦という結果への彼らなりの責任の取り方，覚悟が集約されていた。しかし同時に何故戦争に至ったのか，戦争は内外に何をもたらしたのかというプロセスに対する丁寧な視点を彼らの議論のなかに確認することは難しいように思われる。

第6章では野村吉三郎，保科善四郎を結集軸とする海空技術懇談会の活動を検討した。海空技術懇談会は設立当初から経団連防衛生産委員会と密接に連携しながら，陸上・海上・航空自衛隊の装備の規模，それを実現する防衛生産の

あり方について積極的に発言した。同会の会員数は 1952 年 7 月の設立時の 138 名から 57 年 5 月の 401 名に急増した。55 年に自由民主党初代国防部会長に就任した保科を中心とした海空技術懇談会は，この時期その規模を拡大させた。

海空技術懇談会会員 401 名のうち職業・勤務先が判明するのは 359 名であるが，そのうち 88 名が防衛庁・自衛隊勤務であり，海空技術懇談会会員が複数名勤務する民間企業・団体に所属する会員の総数は 112 名であった。そうした民間企業の多くは経団連防衛生産委員会を構成する防衛生産企業であった。旧海軍将校・技術者がフォーマル，インフォーマルに集まる場はさまざまにあったが，そのなかで海空技術懇談会は経団連防衛生産委員会，自民党などと連携しつつ，独自の位置を占めた。

1977 年 6 月に行われた島尾敏雄との対談のなかで吉田満は「死んだ仲間のことは，いつまでたっても離れられませんからね。そういう仲間たちの死と，自分には戦後というものがあることが，どういう形でつながるかということは，しょっちゅう考えながらきたということです，この三十年……[3]」と発言している。生き残った海軍機関学校卒業生が死者とともに戦後を歩んだというのはこういうことであり，彼らの戦後はたえず先にみたある種の「うしろめたさ」に規定されていた。換言するならば「仲間たちの死」が生者たちの行動規範となり，戦後の職業生活を通して，死んでいった仲間たちの分をも生きることが，「うしろめたさ」という負債を少しずつ返済することであったように思われる。

一方，専門技術を通して兵科将校や兵らを生かすはずであった海軍技術科士官，海軍技師は敗戦によってその機会を永遠に喪失することになった。彼らにとって戦争責任とは何よりも技術を通して国家に貢献するという本分を本番において全うできなかったことに対する悔恨であり，戦後の彼らに共通する強い技術ナショナリズムは彼らなりの戦争責任のとり方であった。戦時期に完遂できなかった職務は，戦後復興，高度経済成長を支える優れた技術の進展によって何とか償うしかないとの思いが元技術将校，技師に共有されていた。

しかし元機関科将校，技術科士官，海軍技師，技手たちが共有する技術ナ

ショナリズムは同時にさまざまなアポリアを抱えていた。戦時中の大東亜共栄圏構想は同時に，日本内地を頂点として，植民地，中国占領地，東南アジアへと拡がる技術，技術者の位階的秩序を特徴とする帝国主義的技術観に支えられていた。

大東亜問題研究会・科学技術体制研究会・第三分科会案（二）『大東亜に於ける総合技術体制』（1943年1月作成）は，「大東亜」を帝国，「満洲国」，「支那」（北支・中支・南支），南方に4分割し，「帝国本土に於いては重工業根幹の高度確立に重点をおき」，「満洲国に於ては，北支とゝもにわが重工業基礎部門の延長翼または補助帯として重要であり」，「支那では全域にわたり鉱産資源の積極的開発に重点をおく」，「南方諸地域は，非鉄金属資源の多種多様な賦存地帯として，鉱産開発に全力が注がれる」との夢を語った[4]。

こうした大東亜共栄圏の産業構造を建設するためには何よりもその担い手の育成が求められた。大東亜問題研究会・科学技術体制研究会・第四分科会『大東亜共栄圏民族工作と技術体制』（1943年1月作成）では，「日本民族がその技術的能力を高めながら最も高度の技術性を必要とする生産を自ら担当すると共に，他面に於いて大東亜諸民族の夫々の能力に応じた生産の担当役割を概定して，日本民族の指導に依りその技術能力を啓培することが必要である」として露骨な帝国主義的技術観が提示された[5]。

こうした帝国主義的技術観は，従来から技術者の待遇改善を求めてきた技術者運動のリーダーたちにも共有されたものであった。松前重義は「東亜に相隣する日本と満洲と中華民国の三大国を枢軸とする大東亜の盟邦が，各自の個性を存分に生かしつゝ，大東亜保全の共同使命の下に，固き結合を為すべき関係にあることは，まさに歴史の必然」と謳いつつ，「日本技術は，東亜の盟主としての資格に欠くる処があつてはならない。満，華両国を初め，大東亜の何れの国の技術に対しても，常にその優位性，先進性を確保し，日本技術を主柱とする東亜技術の独立性を確立せねばならぬ。大東亜諸民族に対する技術の協力提携に於て，日本の優秀なる技術総力の傾倒に豪も吝かであつてはならない。こゝに，我国の東亜に於ける文明的活動の人類史的意義がある」と主張した[6]。「東亜」，「大東亜」各国の協力連携を謳いつつ，そのなかでの日本の優位性，

先進性は自明の前提であった。

多田礼吉[7]科学技術動員協会理事長・陸軍中将・工学博士の場合はもっと露骨であった。陸軍大臣の訓令にもとづき南方資源調査団を率いて1942年9月から12月にかけて東南アジア各地を歴訪した多田は[8]，帰国後「八紘一宇の大黒柱は日本であつて，他民族はそれぞれの能力に応じたる軒柱でなくてはならぬ」，「わが日本民族がその優秀なる大黒柱としての責任を負ふ反面には，指導者としての栄を享受せねばならない。南方諸民族にして，その自己の能力，文化を顧みるとき，それに相当する協力の力は自然に，指導者に対する下部組織の労農でなくてはならない。彼等はその位置において最も得意の労農力を提供して，その分に相応する文化の栄に浴しつつ，その生をそれぞれの処に楽しめばよいのである」と断言した[9]。

多田はさらに続ける。「戦前の日本居留民の貧しい移民姿は，なほ彼等の眼底に残つてゐるのである」。しかし一方で「従来とても，南方には，建築や野菜作りに，その技術をもつて尊敬されてゐた日本移民もゐたのである。従って，例へば橋梁の修繕，架設に，土木，交通に彼等に喜びを与へ，工場，機械の修理によって彼等の失業を救ふなど，わが科学技術力を現示して，彼等の福利を計つてやることが，最も効果的」と指摘した。また「科学技術研究の三段制である調査，研究，試験のうち，研究は母国において行ふ。（中略）現地に調査して，その資料をもつて母国において研究し，その成果を持つて，再び現地において試験をなすことが最も合理的である。それが交流である」というのが，多田の科学技術研究の進め方，日本と東南アジア諸地域の「交流」の内実であった[10]。

元海軍技術者はアメリカの圧倒的な軍事力，それを支える科学技術に敗れたとの思いに貫かれていた。従って敗者が敗者としての地位から脱却するために勝者から徹底的に学ぶ必要があるとの結論に至るのは自然なことであった。「欧米から学ぶ」は明治以来の国家的指針であり，敗戦はその方針の正しさを再確認させたのである。

敗戦直後に芦田均は「大東亜戦争ヲ不利ナル終結ニ導キタル原因並其ノ責任ノ所在ヲ明白ニスル為政府ノ執ルベキ措置ニ関スル質問主意書」（1945年9月4

日付)を衆議院に提出した。そのなかで芦田は「銃後ノ施策ニ幾多ノ過誤アリタリト認メザルヤ」との問いを発し,「我国ノ科学技術ハ未ダ泰西強国ノ水準ニ達セザリシトスルモ近年進歩ノ見ルベキモノアリ之ヲ巧ニ応用スレバ兵器ノ製造ニ貢献スルトコロ尠カラザルモノアリタルベシ不幸ニシテ官僚ノ旧慣ハ毫モ科学技術者ヲ重視セズ一部ノ軍当局モ亦之ト見解ヲ同ジクシ科学技術者ノ創意工夫ヲ応用スルニ敏ナラザル(中略)欧米ノ交戦国ガ組織的ニ科学技術者ヲ総動員シ夫々ノ研究機関ヲ設ケテ大規模ノ実験ヲ行ハシメタルニ比スレバ実ニ雲泥ノ差アリ(中略)原子爆弾ヤB29ガ米軍優越ノ一大要素タリシヲ思フ時我国ハ戦争ニ敗レタルニ非ズシテ敵ノ技術ニ押潰サレタルモノト言フモ過言ニ非ズ[11]」と指摘した。空襲と原爆投下を経験した直後の国民にはまさにこの「敵ノ技術ニ押潰サレタルモノ」との実感は深く共有されていた。敗戦を経験したにもかかわらず,科学技術そのものへの信頼は無傷のままであった。

　しかし,太平洋戦争開戦の直接の要因となった,当初の目論見とは違って中国との全面戦争に勝利する展望を失っていたという現実,最終的にアメリカだけでなく,中国との戦争にも敗れたことを元海軍技術者たちはどのように受けとめていたのだろうか。中国との戦争に海軍は直接コミットしなかった,英米との戦争に至る事態の直接原因となった日中戦争へのプロセスに海軍として責任はなかったとの総括がなされるならば,それは事実に反するだけでなく[12],アメリカとともに中国にも敗れたという現実を直視する元海軍技術者の眼を曇らせたように思われる。

　中国との全面戦争を拡大する日本には,自らの科学技術とそれに支えられた軍事力に対する自信があった。圧倒的な劣位を意識しつつも最終的に英米との開戦を日本が決意できた背景にもやはり,自らの保持する軍事力と科学技術への秘かな信頼があっただろう。科学技術は政治的軍事的要請に応える受け身の存在であると同時に,科学技術の存在自体が政治的軍事的決断を促す積極的な役割を果たすことがあるという,科学技術の二面性を元海軍技術者だけでなく戦後日本はどこまで深く受け止めただろうか。アメリカとの戦争に敗れたことによって,戦後日本は戦前以来の「欧米から学ぶ」姿勢を強化した。それでは中国に敗れたことから戦後日本は何を学び,戦後日本の科学技術観はどのよう

に変化したのだろうか。

　元海軍技術者だけでなく，国民の間に共有された「敵ノ技術ニ押潰サレタルモノ」との実感は自然な感情であった。しかし自らが相手としたもう一人の敵である中国に敗れたことを深く受け止める元海軍技術者は少なかったように思われる。科学技術において優位に立っていた日本が中国に敗れたことは，科学技術の意義と限界，社会における科学技術の役割を戦後の日本人に再考させるに十分な歴史的経験であった。しかし英米の科学技術に敗れたという反省は科学技術による戦後復興へと転轍され，そこに中国との戦争に敗れたことから科学技術を捉え返す視点が介在する余地は少なかったように思われる。

　終戦直後に外務省においてまとめられた「我国科学技術ノ将来ニ就テ」と題する文書において，「科学技術者ノ新ナル任務」の一つとして「技術ヲ介シテ東亜諸国トノ結合ノ新方式確立ノ役割」が指摘されている。その内容は「（イ）民族相互ノ真ノ理解ハ生産技術ヨリ　（ロ）我国ノ東亜諸国ニ対スル先進性ハ主トシテ技術ニ依ル　（ハ）東亜諸国工業化及賠償設備，機械ノ移設ヲ機トスル我技術者ノ海外進出（特ニ中級，少壮技術者ニ関シテ）」であるが[13]，ここでも対東アジア諸国に対する日本の技術の先進性を前提とした技術者の役割が語られている。日本の「先進的」な科学技術がアジア諸国にもたらしたものが何であったかを理解しようとする視点は，この時期においてもなお弱い。

　生き残った海軍機関科将校が死者と対話を続け，元技術科士官や技師，技手たちが戦時の失地を欧米に学びながら技術ナショナリズムでもって回復しようとしたことは，戦後日本の経済復興，高度経済成長，防衛生産のあり方に大きな影響を与えた。その意味で戦後は戦時に大きく規定されていたのである。しかし戦時期の帝国主義的技術観に対して，戦後日本社会はどのような考察を加えただろうか。帝国主義的技術観と欧米の科学技術への憧憬の一体的構造，および戦時期の科学技術が東アジア，アジア全域にもたらしたものに思いを巡らす作業は未完のままである。

　吉田満は「あの時，終戦の混乱の中で，一ぺんに，いろんなことが全部捨てられた。日本人は世界の中でどう生きるのか，どんな役割を果たそうとするのか。そんな問題も，いっさい棚上げされてしまった。なにかそこに重大な欠落

があったんじゃないかという感じが,三十数年間続いている[14]」と述べた。しかし吉田が指摘する「世界」のなかに朝鮮,台湾,中国,さらに東南アジアはいかなる形で入っていたのか,この点はいま改めて問われるべきであろう。吉田の問題提起を正面から受け止めるためには,そうした作業が不可欠である。

　表序-2 において戦時期に任官された海軍技術科士官の大半が短期現役(短現)技術科士官であったことを示した。表終-1 は 1981 年における元海軍短期現役技術科士官の勤務先別人数を示したものである。仮に 38 年卒業時に 23 歳だったとすると 81 年には 66 歳,44 年 9 月卒業者の場合は 59・60 歳になっている。81 年には元海軍短期現役技術科士官の多くもすでに退職を迎えていたが,一方で会社役員としてまた各現場の要職について現役を続ける者も多く,表終-1 から 283 社に合計 532 名が勤務していることを確認できる。元海軍短期現役技術科士官はあらゆる分野に進出していた。81 年時点で 10 名以上の元海軍短期現役技術科士官を雇用している企業は,日本鋼管,日立製作所,東京芝浦電気,三菱電機,日本電気,三菱重工業,東京電力であった。20 代で戦争を経験し,仲間の多くの死と向かい合いながら戦後を生き抜いてきた彼らは,まさしく高度成長の牽引役,担い手であった。

　戦後は石川島播磨重工業でジェットエンジンの開発に従事し,同社航空宇宙事業本部長・専務取締役を務めた元短期現役技術科士官は,「はじめて任官した日の面映ゆいばかりの昂ぶりは一生のハイライトであった。工廠に出て,多くの徴用工を駆使し,叱咤し,何とかしようと焦り,苦しいときこそ勇気と力が要るのだと,夢中で働いた。大勢の良い奴が,戦いのさ中,あるいは終戦に際して,良心の命ずるところに従って死んで行った。残ったものは,戦いの空しさ,愚かさを反省し,費やした青春を埋めようとするかのように,遮二無二働いた。そして今日の日本の再建の一翼を担った[15]」と記している。また東芝機械で取締役・プラスチック機械事業部長・技術本部長・開発部長などを務めたもうひとりの元短期現役技術科士官は「常に世界第一級を目標とするような動機づけをなして来たのは,会社トップの指導方針でもあったというものの,自分の中にある四年間の海軍時代の体験,すなわち基礎となる機械や技術を外国に依存するようではだめであるという痛い思いがもたらしたものであるとい

う気がする。これこそ海軍時代が,技術者としての自分に与えてくれた大きな教訓であった[16]」と回顧した。

　敗戦に対する痛切な悔恨と戦後日本の担い手としての自覚と自負が海軍技術者の戦後史を貫いていた。その自覚と自負はアジアとどう向かい合ったのか。戦争と技術の関係を問う作業は,戦後における政治・経済と技術の関係を考察することに直結している。

表終-1　元海軍短期現役技術

企業名	人数	企業名	人数	企業名	人数
日鉄鉱業	1	日本海洋掘削	1	三菱モンサント化成	1
田中鉱業	1	東邦電気工業	3	中国化薬	1
大成建設	1	日本通信協力	1	日本パーオキサイド	1
大林組	4	鴻池組	5	三共化成工業	1
清水建設	5	不二家	1	広貫堂	1
飛島建設	2	サッポロビール	1	丸善石油	1
フジタ工業	2	麒麟麦酒	1	三菱石油	3
鹿島建設	2	東洋醸造	2	東亜燃料工業	3
勝村建設	1	三楽オーシャン	1	東亜石油	1
西松建設	2	三国コカコーラボトリング	1	東洋ゴム工業	1
三井建設	2	味の素	1	住友ゴム工業	1
大豊建設	1	サントリー	2	藤倉ゴム工業	1
住友建設	3	グンゼ	1	興国化学工業	1
前田建設工業	1	倉敷紡績	1	明治ゴム化成	1
石原建設	1	日本毛織	1	旭硝子	3
奥村組	1	東レ	1	日本セメント	1
間組	3	東邦レーヨン	1	大阪セメント	1
真柄建設	1	クラレ	1	秩父セメント	1
新井組	1	日本エクスラン	1	日本コンクリート工業	2
東急建設	2	大垣紡績	1	日本硝子	2
松村組	1	山陽国策パルプ	2	伊那製陶	1
戸田建設	2	本州製紙	1	麻生セメント	1
熊谷組	3	十条製紙	1	新日本製鉄	4
小松建設工業	1	日本加工製紙	1	川崎製鉄	3
東亜建設工業	2	三井東圧化学	2	日本鋼管	11
青木建設	1	日東化学工業	1	住友金属工業	6
若築建設	1	昭和電工	1	神戸製鋼所	3
東洋建設	1	住友化学工業	1	東洋鋼鈑	1
五洋建設	1	製鉄化学工業	1	大同特殊鋼	1
大林道路	1	三菱化成工業	1	日本高周波鋼業	1
世紀建設	1	日産化学工業	1	日本ステンレス	1
ライト工業	2	ラサ工業	1	日本冶金工業	1
近畿電気工事	1	帝国化工	1	日立金属	1
太陽工藤工事	1	東洋曹達工業	2	日本金属	1
日本電設工業	2	徳山曹達	1	栗本鉄工所	1
三機工業	2	東亜合成化学工業	3	日本製鋼所	4
日揮	3	信越化学工業	3	関東特殊製鋼	1
大気社	1	日本合成化学工業	1	第一高周波工業	1
大阪電気暖房	1	ダイセル化学工業	1	東海鋳造	1
竹中土木	1	宇部興産	1	日本鉱業	1
岩田建設	1	日立化成工業	2	同和鉱業	1
矢作建設	1	理研ビニール	1	住友軽金属工業	1
日東建設	2	日本化薬	1	玉川機械金属	1
渡辺組	2	三共	1	古河電気工業	1
日本海建設	1	持田製薬	1	住友電気工業	2
国際建設	1	大正製薬	1	日立電線	1
日本鋼管工事	2	日本ペイント	1	沖電線	1
福田道路	1	大日本インキ化学工業	1	古河鋳造	1
中電工事	1	富士写真フィルム	1	東京ニッケル	1
大手興産	1	新大協石油化学	1	三井アルミニウム工業	1
合計	79	合計	68	合計	84

出所）オールネービー編纂会編『海軍生徒士官出身者名鑑—社会的歴史的文献—』企業編，1981年。
　注）（1）子会社，関係会社役員として示されている者は親会社に含めた。

科士官の勤務先一覧（1981年）

(人)

企業名	人数	企業名	人数	企業名	人数
東洋製罐	1	日本ビクター	2	美津濃	1
横河橋梁製作所	1	日本航空電子工業	2	三井物産	1
日本建鉄	1	横河電機製作所	3	住友商事	1
中央発条	1	北辰電機製作所	2	極東貿易	1
日鉄溶接工業	1	東亜電波工業	1	日新商事	1
東京製鋼スチールコード	1	日本光電工業	1	キグナス石油	1
新潟鉄工所	1	日本電装	1	関西タール製品	1
富士機械	1	湯浅電池	1	ストックアンドゼノック	1
豊田自動織機製作所	1	新神戸電機	2	大永紙通商	1
倉敷機械	1	日本電子	1	日東商事	1
オーエム製作所	2	国産電気	1	伏見信用金庫	1
小松製作所	2	指月電機製作所	1	東武鉄道	3
住友重機械工業	3	東海理化電機製作所	1	京成電鉄	2
住友重機械エンパイロテック	1	日本タングステン	1	西日本鉄道	1
久保田鉄工	1	東芝電材	1	近畿日本鉄道	1
三菱化工機	2	松下電送機器	1	阪急電鉄	1
新東工業	1	島田理化工業	3	日本通運	2
ダイキン工業	1	コバル電子	2	日本放送協会	4
椿本チエイン	1	日本電子機器	1	札幌テレビ放送	1
日機装	3	長谷川電機製作所	1	エフエム大阪	1
木村化工機	1	三井造船	6	東京電力	10
フジテック	1	日立造船	3	関西電力	2
ブラザー工業	2	三菱重工業	12	中国電力	4
森田ポンプ	1	川崎重工業	1	北陸電力	1
不二越	3	石川島播磨重工業	2	東北電力	7
キャタピラー三菱	3	富士車輛	1	四国電力	1
ヤンマーディーゼル	4	近畿車輛	1	九州電力	3
三井精機工業	1	日産自動車	6	大阪瓦斯	1
前田製作所	1	トヨタ自動車工業	4	東邦ガス	1
日立製作所	15	新明和工業	7	電源開発	4
東京芝浦電気	22	トキコ	2	TBS映画	1
三菱電機	13	曙ブレーキ工業	1	宝永興業	1
富士電機製造	4	萱場工業	1	愛媛新聞社	1
東洋電機製造	1	三国工業	1	合計	64
安川電機製作所	1	尾張精機	1		
日本電気精機	1	本多技研	1		
西芝電機	1	富士重工業	3		
大崎電気工業	1	三菱自動車工業	3		
森尾電機	1	富士バルブ	1		
日本電気	12	神戸船渠工業	1		
富士通	2	島津製作所	1		
沖電気工業	2	東京光学機械	1		
岩崎通信機	2	オリンパス光学工業	5		
日本信号	1	ユニオン光学	1		
日本無線	2	キヤノン	2		
松下電器産業	4	昭和光機製造	1		
三洋電機	1	ヤマト科学	1		
池上通信機	1	東京航空計器	2		
松下通信工業	1	山梨化成工業	1		
日本コロンビア	1	富士通化成	1		
合計	133	合計	104		

注

序章

（1）内田星美「昭和9年の技術者分布」（『技術史図書館季報』第16号，2001年4月）。
（2）沢井実『近代日本の研究開発体制』名古屋大学出版会，2012年，340頁。
（3）ここでは「軍民転換」を軍事部門から民間部門への移動，「軍官転換」を軍事部門から陸海軍以外の他の省庁・公的部門への移動の意味で使っている。
（4）百瀬孝『事典　昭和戦前期の日本─制度と実態─』吉川弘文館，1990年，354-355頁。
（5）今沢豊正・鈴木恒夫「海軍施設部門の事業　制度・人事」（『第9回日本土木史研究発表会論文集』）1989年6月，76頁。
（6）防衛庁海上幕僚監部調査部『日本帝国海軍の研究ならびに開発（1925-1945）』1956年，104-105頁，および田崎高義「海軍技術物語（1）─連載企画の主旨と執筆者について─」（『水交』第362号，1984年4月）10頁。海軍委託学生は海軍造船学生，同造機学生，同造兵学生，同様に海軍委託生徒も海軍造船生徒，同造機生徒，同造兵生徒に分かれた。海軍委託学生のなかの海軍造兵学生の場合，砲煩志望者は造兵学科，製鋼志望者は冶金学科，火薬志望者は火薬学科，火工品志望者は火薬学科，水雷志望者は造兵学科，機雷志望者は造兵学科，航海計器志望者は造兵学科（精密科），電気志望者は電気工学科，二次電池志望者は応用化学科，航空機機体志望者は航空学科，船舶工学科，機械工学科，航空機発動機志望者は航空学科，機械工学科の第一および第二学年生とされた（海軍有終会編『海軍士官を志す人の為めに』1937年，70-73頁）。
（7）海軍機関学校は「本校は海軍機関科将校を養成するところで，兵学校出身の兵科将校と共に海上部隊の中堅を成すエンヂニヤーの巣立つところである。機関科将校は海上にあつては，機関科員を指揮して機関操縦の任に当り，陸上にあつては機関の計画，製造，研究を始め，機関科員の教育・燃料・需品・材料の生産，供給・研究・調査其の他海軍諸官衙の機関に関する重要職員に配せられる」（海軍有終会編，前掲書，115頁）とされた。しかし兵科将校と機関科将校の関係が一貫して問題となった。「筆者なぞはいわゆる兵科将校で，まだよい方であるが，これが機関科将校となると，同期の兵科将校の下につくことになるので，くやしかったに違いない。これがいわゆる『機関科問題』といって，海軍部内の癌のようなものであった」（富岡定俊『開戦と終戦』中公文庫，中央公論新社，2018年，171頁）といわれ，「同じ庶民の中から選ばれた士官が，制度上差別待遇を受け」，また兵学校出が大将にまでなれるのに対して，機関学校出は中将相当官までしかいかない点も問題にされた（久保田芳雄『八十五年の回想』私家版，1981年，149頁）。そこで1942年には先にみたように兵科と機関科が統合されて兵科一本となった。この措置を受けて海軍機関学校は44年10月に廃止されて，海軍兵学校舞鶴分校となる。
（8）川村宏矣「海軍技術物語（27）─航空機用材料の研究に踏み入った経緯と選科学生制度─」（『水交』第392号，1986年12月）29頁。

(9) 今沢・鈴木，前掲論文，77 頁，および百瀬，前掲書，359-360 頁。
(10) 「造船官の記録」発行幹事編『造船官の記録』造船会，1966 年，648 頁。
(11) 沢井実『日本の技能形成―製造現場の強さを生み出したもの―』名古屋大学出版会，2016 年，134-135 頁。
(12) 防衛庁海上幕僚監部調査部，前掲書，106 頁。
(13) 増田弘『自衛隊の誕生―日本の再軍備とアメリカ―』中公新書，中央公論新社，2004 年，123-124 頁。
(14) 1919〜45 年の海軍技手養成所卒業者数は 1130 名に達する（技養同窓会編『海軍技手養成所卒業生名簿』第 5 回，1968 年，頁表記なし）。
(15) 沢井，前掲書，2012 年，119，129 頁。
(16) C. O. E. オーラル・政策研究プロジェクト『太田勇三郎（元曙ブレーキ工業副社長）オーラル・ヒストリー』政策研究大学院大学，2002 年，2-3 頁。
(17) 研究論文としては，野口晴利「軍服を着ていた技術者と戦後初期の研究・技術開発活動」（大阪大学『国際公共政策研究』第 11 巻第 1 号，2006 年 9 月）参照。ノンフィクション作品のなかでは，碇義朗『海軍航空技術廠』（光人社，1989 年），内藤初穂『海軍技術戦記』（図書出版社，1976 年），中川靖造『海軍技術研究所』（日本経済新聞社，1987 年），前間孝則『マン・マシンの昭和伝説』上下巻（講談社，1993 年），同『戦艦大和誕生』上下巻（講談社，1997 年），同『世界制覇』上下巻（講談社，2000 年），同『技術者たちの敗戦』（草思社，2004 年）などがとくに重要である。
(18) 沢井，前掲書，2012 年，「第 13 章　技術者の軍民転換と鉄道技術研究所」参照。
(19) 百瀬孝『事典　昭和戦後期の日本―占領と改革―』吉川弘文館，1995 年，345-352 頁。

第 1 章

(1) 牧野茂ほか「座談会　最近の艦艇について」（『船舶』第 27 巻第 10 号，1954 年 10 月）927 頁。
(2) 以上，井口常雄ほか「熔接の造船に対する応用」（『造船協会雑纂』第 268 号，1947 年 7 月）9 頁による。
(3) 平本厚「共同研究開発の国際比較―戦後造船業における日英比較分析―」（平本厚編著『日本におけるイノベーション・システムとしての共同研究開発はいかにして生まれたか―組織間連携の歴史分析―』ミネルヴァ書房，2014 年）238-239 頁。
(4) 沢井実「戦後間もないイノベーション―造船業におけるブロック建造法の確立過程―」（伊丹敬之ほか編『イノベーションと技術蓄積』ケースブック日本企業の経営行動，第 3 巻，有斐閣，1998 年）7 頁。
(5) 後掲付表 1-1 参照。
(6) 山縣昌夫ほか「座談会　船の電気熔接」（前掲『造船協会雑纂』第 268 号）6 頁。
(7) 以下，福田烈追悼集刊行会編『造船技術は勝てり』同会，1968 年，429-431 頁。
(8) 福田烈「電気熔接研究委員会報告」（『造船協会会報』第 80 号，1949 年 3 月）69 頁。
(9) 福田烈追悼集刊行会編，前掲書，61-62 頁。
(10) 同上書，69 頁。1945 年 12 月に播磨造船所呉船渠が設立され，GHQ からの指令にもと

づき運輸省船舶局から旧呉海軍工廠施設の一部を再開して，呉周辺の旧海軍の行動不能艦艇の解体撤去，復員業務艦船の保守業務を行うことを命じられた。呉船渠は46年4月から操業を開始し，朝鮮戦争が始まると特需工事にも対応し，英豪軍の損傷艦艇の修理業務も行った。51年8月にはNational Bulk Carriers (NBC) 社が播磨造船所呉船渠から一部の従業員（約660人）と施設を譲り受けてNBC呉造船部を発足させ，一方播磨造船所呉船渠は播磨造船所から独立して54年9月に呉造船所となった（呉造船所社内報編集局編『船をつくって80年』呉造船所，1968年，57頁，および桜井清彦編『造船官の記録　戦後編』海軍造船会，2000年，423-424頁）。

(11) 以下，福田烈追悼集刊行会編，前掲書，69頁による。
(12) 同上書，93頁。
(13) 飯尾憲士「艦と人─福田烈海軍技術中将と造船官の戦いの記録─」（『すばる』第5巻第2号，1983年2月）291-292頁。
(14) 以下，福田烈追悼集刊行会編，前掲書，157-158頁による。
(15) 以下，桜井編，前掲書，47-55頁による。
(16) 戦前・戦時期の西島の活動については，前間孝則『戦艦大和誕生』上下巻，講談社，1997年，「西島式カーブ」に代表される西島の生産・能率管理の詳細な内容については，上田修「生産・能率管理─高度成長期以前の造船産業を中心として─」（佐口和郎・橋元秀一編著『人事労務管理の歴史分析』ミネルヴァ書房，2003年）参照。
(17) 上田，前掲論文，231-232頁。
(18) 以上，桜井編，前掲書，48-50頁による。
(19) 以上，同上書，336-338頁による。
(20) 以上，同上書，240-241，299頁による。
(21) 以下，同上書，296-299頁による。
(22) 以上，同上書，301-306頁による。
(23) 以下，同上書，195，376-379頁による。
(24) 中村羨一「艦艇建造と造船業」（『防衛と経済』第2巻第9号，1953年3月）41頁。
(25) 前間孝則『世界制覇─戦艦大和の技術遺産─』上巻，講談社，2000年，95-96頁。横須賀海軍工廠で終戦を迎えた藤野宏（元技術大尉，1943年東大卒）は戦後石川島重工業，明楽工業，池上製作所と勤務先を変わり，49年に就職相談のために西島亮二と二人で三井造船本社を訪ねると，西島と東大同期（25年卒）の同社専務取締役からエレベータのなかで「中古は採用しない方針なので悪しからず」といわれ，「八階に到着する前に話が付いてしまったので二人はエレベータを降りずに引き揚げた」といった経験をしたという（桜井編，前掲書，338頁）。
(26) 以下，桜井編，前掲書，338-340，342頁による。
(27) 同上書，112頁。
(28) 以上，同上書，100-103頁による。
(29) 以上，同上書，74-75，205，519-520頁による。
(30) 以上，同上書，87-88頁による。
(31) 以上，吉田忠一「海軍技術物語（26）─『一般電気関係及び技術者の回想』②─」（『水

交』第391号, 1986年11月) 17頁。
(32) 以下, 桜井編, 前掲書, 64-69頁による。
(33) 以上, 同上書, 436頁による。
(34) 以下, 同上書, 458-465頁による。
(35) 以下, 同上書, 466-470頁による。
(36) 小野塚一郎「戦時中の商船建造に就て（第1回）」(『造船協会雑纂』第268号, 1947年) 32頁。
(37) 以下, 小野塚一郎『造船とわたくし』私家版, 1979年,「年譜」による。
(38) 同上書, 6頁。
(39) 同上書, 2頁。
(40) 以下, 桜井編, 前掲書, 39-40, 105頁, および牧野茂『牧野茂　艦船ノート』出版協同社, 1987年, 284-292頁による。
(41) エコノミスト編集部編『戦後産業史への証言　三　エネルギー革命　防衛生産の軌跡』毎日新聞社, 1978年, 247頁。
(42) 以下, 桜井編, 前掲書, 104-105頁による。
(43) 小野塚一郎「海軍技術物語 (6)—造船官の技術と人脈—」(『水交』第368号, 1984年10月) 23頁。
(44) 以下, 同上書, 66-69頁による。
(45) 石川島播磨重工業株式会社編『石川島播磨重工業社史』技術・製品編, 1992年, 450頁。
(46) 渋谷隆太郎「生産技術協会の満20周年を顧みて」(『生産技術』第21巻第3号, 1966年3月) 2頁。
(47) 大薗大輔「核心を摑む」(『浦賀技報』第5号, 1954年8月) 1頁。
(48) 桜井編, 前掲書, 127-128頁。若松の移動の契機は,「浦賀から, 誰か元海軍にいた造船屋を一人至急求めているということを, 緒明亮乍（技術少佐）が牧野茂（技術大佐）の意向を掲げて各造船所を回っていた」ことであった（同上書, 127頁）。
(49) 同上書, 128頁。日本アルゴンクインはG. T. R. キャンベル, 極東マックグレゴー（両社ともハッチカバーの会社）および石川島播磨重工業によって新設された会社であった（同上書, 128頁）。
(50) 以上, 堀田知道「SRFに於ける印象」(造船会編『続・造船官の記録』今日の話題社, 1991年) 665-667頁による。
(51) 牧野, 前掲書, 287頁。
(52) 1960年末時点で, 造機関係の元技術科士官4名（東大・京大・九大機械工学科卒および仙台高等工業学校機械科卒）が勤務していることを確認できる（生産技術協会編『海軍技術科（造機）士官名簿』1969年末現在）。
(53) 以上, 桜井編, 前掲書, 454-455頁による。
(54) 福田烈「浪人の寝言」(福田烈追悼集刊行会編, 前掲書所収) 284頁。
(55) 桜井編, 前掲書, 481頁。
(56) 片山信『日本の造船業』日本工業出版, 1970年, 142頁。

(57) 小野塚，前掲記事，1984年10月，22頁。
(58) 以上，桜井編，前掲書，472頁による。

第2章

（1）近藤市郎「日本海軍造機技術の回顧」（『日本舶用機関学会誌』第20巻第10号，1985年10月）4頁。海軍では原動機からプロペラに至る一連の装置だけでなく，発電装置，揚錨装置，砲塔旋回原動機なども造機部門が担当した（同上）。
（2）近藤市郎「海軍技術物語（7）―海軍造機技術の回顧と平和産業―」（『水交』第369号，1984年11月）23頁。
（3）例えば，海軍機関学校25期首席卒業（1916年11月）の久保田芳雄は21年9月にMITに入学し，23年にカレッジ・コース，24年6月にポスト・グラジュエイトのコースを終え，マスター・オブ・サイエンスの学位を取得して9月に帰国した（久保田芳雄『八十五年の回想』私家版，1981年，21-25，276頁）。海軍機関学校卒業生の留学状況については，第4章参照。
（4）以上，近藤，前掲論文，1985年，4頁による。
（5）以上，同上論文，4-5頁による。
（6）本書，第1章参照。
（7）以下，山岡浩二郎「わが青春の譜（3）」（http://sml.co.jp/documents/k-yamaoka/03.html?page=2）による。
（8）山岡孫吉「私の履歴書」（日本経済新聞社編『私の履歴書』経済人4，1980年）332頁。
（9）近藤，前掲論文，1985年，9頁。
（10）「（生産技術協会）会員名簿」（『生産技術』第2巻第7号，1947年8月）33頁。
（11）本書，第1章，27-28頁。
（12）前掲注（7）に同じ。
（13）トヨタ自動車編『創造限りなく　トヨタ自動車50年史』1987年，199-200頁。
（14）以上，同上書，258，277頁による。
（15）同上書，310頁。
（16）「会員名簿」（『生産技術』第2巻第12号，1947年12月）30頁。
（17）矢杉正一「所感」（『造船協会誌』第450号，1967年1月）3頁。
（18）同上論文，4頁。
（19）同上。
（20）矢杉正一「わが国の舶用タービンの発達について」（『日本舶用機関学会誌』第3巻第2号，1968年4月）11頁。
（21）「会員名簿」（『生産技術』第2巻第8号，1947年9月）31頁。
（22）渡島寛治「舶用プラントの問題点」（『日本舶用機関学会誌』第4巻第8号，1969年10月）3頁。このときの渡島は生産技術協会所属。
（23）同上論文，6頁。
（24）渡島寛治「終戦時における旧海軍第一技術廠材料部の主要研究実験事項等の状況（昭20.8.15現在）」（『生産技術』第25巻第2号，1970年2月）32頁，および裏表紙裏。

(25) 以上，飯田庸太郎『技術ひとすじ―三菱重工と私―』東洋経済新報社，1993 年，21-23，39 頁による。
(26) 以上，同上書，23，35 頁による。
(27) 同上書，37-38 頁。
(28) 同上書，38 頁。
(29) 以上，同上書，43 頁。
(30) 以上，同上書，44 頁。
(31) 荒井斎勇『機械工作入門』理工図書，1958 年，序（頁表記なし）。
(32) 新井斎勇『あらばん学校―日本的生産技術の原点―』日刊工業新聞社，1982 年，16-18，20 頁。
(33) 荒井斎勇「技術で勝負する三菱のエンジン」（『産業新潮』第 23 巻第 5 号，1974 年 4 月）145 頁。
(34)「会員名簿」（『生産技術』第 2 巻第 6 号，1947 年 7 月）32 頁。
(35) 以上，久保田，前掲書，141-142 頁による。
(36) 同上書，142 頁。
(37) 岡田実・岩崎巌「軟鋼電弧熔接部に表れる線状組織の研究（第 1 報）」（『溶接学会誌』第 20 巻第 1 号，1951 年 1 月）参照。
(38) 戸原春彦「新幹線のできるまでと気付かなかった点」（『日本ゴム協会誌』第 66 巻第 10 号，1993 年）66 頁。
(39) 佐野恒夫「国鉄を卒業して想う」（『鉄道工場』第 22 巻第 10 号，1971 年 10 月）2-3 頁。
(40) 同上記事，3 頁。
(41) 同上。
(42) 前掲「会員名簿」（『生産技術』第 2 巻第 6 号）32 頁。
(43) 伊東勇雄「潜水艦用エンヂン」（『船舶』第 28 巻第 3 号，1955 年 3 月）233，235 頁。
(44) 浜野清彦「艦艇用蒸気機関の現状」（『船舶』第 30 巻第 3 号，1957 年 3 月）256 頁。
(45) 以下，鎌田敬士編『先学訪問　鈴木弘編〜21 世紀のみなさんへ〜』2006 年，2-21 頁による。
(46) 以上，同上書，22-33 頁による。
(47) 以上，同上書，34-38 頁による。
(48) 鈴木弘「塑性加工とともに 40 年」（『生産研究』第 28 巻第 8 号，1976 年 8 月）3 頁。
(49) 以上，鎌田編，前掲書，39-41 頁による。
(50) 以上，同上書，45-46 頁による。
(51) 以下，早野龍五「追悼　野上燿三先生」（『理学部ニュース』第 40 巻第 2 号，2008 年 7 月）14 頁，および江尻宏泰「野上燿三先生を偲んで」（『物理学会誌』第 63 巻第 9 号，2008 年 9 月）721 頁による。
(52)「社団法人生産技術協会役員」（前掲『生産技術』第 2 巻第 6 号）34 頁。
(53) 久保田，前掲書，115-116 頁。
(54) 以上，「発刊の辞」（『生産技術』創刊号，1946 年 9 月，3 頁）による。
(55) 川村宏矣「軍需産業時代の生産技術に関する偶感」（前掲『生産技術』創刊号）55 頁，

および湯河透「追悼　川村宏矣先生　クリスチャンのメタラジスト」（『金属』第57巻第3号，1987年3月）60頁。

第3章

(1) 海軍大臣及川古志郎「海軍施設本部庶務規程」昭和16年8月1日（アジア歴史資料センター，Ref. No. C12070152200，防衛省防衛研究所）。
(2) 今沢豊正・鈴木恒夫「海軍施設部門の事業　制度・人事」（『第9回日本土木史研究発表会論文集』）1989年6月，76頁。
(3) 1934年に海軍予備学生制度ができ，最初は飛行科に適用され，後に兵科にも適用された。予備学生は大学・専門学校などの卒業生から採用され，採用後約1年の教育訓練の後，海軍予備少尉に任官された。兵科といっても艦船の航海・機関などには採用されず，陸戦を主とした（百瀬孝『事典　昭和戦前期の日本―制度と実態―』吉川弘文館，1990年，359頁）。
(4) 前掲注（2）に同じ。
(5) 同上論文，77頁。
(6) 空襲による被害が予想されるなか，軍需工場の地下工場化を推進するために1945年1月25日に運輸通信省地下建設本部が設置された。運輸通信省新橋地方施設部が地下建設本部を兼ね，同省の熱海・岐阜・下関地方施設部がそれぞれ地下建設本部の第一・第二・第三地下建設部隊を兼ねた（『官報』昭和20年1月25日，および宮崎政三・斉藤迪孝「土質基礎の回顧と点描　3．鉄道関係（その1）」『土と基礎』第21巻第12号，1973年12月，75頁）。
(7) 以上，海軍歴史保存会編『日本海軍史』第6巻，1995年，275-276頁，および運輸省50年史編纂室編『運輸省五十年史』1999年，63頁による。
(8) 以下，『海軍施設系技術官の記録』刊行委員会編『海軍施設系技術官の記録』1972年，91頁による。
(9) 同上書，34-35頁。
(10) 海軍歴史保存会編，前掲書，275頁。
(11) 『海軍施設系技術官の記録』刊行委員会編，前掲書，92-93頁。
(12) 同上書，97-98頁。
(13) 同上書，98-99頁。
(14) 同上書，100頁。
(15) 同上。
(16) 5月14日の閣議決定の前日には「運輸建設本部を建設省に併合する際の閣議諒解事項（案）」が作成され，そのなかで「同本部保管の資材，器具機械等は現状のまま建設省に引継ぐこと」とされており，終戦から3年近くたっても旧海軍施設本部の所有していた資材，機械器具が新生の建設省にとって魅力であったことを物語っていた（「運輸建設本部を建設省に併合する際の閣議諒解事項（案）」昭和23年5月13日，芦田内閣閣議書類（その3），国立公文書館デジタルアーカイブ）。
(17) 海軍歴史保存会編，前掲書，277頁。

(18)『海軍施設系技術官の記録』刊行委員会編，前掲書，100-103頁，および海軍歴史保存会編，前掲書，278頁。
(19)『第二十六回国会継続　参議院決算委員会会議録第四号』昭和32年6月13日，5頁。
(20)防衛庁建設本部につながる動きをみると，1950年8月の警察予備隊の創設とともに経理局営繕課がおかれて庁舎の建設等を行い，52年5月に工務局および警察予備隊建設部となり，同年8月の保安庁発足とともに経理局および警察予備隊建設部，同年10月に保安庁中央建設部となり，54年7月の防衛庁設置とともに建設本部となった。62年11月に建設本部と特別調達庁が統合して防衛施設庁となり，在日米軍関連業務を合わせて行うことになった（日本土木史編集委員会編『日本土木史—昭和16年～昭和40年—』土木学会，1973年，1700-1702頁）。
(21)『第二十九回国会　参議院決算委員会会議録第六号』昭和33年7月1日，5頁。
(22)防衛庁建設本部では施設建設を建設省の各地方建設局に委託する場合があった（加藤善之助「防衛庁大阪建設部の業務について」『京都府建築士会会報』第9号，1956年5月，5頁）。
(23)1942年まで神戸高等工業学校教授であったことが確認できる（江藤礼『応用力学計算法』上巻，土木雑誌社，1942年，奥付）。
(24)江藤礼「鹽田濃縮地盤の築造に就て」（『土木技術』第2巻第2・3号，1947年3月）。
(25)畑良昌「時の氏神」（神戸大学暁木会十六期生回顧録編集委員会編『神戸大学暁木会十六期生　激動の青春譜』1998年）273頁。
(26)以下，江藤礼「中空式重力ダムのオーバーハング部型枠」（『土木技術』第18巻第7号，1963年7月）15-18頁による。
(27)杉野進「水の道を歩む1」（『水』第442号，1990年1月）43頁。
(28)杉野進「水の道を歩む7」（『水』第448号，1990年7月）45頁。
(29)杉野進「水の道を歩む8」（『水』第450号，1990年8月）43頁。
(30)杉野進「水の道を歩む9」（『水』第451号，1990年9月）43頁。
(31)杉野進「水の道を歩む10」（『水』第452号，1990年10月）45頁。
(32)杉野進「水の道を歩む12」（『水』第455号，1990年12月）43頁。
(33)以下，赤井富弘「大先輩に聞く—小林清周—」（『建築と社会』第68巻第3号，1987年3月）4-5頁による。
(34)小林清周『ビルの維持管理』森北出版，1957年。同書の「序」において，小林は「ビルの維持管理の研究を始めてからすでに8年になる。当時はまだ戦争の名残りである迷彩塗料が，方々のビルの壁に黒々と残っており，エレベーターや，ラジエーター等が金属回収のため外されたままで，街のビルは見る影もなく荒れはてているものが多く見受けられた頃である」と回顧している（同上書，1頁）。
(35)「日本原燃サービス社長　小林健三郎」（『経営コンサルタント』第444号，1985年10月）115頁。
(36)小林健三郎「福島原子力発電所の計画に関する一考察」（『土木施工』第12巻第7号，1971年7月）118-119頁。
(37)以上，座談会「電力の将来とその問題点 (I)—原子力発電への道—」（『水温の研究』

第 14 巻第 6 号，1971 年 3 月）41-42 頁。
(38) 小林健三郎「原発は飛行機と似ている」（『エネルギーレビュー』第 4 巻第 8 号，1984 年 7 月）1 頁。
(39) 以下，村上圭三「鹿島道路株式会社　社長　橋本正二」（『道路建設』第 403 号，1981 年 8 月）32-33 頁による。
(40) 同上。
(41) 加藤善之助「防衛庁大阪建設部の業務について」（『京都府建築士会会報』第 9 号，1956 年 5 月）5 頁。
(42) 加藤善之助「バスターミナル計画」（『新都市』第 18 巻第 12 号，1964 年 12 月）93，95 頁。
(43) 以下，平賀謙一「私の思い出」（建設省建築研究所編『建築研究所 20 年のあゆみ』1966 年）205-207 頁による。
(44) 運建，建設省建設工事本部と変わっても，旧海軍施設本部の野外実験所（沼津）は存続し，建設機械の改良，技術員の養成，施工法の研究を続け，1949 年 7 月に土木研究所技術員養成所，53 年に土木研究所沼津支所となった（海軍歴史保存会編，前掲書，278-279 頁）。
(45) 以下，中川義英「大塚全一先生の業績」（『都市計画』第 44 巻第 3 号，1996 年 8 月）6 頁による。
(46) 石川允「大塚全一先生の御逝去を悼む」（同上誌）5 頁。
(47) 大島久次「団地の建設計画」（『建築技術』第 18 号，1952 年 11 月）35 頁。
(48) 大島久次「新国立スタジアムの建設事情」（『建設月報』第 10 巻第 2 号，1957 年 2 月）22 頁。
(49) 大島久次「私の半世紀に亘るコンクリート研究の歩み」（『コンクリート工学』第 28 巻第 9 号，1990 年 9 月）参照。
(50)「古賀雷四郎」（『開発往来』第 13 巻第 11 号，1969 年 12 月）15 頁，および「技監から参院議員へ　古賀雷四郎」（『月刊官界』第 11 巻第 8 号，1985 年 8 月）80-81 頁。
(51) 以下，古賀雷四郎「治水事業・新長期計画について」（『建設の機械化』169 号，1964 年 3 月）15-17 頁による。
(52) 前掲「技監から参院議員へ　古賀雷四郎」81-82 頁。
(53) 河東義方「温故知新」（『逓信協会雑誌』第 620 号，1963 年 1 月）36 頁。
(54) 青木寿・遠藤昭男・後藤博「名神高速道路舗装工事費総合分析の結果について」（『道路建設』第 228 号，1967 年 1 月）。
(55) 石田一夫・石田稔「小樽市における水道施設の集中管理計画の概要」（『水道協会雑誌』第 390 号，1967 年 3 月）。
(56) 笠松時雄「念願」（『建設業界』第 31 巻第 4 号，1982 年 4 月）51-52 頁。
(57) 以上，笠松時雄「対話の時代への転換」（『建設業界』第 24 巻第 8 号，1975 年 8 月）23 頁。
(58) 日本大学工学部機械工学科を 1943 年に卒業して技術科士官となった佐野忠行がはじめて「ブルドーザー」という言葉を聞いたのは，青島での集合教育での講義においてで

あった。土木工事といえば「人海戦術」,「失業救済」といった言葉が浮かぶ時代に教育を受けた佐野であったが，44年2月に沼津の施設本部野外実験所ではじめて押均機（ブルドーザー），鋤取車（キャリオールスクレーパ），掬揚掘削機（パワーショベル）などの土木機械をみた（佐野忠行「海軍築城土木機械の思い出」『海軍施設系技術官の記録』刊行委員会編，前掲書所収，414-415頁）。

第4章

（1）以上，水交会編『海軍兵学校　海軍機関学校　海軍経理学校』秋元書房，1971年，88-90頁による。入学資格が途中で中学校四修から一浪までとなったため，修業期間3年とすると，卒業時満19〜21歳ということになる。
（2）以上，同上書，92-93頁による。
（3）海軍機関学校海軍兵学校舞鶴分校同窓会世話人編『鎮魂と苦心の記録』1981年，347頁。
（4）村田駿『海軍機関学校史―同窓の友とその遺族のために―』アジア文化総合研究所出版会，2007年，268，296頁。
（5）以上，水交会編，前掲書，96-99頁による。
（6）以上，同上書，100頁による。
（7）海軍大臣官房編『海軍制度沿革』巻12，1940年，173-174頁。
（8）宇佐美寛『黒糸縅のサムライたち―海軍機関科士官の一側面―』原書房，2010年，33-35頁参照。
（9）前掲『鎮魂と苦心の記録』349頁。合計44名となり，1名足りないが，同左資料のままとした。
（10）宇佐美，前掲書，70-71頁。
（11）西川榮一「現存する旧海軍技術資料の所在と渋谷文庫」（『日本マリンエンジニアリング学会誌』第41巻第1号，2006年1月）78頁。
（12）宇佐美，前掲書，71頁，および座談会「渋谷隆太郎氏を囲んで」（『日本舶用機関学会誌』第8巻第7号，1973年7月）405頁。
（13）渋谷隆太郎「生産技術協会の満20周年を顧みて」（『生産技術』第21巻第3号，1966年3月）2-3頁。
（14）渋谷隆太郎「国防問題と科学技術行政」（『郷友』1965年7月号）6頁。
（15）榎本隆一郎『回想八十年　石油を追って歩んだ人生記録』原書房，1976年，257頁。
（16）同上書，258-264頁。
（17）同上書，271-272頁。
（18）同上書，276-279頁。
（19）同上書，281-283頁。
（20）宇佐美，前掲書，77，84頁。
（21）久保田芳雄『八十五年の回想』私家版，1981年，130-131頁。
（22）同上書，98-99頁。
（23）昭六級会編『昭六級会私史』1984年，628-629頁。

(24) 同上書, 648 頁。
(25) 同上書, 675-676 頁。
(26) 同上書, 676-678 頁。Y 委員会については, 本書, 第 6 章, 183 頁参照。
(27) 同上書, 688-689 頁。
(28) 同上書, 703 頁。
(29) 風戸健二「海軍技術物語（19）―海軍技術研究所に於ける開発体験と戦後の電子顕微鏡の企業化に就いて―」(『水交』第 382 号, 1986 年 1 月) 13, 16 頁。
(30) 以上, 風戸健二「海軍技術物語（20）―海軍技術研究所に於ける開発体験と戦後の電子顕微鏡の企業化に就いて―」(『水交』第 383 号, 1986 年 3 月) 17-21 頁による。
(31) 以上, 風戸健二「海軍技術物語（30）―海軍技術研究所に於ける開発体験と戦後の電子顕微鏡の企業化に就いて（その三）―」(『水交』第 397 号, 1987 年 6 月) 25-29 頁による。
(32) 「追悼栗田春生」編集委員会編『追悼栗田春生』1983 年, 巻末年譜。
(33) 宇佐美, 前掲書, 114-115 頁。
(34) 機五十三期記念誌刊行会編『海ゆかば　海軍機関学校第五十三期入校五十周年記念誌』1991 年, 229 頁。
(35) 宇佐美, 前掲書, 121-122 頁。
(36) 前掲『鎮魂と苦心の記録』広告頁。
(37) 以上, 機五十三期記念誌刊行会編, 前掲書, 229-230 頁による。
(38) 同上書, 270-271 頁。
(39) 同上書, 282-283 頁。
(40) 同上書, 302-306 頁。
(41) 機五四期級会編『あおば―海軍機関学校第五四期卒業五〇周年記念誌―』1994 年, 135 頁。
(42) 同上書, 136 頁。
(43) 同上書, 137 頁。
(44) 同上書, 138 頁。
(45) 同上書, 139 頁。
(46) 同上書, 140 頁。
(47) 同上書, 141 頁。
(48) 同上書, 142 頁。
(49) 同上書, 143 頁。
(50) 同上書, 145 頁。
(51) 同上書, 147 頁。
(52) 同上書, 148 頁。
(53) 同上書, 149 頁。
(54) 同上書, 150 頁。
(55) 同上書, 151 頁。
(56) 同上書, 152 頁。
(57) 同上書, 153 頁。

(58) 同上書，155 頁。
(59) 同上書，156 頁。
(60) 同上書，157 頁。
(61) 同上書，160 頁。
(62) 同上書，161 頁。
(63) 同上書，163 頁。
(64) 同上書，164 頁。
(65) 同上書，165 頁。
(66) 同上書，167 頁。
(67) 同上書，169 頁。
(68) 同上書，170 頁。
(69) 同上書，174 頁。
(70) 同上書，177 頁。
(71) 同上書，181 頁。
(72) 同上書，182 頁。
(73) 同上書，183 頁。
(74) 同上書，184 頁。
(75) 同上書，187 頁。
(76) 同上書，188 頁。
(77) 同上書，189 頁。
(78) 同上書，192 頁。
(79) 同上書，193 頁。
(80) 同上書，194 頁。
(81) 同上書，196 頁。
(82) 同上書，198 頁。
(83) 同上書，200 頁。
(84) 同上書，201 頁。
(85) 同上書，202 頁。
(86) 同上書，203 頁。
(87) 同上書，205 頁。
(88) 同上書，206 頁。
(89) 同上書，207 頁。
(90) 同上書，208 頁。
(91) 同上書，209 頁。
(92) 同上書，210 頁。
(93) 同上書，214 頁。
(94) 同上書，215 頁。
(95) 同上書，217 頁。
(96) 同上書，218 頁。

(97) 同上書, 223 頁。
(98) 「職業軍人」なる言葉がいつから流布するようになったのか確認できないが, 1945 年 11 月 30 日の衆議院本会議において北昤吉は「一般国民カラ義勇公ニ奉ジテ戦線ニ立ツタル軍人並ニ職業軍人ト, 動モスレバ軽蔑的ニ解釈サレル, 私ノ解釈ニ依レバ, 専門家トシテノ軍人, 士官学校ヲ卒業シ, 或ハ陸海軍各種ノ専門ノ学校ヲ卒業致シマシタ『エキスパート』トシテノ軍人, 是ハ軍閥ト何等ノ関係ノナイモノデアル」と発言し,「職業軍人」を軽蔑するような敗戦後の風潮を批判した。続けて北は「軍閥ハ主トシテ専門的ノ教育ヲ受ケタ軍人ノ一団デ政治経済ヲ掌握シ, 国政ノ向フベキ方向ヲ左右シタモノト解釈スル」,「国家ノ干城トシテ戦線ニ立ツテ, 国ノ危キニ応ジタ者ハ, 私ハ依然トシテ戦勝戦敗ニ拘ラズ, 尊敬スベキ軍人デアルト感ズルノデアリマス（拍手）」と発言した（第八十九回帝国議会『衆議院議事速記録』第四号, 昭和 20 年 12 月 1 日, 45 頁）。
(99) 前掲注 (77) に同じ。
(100) 高橋俊作「海軍の復活を夢見た日々」(『水交』第 616 号, 2010 年 9・10 合併号) 17-19 頁。
(101) 前掲注 (83) に同じ。

第 5 章

(1) 日本技術士会の詳細については, 沢井実『近代日本の研究開発体制』名古屋大学出版会, 2012 年, 第 19 章「戦後における技術士の誕生」参照。
(2) 沢井実『帝国日本の技術者たち』吉川弘文館, 2015 年, 156 頁。
(3) 佐藤正典『一科学者の回想』1971 年, 260, 266-272 頁。
(4)「座談会記録　機関車罐に関する研究座談会」(『日本機械学会誌』第 52 巻第 366 号, 1949 年 6 月) 176 頁。
(5) 朝鮮総督府編『朝鮮総督府及付属官署職員録』各年版参照。
(6) 三木忠直「桜花設計記」(三木忠直・細川八朗『神雷特別攻撃隊』山王書房, 1968 年) 21-22 頁。
(7) 同上書, 24 頁。
(8) 三木忠直・桐生五郎・中村精「『新幹線』『東京タワー』『黒四ダム』建設者大いに語る」(『文芸春秋』第 79 巻第 1 号, 2001 年 1 月) 317 頁。この発言の 10 年前にも三木は「人間の大きな罪である戦争の悲惨さ非情さが脳裏に沁み込み, 戦後は戦争に直接関係する仕事にはつくまいと決心した」と記している（三木忠直「飛行機から鉄道へ」『トライボロジスト』第 37 巻第 1 号, 1991 年 1 月, 52 頁）。
(9) 以上, 漢那寛二郎「私の失敗談」(『鉄道工場』第 7 巻第 11 号, 1956 年 11 月) 14-15 頁による。
(10) 同上記事, 15 頁。
(11) 中田金市「ガスタービン機関車の思い出」(『日本ガスタービン学会誌』第 15 巻第 58 号, 1987 年 9 月) 1 頁。
(12) 同上。なお近藤俊雄は空技廠発動機部第一科主任, 川村宏矣は材料部長であった。戦後鉄研では大量の技術者を受け入れたため, 1946 年 9 月に従来の第一部〜第六部に加え

て理学第一部〜理学第三部および第七部を新設した。しかし49年6月の日本国有鉄道誕生と同時に理学第一部〜理学第三部は廃止され、代わって第八部が新設された。また第七部が所掌していた港湾施設等に関する実地研究は、同月に新設された運輸省港湾局技術研究課に移管された（沢井、前掲書、2012年、350、364頁）。

(13) 中田、前掲記事、2頁。
(14) 田中武雄編『夏島去来—太平洋戦争50周年回顧録—』海軍航空技術廠発動機部第一工場会、1992年、233、239、240頁。なお後に追放の条件は緩和され、1941年12月8日以後に任官した者は追放令解除となった（同上書、240頁）。
(15) 中田、前掲記事、2頁。
(16) 以上、松平精・国松賢四郎・河野忠義・西亀達夫・保原光雄「鉄道技術進展の礎として」（『交通技術』第28巻第5号、1973年5月）176頁による。
(17) 伊藤鎮「工作屋の脇小道」（『日本機械学会論文集（C編）』第50巻第453号、1984年5月）746頁。
(18) 松平・国松・河野・西亀・保原、前掲記事、177頁。
(19) 河野忠義「鉄道技術研究所のあり方について—研究所における再組織に関する覚書—」（『交通技術』第11巻第5号、1956年5月）3頁。
(20) 同上論文、4頁。
(21) 以下、松木正勝「山内正男氏を偲んで」（『日本ガスタービン学会誌』第39巻第1号、2011年1月）ii頁による。
(22) 鈴木春義「私の経験」（『溶接学会誌』第59巻第6号、1990年9月）3-4頁。視察の成果は、鈴木春義「米国の溶接研究所雑感（1）—何を学ぶべきか—」（『溶接学会誌』第31巻第9号、1962年9月）および同「米国の溶接研究所雑感（2）—何を学ぶべきか—」（『溶接学会誌』第31巻第10号、1962年10月）として発表された。
(23) 疋田遼太郎「航空機」（『日本機械学会誌』第60巻第465号、1957年10月）62頁。
(24) 同上論文、64頁。
(25) 林篤・鈴木勇「東京駅丸の内駅舎の保存・復原」（『JR EAST Technical Review』第52号、2015年）65頁。
(26) 成田春人「高山馨君の業績を讃ふ」（『建築雑誌』第57巻第700号、1943年7月）505頁。
(27) 太田和夫「成田春人さんの思い出」（『建築雑誌』第107巻第1327号、1992年5月）85頁。
(28) 井上英彦「成田春人様の思い出」（同上誌）85頁。
(29) 森井孝「成田先生をしのんで」（同上誌）85頁。
(30) 運輸通信省編『鉄道技術研究所概要』1943年、4-7頁。
(31) 「新博士2人」（『鉄道技術研究資料』第17巻第12号、1960年12月）44頁。
(32) 沢井、前掲書、2012年、366-368頁。
(33) 南満州鉄道株式会社経済調査会編『満洲会社考課表集成』1936年、156頁。
(34) 日本工営、パシフィックコンサルタンツについては、沢井、前掲書、2015年、189-194頁参照。

(35) 以上，広瀬貞三「朝鮮総督府の土木官僚本間徳雄の活動―朝鮮・満州国・中国・日本―」(『福岡大学人文論叢』第49巻第2号，2017年9月) 589-611頁による。
(36) 同上論文, 611-617, 623頁による。
(37) 貴志二一郎「名誉会員藤井勝也氏を悼む」(『ファルマシア』第2巻第5号，1966年5月) 303頁。
(38) 板垣啓四郎「第5章 戦後農村の復興に果たした農協の役割―鹿児島県北西部の農村を事例にして―」(水野正己・佐藤寛編『開発と農村―農村開発論再考―』日本貿易振興機構アジア経済研究所，2008年) 154頁。
(39) 復興建設技術協会については，沢井，前掲書，2012年，494頁参照。
(40) 沢井，前掲書，2015年，159頁。
(41) 空閑徳平「立おくれを取りかえそう」(『建設の機械化』第28号，1952年6月) 1頁。
(42) 同上。
(43) 空閑徳平「昭和初期と現在のダム構築の相違―主としてコンクリートダムについて―」(『電気とガス』第10巻第5号，1960年5月) 16頁。
(44) 以下，「工藤宏規略歴」(工藤宏規編『日本の理論包蔵水力』東洋経済新報社，1958年) 183-184頁による。
(45) 国内電源開発に対する鮎川の取り組みについては，宇田川勝『日産の創業者 鮎川義介』(吉川弘文館，2017年) 172-177頁参照。
(46) 石垣用大「故工藤宏規氏の構想」(『電気協会雑誌』1956年8月号) 285-286頁。
(47) 調査団長久保田豊「スマトラ電力開発並ニ右電力ニ即応スル工業立地調査第一回概表」昭和18年3月2日，および同「スマトラ島トバ湖発電並ニ化学工業新設計画書」昭和18年3月2日 (両史料ともアジア歴史資料センター, Ref. No. B08060400200, 外務省外交史料館) 参照。
(48) 沢井，前掲書，2015年，158, 190頁。
(49) 名須川秀二「高速道路 思い出あれこれ」(『高速道路と自動車』第22巻第7号，1979年7月) 22頁。
(50) 以上，同上論文，23頁による。
(51) 以下，草野真樹「第二次世界大戦後におけるわが国石炭産業の技術導入―炭鉱技術者浅井一彦と財団法人石炭綜合研究所の活動に焦点をあてて―」(『エネルギー史研究』第17号，2002年3月) 7-9頁による。
(52) 以下，「瀬古新助先生と語る」(『土と基礎』第31巻第9号，1983年9月) 90-94頁による。
(53) 同上記事，91頁。
(54) 地下水の多い地盤を掘削する際の補助工法の一つで，真空ポンプによる集水を行うことで，強制的に排水する。
(55) 前掲「瀬古新助先生と語る」94頁。
(56) 城間朝吉「思い出話」(『火力発電』第22巻第5号，1971年5月) 1頁。
(57) 城間朝吉「苅田発電所の運転実績について」(『火力発電』第9巻第2号，1958年3月) 参照。

（58）以下，坂口甫「異郷に散った先輩大野祐武氏をしのぶ」（『発電水力』第 96 号，1968 年 9 月）76-77 頁による。
（59）以上，「小松信一郎先生」（『白梅学園短期大学紀要』第 23 巻，1987 年）135 頁による。
（60）沢井，前掲書，2015 年，180-181 頁。
（61）川村宏矣「研究開発　30 年の成果――開発技術者の回想―」（『金属』第 37 巻第 9 号，1967 年 5 月）33 頁，湯河透「追悼　川村宏矣先生　クリスチャンのメタラジスト」（『金属』第 57 巻第 3 号，1987 年 3 月）60 頁，および沢井，前掲書，2012 年，271，365，571 頁。
（62）川村，前掲記事，1967 年 5 月，33 頁。
（63）同上記事，35 頁。
（64）同上記事，37-38 頁。
（65）1961 年にアメリカの溶接研究を視察した後，鈴木春義は「他国の新技術を金を出して導入するのは正当なことであるが，正当の代価を支払わないで真似ることはたとえ商売上手と云われても，それは小ざかしい猿真似であり，将来一流国を目指すわれわれ日本人に許されるべきことではない」と断言した（鈴木，前掲論文，1962 年 10 月，19 頁）。

第 6 章

（1）以下，保科善四郎「我が新海軍再建の経緯」（河村幸一郎編『保科善四郎白寿記念誌 至誠動天』所収，財団法人日本国防協会，1989 年）156-157 頁による。
（2）現実はそれほど簡単ではなかった点については，本書，第 1 章参照。
（3）以下，保科，前掲「我が新海軍再建の経緯」188-195 頁による。
（4）以上，杉本修『わが空への歩み』私家版，1967 年，83-84 頁による。旧海軍関係者による海軍再建，防衛のあり方に関する検討はこのときが最初ではない。本章第 2 節参照。
（5）愛甲文雄「開会の辞」（「保科夫妻を囲む会の会と参会者の思出集」編集委員会編『保科夫妻を囲む会の会と参会者の思出集』1979 年）11-12 頁。
（6）杉本，前掲書，84 頁。
（7）池上二男「祝辞」（前掲『保科夫妻を囲む会の会と参会者の思出集』）22 頁。
（8）海兵 53 期。戦後日本兵器工業会への就職に際して保科の支援を得たという（泉雅爾「保科先生と私」同上書，44 頁）。
（9）永井によると，「昭和四十三年の頃に（中略）当時の福田大蔵大臣の個人的事務所で先生と二人だけでお話を伺い，海空技術調査会のお仕事を手伝うことになりました」という（永井昇「保科先生と私」同上書，117 頁）。
（10）筑土竜男は「海上自衛隊を退いてから，御縁あって海空技術調査室の末席に加えさせて頂き，月二回の直接の（保科の―引用者注）御薫陶に浴するという幸せの身となった」と述べている（筑土竜男「保科先生と私」同上書，103 頁）。
（11）石榑信敏が調査室に参加したのは愛甲文雄からの誘いがきっかけであった（石榑信敏「保科先生と私」同上書，50-51 頁）。
（12）愛甲，前掲記事，12 頁。
（13）関野英夫「保科先生への感謝の言葉」（前掲『保科夫妻を囲む会の会と参会者の思出

集』）87 頁。
(14) 保科，前掲「我が新海軍再建の経緯」189 頁。
(15) 以上，杉本，前掲書，85 頁による。
(16) 保科善四郎「防衛生産力の再建と石川会長」（経済団体連合会編『石川一郎追想録』1971 年）315 頁。なお海空技術懇談会から海空技術調査室，さらに海空技術調査室から海空技術調査会への名称変更がいつ行われたのか，特定できない。
(17) 経済団体連合会防衛生産委員会編『防衛生産委員会十年史』1964 年，44-49 頁。
(18) 千賀鉄也「よみがえる軍需産業」（エコノミスト編集部編『戦後産業史への証言 三 エネルギー革命 防衛生産の軌跡』毎日新聞社，1978 年）220，228 頁。保科，多田，清水，福田の 4 名は全員創設時からの海空技術懇談会会員であった（付表 6-1（3），付表 6-1（4），付表 6-1（6）参照）。
(19)「防衛生産をめぐる人々」（『日本及日本人』第 4 巻第 5 号，1953 年 5 月）69 頁。
(20) 名田清「わが国航空機工業再建の問題点」（『水交シリーズ』第 6 号，1954 年 7 月）15 頁。
(21) 以上，千賀，前掲記事，220，228，232 頁による。経団連試案の詳細については，経済団体連合会防衛生産委員会編，前掲書，90-96 頁参照。
(22) 経済団体連合会防衛生産委員会編，前掲書，91-93 頁。
(23)「秘海軍辞令公報　甲　第 1861 号」昭和 20 年 7 月 19 日（アジア歴史資料センター，Ref. No. C13072106200，防衛省防衛研究所）。
(24) 保科，前掲「我が新海軍再建の経緯」159，161 頁，および増田弘『自衛隊の誕生—日本の再軍備とアメリカ—』中公新書，2004 年，112-113 頁。
(25) Y 委員会の活動の詳細については，柴山太『日本再軍備への道』ミネルヴァ書房，2010 年，537-546 頁参照。
(26) 保科，前掲「我が新海軍再建の経緯」181-182 頁。
(27) 愛甲，前掲記事，10-11 頁。
(28) 保科善四郎「日本防衛の具体策」（『水交シリーズ』第 2 号，1953 年 11 月）13-14, 16-17 頁。
(29) 同上記事，17-18 頁。
(30) 同上記事，19-22 頁。
(31) 同上記事，23 頁。
(32) 保科は 1955 年 2 月の第 27 回総選挙に宮城 1 区から日本民主党公認で出馬してトップ当選し，67 年 1 月の第 31 回総選挙で落選するまで 4 期 12 年衆議院議員を務めた。
(33) 久住忠男「保科さんと軍事研究グループ」（前掲『保科夫妻を囲む会の会と参会者の思出集』）72 頁。
(34) 保科，前掲「防衛生産力の再建と石川会長」316 頁。
(35) 以上，村上武『22 人の政治家』内政図書出版，1956 年，187, 191 頁。
(36)『第二十二回国会衆議院　内閣委員会議録第四十八号』昭和 30 年 7 月 27 日，1, 4 頁。
(37)「自由民主党政務調査会国防部会答申」昭和 30 年 12 月 16 日（前掲『保科夫妻を囲む会の会と参会者の思出集』）217，226 頁。

(38) 以上,『第二十四回国会衆議院 内閣委員会議録第十一号』昭和 31 年 2 月 23 日, 3-4 頁による。
(39) 保科善四郎「防衛装備国産化懇談会の使命」(『兵器と技術』1961 年 11 月号) 1 頁。
(40) 池上, 前掲「祝辞」24-25 頁, および経済団体連合会防衛生産委員会編, 前掲書, 275-281 頁。
(41) 同上書, 279-280 頁。
(42) 同上書, 280 頁。
(43) 同上書, 272-275 頁。
(44) 保科善四郎「長期防衛生産計画の樹立と政府機構の改革」(『日本兵器工業会会誌』第 100 号, 1956 年 10 月) 13 頁。
(45) 池上, 前掲「祝辞」22 頁。
(46) 海空技術懇談会調査室『防衛庁の省昇格と総理大臣の自衛隊指揮権』(海空技調第 49 号) 1956 年 2 月 2 日。
(47) 同上文書, 2 頁。
(48) 以上, 同上文書, 5, 7 頁による。
(49) 海空技術調査室「三七年度防衛予算解説摘要」(『水交』第 105 号, 1962 年 3 月) 15 頁。
(50) 海空技術調査室「四〇年度防衛予算」(海空技調第 409 号) 1965 年 1 月 23 日。
(51) 同上書, 1-2 頁。
(52) 同上書, 7 頁。
(53) 久住, 前掲記事, 74-75 頁。
(54) 海空技術調査会編『海洋国日本の防衛』原書房, 1972 年,「出版および編集のことば」1 頁。
(55) 自民党安全保障調査会編『日本の安全と防衛』原書房, 1966 年, v-vi 頁。
(56) 海空技術調査会編, 前掲書, 3 頁。
(57) 海空技術調査会編, 前掲書。
(58) 海空技術調査会「核拡散防止条約の問題点 (下)」(『郷友』1967 年 7 月号) 6 頁。
(59) 海空技術調査会「自主防衛と対潜問題」(『軍事研究』第 6 巻第 6 号, 1971 年 6 月)。
(60) 同上論文, 125 頁。
(61) 以上, 海空技術調査会 (関野英夫)「自主防衛と対潜問題 (追補)―海原国防会議事務局長の批判に答える―」(『軍事研究』第 6 巻第 7 号, 1971 年 7 月) 146, 152-153 頁による。
(62) 愛甲文雄「名和さんと私」(名和武追想録刊行会編『名和武追想録』1973 年) 191 頁。
(63) 三波工業などと並んで, 同社は 1946 年 5 月に名和武らが中心となって設立した電気関係の海軍技術者の受け皿的企業であった (沢井実『近代日本の研究開発体制』名古屋大学出版会, 2012 年, 342 頁)。
(64) 第 4 章でみたように日本燃料の社長木山正義は海軍機関学校 40 期であり, Y 委員会において秋重実惠の代役を務めることもあった。
(65) 1946 年 3 月に発足した財団法人文化復興史料調査会 (会長は富岡定俊元海軍少将, 元軍令部作戦部長) を継承して設立された財団法人史料調査会では, 富岡, 関野英夫, 福

井静雄らを中心にして海軍関係の資料収集が行われた（西川榮一「現存する旧海軍技術資料の所在と渋谷文庫」『日本マリンエンジニアリング学会誌』第41巻第1号，2006年1月，77-78頁）．
（66）船舶設計協会の活動については，第1章参照．
（67）山口信助「古市竜雄さんの思い出」（海軍電波関係物故者顕彰慰霊会編『海軍電波追憶集』第4号，1965年）47-48頁．
（68）1983年時点で電電公社には短現技術科士官41名を中心にして，海軍に籍をおいたことのある約200名によって電電水交会が組織されていた（太田隆美編『今に生きる海軍の日々―短現技術科士官の手記―』楡書房，1983年，133頁）．
（69）山口，前掲記事，48頁．

終章

（1）保阪正康編『「戦艦大和」と戦後　吉田満文集』ちくま学芸文庫，筑摩書房，2005年，499頁．
（2）同上書，500頁．
（3）島尾敏雄・吉田満『新編　特攻体験と戦後』中公文庫，中央公論新社，2014年，44頁．
（4）大東亜問題研究会・科学技術体制研究会・第三分科会案（二）『大東亜に於ける総合技術体制』1943年1月（アジア歴史資料センター，Ref. No. C12120368100，防衛省防衛研究所所蔵，国策研究会綴）．
（5）大東亜問題研究会・科学技術体制研究会・第四分科会『大東亜共栄圏民族工作と技術体制』1943年1月（アジア歴史資料センター，Ref. No. C12120367300，防衛省防衛研究所所蔵，国策研究会綴）．
（6）松前重義『東亜技術体制論』科学主義工業社，1941年，49-50頁．
（7）多田礼吉は井上匡四郎，八木秀次に次いで第3代技術院総裁を1945年5月から9月まで務めた．
（8）多田礼吉「南方科学旅行の印象」（『科学南洋』第15号，1944年6月）107頁．
（9）科学技術動員協会編『南方科学紀行―南方建設と科学技術―』科学主義工業社，1943年，227頁．
（10）同上書，231，234頁．
（11）第八十八回帝国議会『衆議院議事速記録』第二号，昭和20年9月6日，6-7頁．
（12）日中戦争勃発当初の海軍による渡洋爆撃はその一例である．
（13）「我国科学技術ノ将来ニ就テ」昭和20年11月21日（『大来佐武郎文書』3，東京大学社会科学研究所所蔵）117頁．
（14）島尾・吉田，前掲書，90頁．
（15）太田隆美編『今に生きる海軍の日々―短現技術科士官の手記―』楡書房，1983年，311，318頁．
（16）同上書，161，314頁．

あとがき

　本書は，海軍技術者の戦後の歩みをたどることを通して，戦後日本の経済社会，産業技術の特質の一端を探る試みである。第1章（初出は「戦後における元造船官の活動に関する一考察」，南山大学『アカデミア』社会科学編，第13号，2017年6月）および同付論（「戦後における元造船官の経歴に関する資料」，『大阪大学経済学』第66巻第1号，2016年6月）は既発表論文・資料に若干の修正を加えたものであるが，第3章は既発表資料（「海軍施設系技術官の戦後に関する資料」，『大阪大学経済学』第67巻第1号，2017年6月）にもとづいて新たに書下ろし，その他の各章はすべて完全な書下ろしである。

　近現代日本の経済発展および企業経営と技術者のかかわりについて考察するなかで陸海軍の技術者が戦後の経済復興，高度成長，さらに防衛生産の展開に与えた影響がたえず気になっていたが，今回は量的に陸軍技術者を上回る海軍技術者を取り上げることにした。しばしば技術的に進んだ海軍，遅れた陸軍といった指摘がなされるが，そうした印象論は実証的根拠のあるものではない。陸海軍の技術を担った個々の技術者の能力，資質において差があったように思われない。格差が生じたとしたら，技術者の養成方法，登用のあり方，対外的な技術収集方法，軍産学連携体制のあり方などさまざまな側面から検討されるべき課題であるが，これは本書の範囲を超えている。

　戦時期を経験し，生き残った海軍技術者の多くは戦後復興期，高度成長期にはまだ現役世代として活躍した。まさしく吉田満が指摘するように「高度成長路線の推進にあたって，戦争経験世代は，実務面の主役としてはたらいてきた」のである。本書を書き終えたいま改めて戦後が戦前・戦時期から受け取ったものの大きさ，重さを実感する。戦前・戦時の重さに規定されつつ戦後は何を主体的に選択したのかを考えるとき，戦前と戦後の「連続と断絶」は依然として社会科学上の大きなテーマである。敗戦という大きな断絶を超えて戦後を切り開いていった海軍技術者は正しく一身に「連続と断絶」を体現する存在で

あった。

　その彼らがどういう思いを抱えつつ自らの戦後を切り開いていったのかを知りたいというのが，本書を執筆した動機である。総力戦を遂行するためには優秀な技術者を総動員しなければならなかった。しかしちょうど水が高いところから低いところに流れるように，復員した優秀な元軍事関連技術者が民間部門に就職することによって民間部門の技術が大きく向上したとする従来の議論には，少なからず違和感をもっていた。

　執筆にあたり留意したことのひとつは，当然のことながら戦時期に優秀な技術者を軍事部門に動員したことの機会費用の大きさをどう考えるかである。例えば短期現役制度によって民間部門から軍事部門に移動した技術者は，元の会社に留まって民生技術を開発するチャンスをいったんは失ったのである。軍事技術の開発に貢献したかもしれないが，民生技術開発の可能性を摘んだことを忘れる訳にはいかない。

　もうひとつは「連続と断絶」を体現する海軍技術者がどんな思いを抱えながら戦前・戦中・戦後を生き抜いたかを問う視点である。本書第5章の「おわりに」に登場する川村宏矣は，戦時中は海軍航空技術廠材料部長として軍官産学共同研究を主導する立場にいた。大学関係者を動員したことに関して，川村は「終戦後公開の席上でこの問題で面罵された事もあり，軍にいた者の一人として責任を感じている次第である。然し先生方の中にも勲章が欲しかった人もなきにしもあらざりし事も亦反省して戴き度い」（川村宏矣「金属材料」，寺井邦三ほか『航空技術の全貌』下巻，日本出版協同，1955年，415〜416頁）として，動員される側がたんなる客体として受け身の存在ではなかったことを指摘している。

　海軍技術者のこうした思いのひとつひとつを拾い集め，そこから彼らの戦後の歩みの特質を明らかにしたいと考えた。海軍技術者が民間部門に移動することによって民間企業の民生技術が大きく向上したことは動かない事実であるように思われるが，技術者の軍民転換のみが技術向上の唯一の要因ではない。技術者の行動を規定するさまざまな要因，なかでも主体的要因に関わる問い，すなわち仲間の死を見ながら生き残ったものとして海軍技術者たちは何を考えな

がら戦後の日々の職務に精励していたのか，また全身全霊を傾けて自らを投企した戦争から彼らは何を汲み取ったのか，そうした問いを不問に付したまま優秀な軍事技術の担い手が民間に移ることによって民生技術の向上が実現したと結論することは，一面的な評価であるように思えた。戦時にも戦後にも一貫して優秀な技術者は有用な存在であるという結論は，その時代時代の主人の要請に忠実に応える従者，政治や軍事の要請に応える道具としての技術，その担い手である技術者といった観念を強化するものではないだろうか。

しかし技術は政治や軍事のあり方に規定されると同時に政治や軍事に大きな影響を与えうる存在でもあるという技術の二面性，その担い手である技術者の政治や軍事に対する受動性と能動性の両面に思いを馳せないかぎり，日本帝国の拡大，戦争，戦後復興と技術者の複雑なかかわりを十分には理解できないだろう。欧米に敗れたことを語る陸海軍技術者は多かったが，戦後の「留用」や引き揚げについて語ることはあっても，科学技術において勝っていたはずの日本が中国に敗れたことの意味を正面から受け止める発言は少なかった。

死者は語らず，生者にも語られたことの背後には語ることのできない無数の体験が控えている。さらにいえば生者の発言の周りには，発言しない生者たちの存在があった。本書では主に造船・造機・施設系の海軍技術者，さらに海軍機関学校卒業者たちが戦後に達成したものだけでなく，戦後日本の再軍備過程への彼らのコミットメントについても考察を加えた。戦後の元海軍技術者の行動の背後にあったものを，彼らの発言，彼らの技術観などを通して理解しようと努めた。本書が辿り着いたひとつの結論が技術ナショナリズムである。技術ナショナリズムの根底には，敗戦国日本の技術的後進性への痛切な自覚と後進性からの脱却こそ生き残った者の使命であるとする強烈な意識があった。敗戦責任は兵科将校だけのものではなく，われわれ技術者の責任も大きい。そうした責任を背負うこととは，たえず先進国から学び続け，導入消化した技術に独自の要素を加えながら誇るべき国産技術を育て上げることであった。

しかし一方で科学技術で勝っていたはずの中国との全面戦争に敗れたこと，さらにいえばそうした戦争に入っていった開戦責任と戦前日本の科学技術のあり方の関係を問う視点は，海軍技術者だけでなく戦後日本社会全体に決定的に

弱いように思われる。経済的な対外競争力を支える科学技術への信頼は敗戦によっても揺るがず，無傷のまま戦前から戦後に継承された。道具としての科学技術に目標を与えるのは広い意味での政治であるといった認識には，大きな欠落がある。ときには科学技術が政治の判断を大きく規定することがあること，そうした科学技術の政治性，能動性は原爆開発に限られたことではない。戦前も戦後も大小さまざまな局面で科学技術は政治や軍事に大きな影響を与えてきた。

　読者諸賢が技術と政治・経済のあるべき関係を考える際に本書が何らかの素材を提供することができたなら，執筆者としてこれに勝る喜びはない。

　本書の刊行に際して，今回も名古屋大学出版会編集部の三木信吾氏にたいへんお世話になった。三木氏の実直なお仕事に支えられながら何とかここまでたどり着くことができた。三木氏からの的確なコメントに応えきれず残された課題も多いが，これからの仕事を通して考え続けていきたい。また同編集部の神舘健司氏には校正作業をはじめとしてたいへんお世話になった。刊行にいたる長い道のりを同道していただいたおふたりに改めて衷心よりお礼申し上げたい。
　本書は「南山大学学術叢書」の一冊として刊行される。出版助成金を交付して下さった南山学会に深謝したい。

　最後に快適な研究環境を支えていただいている南山大学経営学部教職員の皆さま方，並びに南山大学図書館職員の方々に厚くお礼申し上げます。微力であるが，これからも拙い研究の成果を少しでも講義や演習に反映できるよう努力していきたい。

2019 年 1 月

沢　井　　実

図表一覧

表序-1	年度別技術科現役士官数	5
表序-2	任官年度別技術科士官数	5
表序-3	技術科士官の専門技術	6
表序-4	海軍航空廠の職員構成（1935年12月9日現在）	6
表1-1	造船協会技術委員会第一研究委員会委員（1943年）および座談会「船の電気熔接」出席者（1946年7月18日開催）	13
表1-2	電気溶接研究委員会分科会構成	15
表1-3	元海軍造船技術者が3名以上勤務する民間造船所（1951年）	21
表1-4	民間造船所における旧海軍技術将校数（1952年末）	22
表1-5	米海軍横須賀基地艦船修理廠（SRF）勤務の元造船官	31
表1-6	終戦時の現役造船技術者数	34
表4-1	期別海軍機関学校卒業者数	124
表4-2	海軍機関学校卒業生の期別留学先別留学者一覧	126
表5-1	国有鉄道への戦後転入技術者（1949年11月5日現在）	154-155
表5-2	日本技術士会登録会員（海外在留経験者，1955年7月末現在）	156-158
表5-3	山内正男の略歴	164
表5-4	成田春人の略歴	166
表6-1	海空技術懇談会世話人	179
表6-2	防衛装備国産化懇談会の意見書・提案（1961年9月～63年5月）	188
表6-3	海空技術懇談会会員の勤務先一覧（1957年5月）	194
表終-1	元海軍短期現役技術科士官の勤務先一覧（1981年）	216-217
付表1-1	元海軍造船技術者の戦後	38-57
付表1-2	戦後における元造船官の経歴	58-67
付表2-1	元海軍技術科（造機）士官の戦後	86-90
付表3-1	元海軍施設系技術者の戦後	108-121
付表4-1	海軍機関学校卒業生の戦後	145-152
付表6-1	海空技術懇談会会員一覧（1957年5月）	196-203

索引

ア行

鮎川義介　170
愛甲文雄　177-179, 181, 183, 193
相沢克美　136, 137
青木茂一　136
青木寿　105
青山健　136
赤羽政亮　166, 167
秋重実恵　133, 183
秋田正光　136
秋山和夫　168
浅井一彦　171, 172, 176
浅原源七　171
旭電機工業　193
芦田均　211
東道生　23
吾妻計器製作所　19
荒井斎勇　78, 79
新井善志　132
安全保障調査会　191
安間恒夫　72, 73
飯田庸太郎　76-78
飯野産業　25
飯野産業舞鶴造船所（飯野重工業・舞鶴重工業）　17, 25-27, 71, 74, 206
生田実　19
池内迪彦　24
池上二男　177-179, 181, 183, 192
池田正二　162
池谷増太　193
池田勇人　132, 133
石川一郎　185
石川島（播磨）重工業　17, 18, 20, 23, 25, 29, 32, 33, 71, 75, 205, 206, 214
石坂泰三　178
石田一夫　105, 106
石橋郁三　19
石橋政嗣　186
石松敏之　137
泉雅爾　178, 179, 192

伊東勇雄　81
伊藤滋　166
伊藤清一　168
伊藤忠商事　193
伊東輝夫　137
伊藤鎮　162
伊藤庸二　134, 179
稲川達　73
井上英彦　166
今井勝　137
今井恭　30
岩崎巌　79, 80
岩下正次郎　18
ウエスティングハウス社　77
上原二郎　168
植松昇　137
植村甲午郎　181
ウェルポイント工法　172
浮田基信　18
牛丸福作　84, 130
内田星美　1
宇宙開発事業団　163, 165, 175, 208
内海清温　172
楳本夏雄　137
浦賀船渠　27, 30
運輸技術研究所　163-165
運輸省　28, 93, 94
運輸省運輸建設本部（運建）　8, 92-99, 102, 103, 105, 106, 206, 207
江口孝　129
江崎岩吉　12, 15
江藤礼　97, 98
NBC 呉造船部　16, 17, 24, 25, 30
榎本隆一郎　128-131, 143, 207
荏原製作所　71
FMK　31
MIT　127, 130
MSA援助　184, 195
緒明亮乍　28, 29
桜花　160
大井篤　177-179, 182, 192

索　引　245

大阪工業大学　100
大阪府立工業奨励館　158
大幸喜三郎　181
大島久次　103, 104
大薗大輔　18, 30
大薗政幸　24
太田和夫　166
太田定夫　137
大塚誠之　162
大塚全一　103
大津敏男　171
大庭常吉　135
大野祐武　173, 176
大原総一郎　129, 130
小笠原三九郎　129
岡山興隆　24
沖周　137
沖信次　131
奥田定義　138
小合正保　138
尾崎伝　138
小沢雅男　24
越智達男　138
小野塚一郎　18, 22, 25-27, 35
小野塚喜平次　26
小山田健三　138

カ　行

海空技術懇談会　9, 177-182, 190, 193-195, 208, 209
海空技術懇談会調査室　185, 190
海空技術調査会（室）　190-193
海軍委託学生　3
海軍艦政本部　17, 23, 25-28, 35, 70, 91, 128, 181, 205
海軍機関学校　3, 4, 7, 9, 70, 85, 123-125, 127, 131, 136, 138, 140, 141, 143, 144, 153, 174, 193, 207-209
海軍技術研究所　83
海軍技手養成所　4, 7, 14, 33, 34, 70
海軍経理学校　123, 140
海軍工機学校　123, 125, 127
海軍航空技術廠　85, 130, 159, 161, 174, 181, 184
海軍航空廠　6, 174
海軍航空本部　91
海軍工廠　8

海軍施設本部　8, 91, 93, 102, 206
海軍省建築局　102-104
海軍第一技術廠　74
海軍大学校選科学生　3, 4, 9, 127, 133, 174
海軍兵学校　3, 4, 7, 123, 177, 178, 207
海軍兵学校舞鶴分校　125
（海軍）兵科予備学生（制度）　92, 207
海上自衛隊　8, 19, 33, 35, 132, 133, 137, 140, 142, 144
海上保安庁　29, 35, 128, 132, 142, 182, 183
海上保安庁海上警備隊　9, 132, 137, 138, 140, 141, 144, 183
開発コンサルタント　168
科学技術政策同志会　153
科学技術庁金属材料技術研究所　164, 165
科学技術庁航空技術研究所　163
科学技術動員協会　211
学士会　1, 6, 69
風戸健二　134, 143
笠松時雄　106
鹿島組（建設）　97, 98, 101, 171
鹿島道路　101
梶原正夫　30
瓦斯電弧分解工業試験所　129
霞会　95
加藤善之助　102
加藤誠　138
金内忠雄　24
加野久武男　138
華北交通　167
蒲田達太郎　138
亀山直人　158
河上弘一　129
川崎重工業　20, 25, 29, 32, 33, 130, 205, 206
川杉秀太郎　139
川南豊作　27
河東克己　30
河東義方　105
川村宏矣　85, 161, 174, 175
川村貞次郎　76
神田好雄　24
艦艇研究会　29, 33, 206
関東地方建設局　99
漢那寛二郎　160
菅晴次　181
機関科士官　3, 4, 6
菊池一郎　18

貴志二一郎　168
岸道三　171
(海軍) 技術科士官　2-5, 8, 9, 20, 22, 69-71, 76, 82, 92, 95, 98, 133, 136, 174, 207, 209, 213, 214
技術士　153, 159
技術者運動　210
技術ナショナリズム　176, 208, 209, 213
北代誠弥　129
北村源三　24
北村卓也　136
吉林人造石油　170
木下昌雄　22
木村倬造　139
木山正義　132-134, 143, 207
行政査察使　85
共同研究　74-76, 84, 85, 206
ギリシャ系船主　23, 32
近畿地方建設局　100, 102
金原忠　139
空閑徳平　168, 169, 176
工藤宏規　169, 170, 176, 208
国松緑　167
久保正造　24
久保田豊　167, 168, 170, 176
久保田芳雄　84, 130, 131, 143
隈部一雄　73
倉員隆而　167
倉敷レイヨン　129
グラスゴー大学　127
栗田工業　134, 135
栗田春生　134, 143
グリニッジ海軍大学　127
呉海軍建築部　105
呉海軍工廠　22, 26, 127
呉船渠　16, 17, 24
黒沢信次郎　139
黒沢千利　24
黒田琢磨　23
軍需省航空兵器総局　85, 130
軍民転換　2, 11, 12, 32, 69, 92, 106, 174, 205, 207
計画造船　15
経済団体連合会 (経団連)　28, 181
(経済団体連合会・経団連) 防衛生産委員会　9, 28, 181, 185, 193-195, 205, 208, 209
警察予備隊　9, 96, 107, 133, 142, 182

経団連試案　182-184, 195
警備隊　9, 133
軽量コンクリート　102, 107
建設院　95, 207
建設技術研究所　168, 173
建設省　8, 9, 92, 95-99, 102-105, 107, 207
建設省建設工事本部　95
建設省建築研究所　102, 103
興亜院　172
航空宇宙技術研究所　175, 208
航空技術研究所　163
航空自衛隊　134, 136, 141
公職追放 (令)　2, 8, 22, 23, 129-132, 137, 138, 140-143, 158, 161, 174, 206, 207
鋼船工作法研究委員会　13, 14, 32
高速道路建設促進会　171
鴻池組　100
河野甲一　139
河野忠義　162, 163, 175, 208
神戸製鋼所　174
護衛艦技術研究会 (KR会)　29, 33, 206
古賀雷四郎　104
国際船舶工務所　27-29, 31, 32, 72, 206
国仙博志　139
国防会議　186, 192
国有民営方式　184, 189
伍堂卓雄　177, 183
小林中　129
小林健三郎　100, 101
小林三郎　25
小林清周　99-101
小林蹲造　183
小松信一郎　173, 174
小松製作所　71, 79
小山敏夫　139
近藤市郎　70, 72, 73, 181
近藤俊雄　161

　　　　　サ　行

斎藤義衛　135
歳入歳出外現金会計　94
酒井喜四　139
坂下摂　139
坂田俊郎　139
嵯峨根遼吉　83
桜井清彦　23
佐々川清元　131

索引　247

佐々木義彦　129
佐世保海軍工廠　23, 24
佐世保海軍施設部　106
佐世保船舶工業（佐世保重工業）　17, 24, 25, 71, 74, 140
佐藤応次郎　158
佐藤謙　136
佐藤清一　129
佐藤時彦　167
佐藤正典　155
佐藤泰正　140
佐野恒夫　80
沢達　134, 178
沢本頼雄　183
三五会　130, 131
自衛艦　28, 29, 32, 81, 128, 205
自衛隊　9, 71, 80, 132, 139, 142, 143, 193, 195, 205-209
塩山策一　25
渋沢敬三　129, 130
渋谷隆太郎　29, 84, 127, 128, 130, 131
島尾敏雄　209
清水造船所　16
清水竜男　18
清水文雄　181, 183
（自民党）国防部会　186, 189, 190, 195, 209
将校相当官　3, 91, 207
城間朝吉　173, 176
昭和造船車輛　19
職業軍人　143
白井実　18
史料調査会　11, 193
白倉清熊　140
新海軍再建研究会　182
新幹線　159, 160, 174, 175
進藤武左衛門　129
真藤恒　16, 17
進藤洋三　18
新三菱重工業　29, 33, 71, 77, 206
水源地対策特別措置法　104
水交会　131
水曜会　178
菅隆俊　73
杉野進　98, 99
杉本修　178, 180
鈴木春義　163-165, 176
鈴木弘　81-83

須藤達　140
スマトラ島開発調査団　170
住友金属工業（住金）　81-83, 180
住友商事　193
住友私立職工養成所　79
住本誠治　129
生産技術　79
生産技術協会　69, 84, 128, 130
世界銀行借款　171
石炭総合研究所（炭研）　171
関野英夫　177, 179, 192
石油化学工業　129
瀬古新助　172, 173, 176
瀬藤象二　82
千賀鉄也　181, 182, 195
戦災復興院　102
戦時標準船　23
全日本建設技術協会　95
船舶設計協会　11, 27-29, 31, 32, 72, 193, 206
造船官　7, 12, 14, 18, 20, 23-25, 31-35, 71, 92, 205
造船協会　12-14, 16, 32
造兵科士官　6

タ　行

第一物産　193
第二次防衛力整備計画（二次防）　189
第二復員省（局）　27, 134, 142, 182
大日本技術会　153
大陽酸素　138
大和ハウス工業　105
高井亮太郎　129
高岡司郎　140
高木敬太郎　23
高須敬　25
高田斉　140
高山馨　165, 166
但馬利夫　18
多田武雄　93, 94
只見川総合開発計画　170
多田力三　84, 131, 181
多田礼吉　211
田中輝男　24
田中保郎　178
谷宏　140
田原誠助　168
玉井喬介　177, 178

248

玉置正治　167
短期現役（短現）（技術科）士官（制度）　4-6, 20, 34, 69, 70, 76, 80, 92, 94, 214
タンデム圧延機　82, 83
知久健夫　73
治山治水緊急措置法　104
地質調査業協会　172
治水特別会計法　104
築港深江線　103
千葉工業大学　103
中央開発　172
中央航空研究所　161-163, 167
中国四国地方建設局　96, 102
中国地方建設局　103
中部工業大学　99
中部地方建設局　99, 102
朝鮮総督府鉄道局　159, 167
朝鮮窒素肥料興南工場　168
塚田公太　130
塚原ダム　168, 169
都築伊七　23
続十三生　140
坪内寿夫　25
坪田迅吾　140
坪根昌巳　140
帝国主義的技術観　210, 213
帝国燃料興業　128
帝都高速度交通営団　103
鉄道技術研究所（鉄研）　8, 22, 23, 35, 80, 85, 161-167, 174, 175, 208
電気溶接研究委員会　13, 14, 16, 32
電源開発（電発）　173
電力中央研究所　170
動演習　16
東急建設　106
東京芝浦電気　214
東京帝国大学第二工学部　82
東京電力　100, 129, 214
遠山光一　16, 23
時津三郎　72
特需生産　181, 189, 194, 195
徳永久次　130
特別調達庁　8, 92, 95, 96, 102, 107, 207
渡島寛治　75, 76
戸田仁志　24
轟謙次郎　168
戸原春彦　80

富岡定俊　177, 179, 182
冨岡達夫　18
巴組鉄工所　96
豊田喜一郎　73
トヨタ自動車工業　8, 71, 73, 74, 141, 206
豊田貞次郎　129, 130

ナ　行

長岡清一郎　159
長崎惣之助　93
長沢浩　182
中田金市　161
中原敬介　24
中原寿一郎　161
中原省三　158
中村健也　73
中村平　140
中村喬　140
中村忠敬　141
中山寛　135
名古屋鉄道　102
名須川秀二　170, 176
鍋島茂明　93
成田春人　165, 166, 176, 208
名和武　131, 177, 178, 193
西尾健作　141
西迫健造　141
西島亮二　12, 15-18, 22, 32, 205
西武雄　131
西田正典　22
西山一夫　141
日本海事協会　76
日本海事検査協会　136
日本海事振興会　26
日本開発技術協会　168
日本瓦斯化学工業　130
日本汽缶　134, 135
日本技術士会　153, 159
日本軽金属　129
日本原燃サービス　100
日本工営　167
日本鋼管　16, 17, 20, 23, 25, 28, 32, 71, 83, 136, 205, 206, 214
日本国有鉄道（国鉄）　8, 71, 80, 92, 95, 96, 107, 206-208
日本住宅公団　96, 103
日本造船　18, 19, 30

索　引　249

日本造船工業会　　26, 28, 205
日本電気　　214
日本電子光学研究所　　134
日本道路建設業協会　　105
日本道路公団　　96, 171
日本燃料　　132, 133, 193
日本兵器工業会　　192
日本舗道　　105, 171
日本溶接協会　　14
沼津技術員養成所　　102
燃料懇話会　　133
野上燿三　　83
野口研究所　　170, 176, 208
野崎貞雄　　135
野辺一郎　　141
野村吉三郎　　9, 177, 178, 182, 194, 208

　　　　　　ハ　行

パシフィックコンサルタンツ　　167
橋本啓介　　30
橋本正二　　101
橋本敏郎　　24
長谷川清　　183
長谷川竜雄　　73
八田嘉明　　153, 158
鳩山一郎　　187
花島孝一　　161
埴田清勝　　23
馬場清一郎　　18
馬場義輔　　18
浜野清彦　　81
早川市蔵　　129
原田貞憲　　181
原乙未生　　181
播磨造船所　　15-17, 20, 23-25, 32, 71, 75, 205
東哲郎　　141
疋田遼太郎　　164, 165
久住忠男　　177, 179, 185, 191, 192
日立製作所　　71, 84, 130, 137, 206, 214
日立造船　　17, 20, 22, 25-27, 35, 71
日向方斎　　180
平賀謙一　　102, 103
平野甚七　　192
平山孝　　162
平山復二郎　　167, 176
広海軍工廠　　82, 127
広田寿一　　180

武官　　2-4, 6, 11, 33, 34, 70, 82, 91, 92, 95, 98, 158, 161, 206
福井静夫　　11, 29, 31
福井又助　　30, 31
福島原子力発電所　　100
福島昌哉　　141
福田啓二　　12, 14, 181, 205
福田烈　　12-16, 22, 32, 205
福留繁　　177, 178
藤井芳郎　　131
不二越鋼材工業　　71
藤野宏　　18, 22
藤本信正　　141
藤山愛一郎　　130
扶桑金属工業　　84
復興金融金庫（復金）　　129, 130, 134
復興建設技術協会　　168
船田中　　188
古市竜雄　　178, 193, 194
古川慎　　18
古川尚志　　133
古田俊之助　　178
ブロック建造法　　32, 205
文化興業　　19, 20
文官　　2, 3, 11, 33, 34, 70, 82, 91, 92, 95, 161
米海軍横須賀基地艦船修理廠（SRF）　　8, 19, 30, 31, 33, 35, 71, 206
兵科士官　　3, 6, 7, 92
別府君雄　　142
保安隊　　9
保安庁　　9, 27-29, 72, 107
保安庁警備隊　　132, 139-141
防衛施設庁　　96
防衛生産　　2, 7, 10, 177, 178, 181, 194, 195, 208, 213
防衛装備国産化懇談会　　187, 189, 193
防衛庁　　8, 9, 28, 29, 32, 33, 35, 71, 73, 80, 81, 96, 102, 107, 128, 132, 133, 138, 143, 144, 177, 190, 193, 195, 205-207, 209
防衛庁技術研究所（技術研究本部）　　27-29, 32, 73, 81, 205
防衛庁建設本部　　96, 97, 102
豊満ダム　　168, 173
保科善四郎　　9, 177-189, 191, 194, 195, 208, 209
北海道開発局　　96, 106
北海道開発庁　　104

保利茂　104
堀悌吉　183
堀元美　30, 31
本田正義　142
本間徳雄　167, 168

マ行

舞鶴海軍工廠　25, 28, 79
前尾繁三郎　132, 133
前田竜男　18
牧野茂　11, 17, 27, 28, 31, 32, 206
牧山幸弥　11, 31
真島正市　81
増田博　142
益谷秀次　191
松浦靖　142
松崎貞雄　142
松平精　161, 162
松平永芳　132
松永安左エ門　170
松原与三松　22
松前重義　210
満洲重工業開発　171, 172
満鉄中央試験所　155
三重県企業庁　99
三木忠直　159, 160
三井化学工業　129
三井造船　22, 29, 32, 33, 71, 205, 206
三菱自動車工業　79
三菱重工業　20, 25, 32, 76, 78, 79, 84, 136, 139, 178, 205, 214
三菱造船　29, 33, 71, 206
三菱電機　214
三菱日本重工業　71, 78, 79, 206
御鳴要　14
三根甲子夫　142
宮本濕夫　142
民有民営方式　189
六岡周三　15
村上外雄　23, 24, 29
村上正孝　24
村田章　16
明楽工業　18, 19, 22, 26, 173
望月末治　142
物井辰雄　167
籾山正末　25

ヤ行

矢ケ崎神慈　142
八木橋六郎　133
矢杉正一　74-76
柳原博光　133
薮田東三　73
山内長司郎　19
山内正男　163, 165, 176, 208
山岡浩二郎　72, 73
山岡孫吉　72
山口信助　193, 194
山口宗夫　18
山崎長七　167
山司房太郎　193
山田誠　96, 97
山梨勝之進　133, 183
山本善雄　182, 183
ヤンマーディーゼル　8, 71-73, 206
横井元昭　72, 73
横須賀海軍建築部　98, 99
横須賀海軍工廠　18, 19, 24, 30, 31, 33, 72, 76, 127
横須賀砲術学校　70
吉識雅夫　13, 14
吉田英三　182
吉田茂　183
吉田善吾　183
吉田隆　18, 25
吉田忠一　23
吉田満　207, 209, 213, 214
吉積正雄　181
米内光政　128, 177, 182
米田義男　24

ラ・ワ行

陸軍技術有功章　165
留用　155
ロイド船級協会　136
Y委員会　133, 183
若松守朋　24, 30
早稲田大学　103, 105
和田猪一　18
渡辺卓三　142
渡辺隆吉　23
綿林英一　161
和田操　159

《著者略歴》

沢井　実
さわ　い　　みのる

1953 年生
1978 年　国際基督教大学教養学部卒業
1983 年　東京大学大学院経済学研究科第二種博士課程単位取得退学
現　在　南山大学経営学部教授，大阪大学名誉教授，博士（経済学）
主　著　『日本鉄道車輌工業史』（日本経済評論社，1998 年），『通商産業政策史 9　産業技術政策』（通商産業政策史編纂委員会編，経済産業調査会，2011 年），『近代日本の研究開発体制』（名古屋大学出版会，2012 年，日経・経済図書文化賞，企業家研究フォーラム賞受賞），『近代大阪の工業教育』（大阪大学出版会，2012 年），『近代大阪の産業発展』（有斐閣，2013 年），『八木秀次』（吉川弘文館，2013 年），『マザーマシンの夢』（名古屋大学出版会，2013 年），『機械工業』（日本経営史研究所，2015 年），『帝国日本の技術者たち』（吉川弘文館，2015 年），『日本の技能形成』（名古屋大学出版会，2016 年），『久保田権四郎』（PHP 研究所，2017 年），『見えない産業』（名古屋大学出版会，2017 年）

海軍技術者の戦後史　　　　　南山大学学術叢書

2019 年 3 月 30 日　初版第 1 刷発行

定価はカバーに表示しています

著　者　沢　井　　実
発行者　金　山　弥　平

発行所　一般財団法人　名古屋大学出版会
〒 464-0814　名古屋市千種区不老町 1 名古屋大学構内
電話（052）781-5027 ／ FAX（052）781-0697

Ⓒ Minoru Sawai, 2019　　　　　　　　　　Printed in Japan
印刷・製本　亜細亜印刷㈱　　　　　　ISBN978-4-8158-0943-0
乱丁・落丁はお取替えいたします。

JCOPY 〈出版者著作権管理機構　委託出版物〉
本書の全部または一部を無断で複製（コピーを含む）することは，著作権法上での例外を除き，禁じられています。本書からの複製を希望される場合は，そのつど事前に出版者著作権管理機構（Tel：03-5244-5088，FAX：03-5244-5089，e-mail：info@jcopy.or.jp）の許諾を受けてください。

沢井　実著
近代日本の研究開発体制　　　　　　　菊判・622 頁
　　　　　　　　　　　　　　　　　　本体 8,400 円

沢井　実著
マザーマシンの夢　　　　　　　　　　菊判・510 頁
―日本工作機械工業史―　　　　　　　本体 8,000 円

沢井　実著
見えない産業　　　　　　　　　　　　A5・342 頁
―酸素が支えた日本の工業化―　　　　本体 5,800 円

沢井　実著
日本の技能形成　　　　　　　　　　　A5・244 頁
―製造現場の強さを生み出したもの―　本体 5,400 円

中島裕喜著
日本の電子部品産業　　　　　　　　　A5・388 頁
―国際競争優位を生み出したもの―　　本体 5,400 円

和田一夫著
ものづくりを超えて　　　　　　　　　A5・542 頁
―模倣からトヨタの独自性構築へ―　　本体 5,700 円

粕谷　誠著
ものづくり日本経営史　　　　　　　　A5・502 頁
―江戸時代から現代まで―　　　　　　本体 3,800 円

韓　載香著
パチンコ産業史　　　　　　　　　　　A5・436 頁
―周縁経済から巨大市場へ―　　　　　本体 5,400 円

前田裕子著
水洗トイレの産業史　　　　　　　　　A5・338 頁
―20世紀日本の見えざるイノベーション―　本体 4,600 円

黒田光太郎／戸田山和久／伊勢田哲治編
誇り高い技術者になろう［第二版］　　A5・284 頁
―工学倫理ノススメ―　　　　　　　　本体 2,800 円